AF279408

Variedades locales hortícolas de la
Alpujarra granadina

AGRODIVERSIDAD PARA LA SOSTENIBILIDAD RURAL

J.M. ROMERO MOLINA

G. BENÍTEZ CRUZ

J. MOLERO MESA

Y. JIMÉNEZ OLIVENCIA

M.R. GONZÁLEZ-TEJERO

Variedades locales hortícolas de la
Alpujarra granadina

AGRODIVERSIDAD PARA LA SOSTENIBILIDAD RURAL

Granada

2024

COLECCIÓN TIERRAS DEL SUR

Edita: Editorial Universidad de Granada
Campus Universitario de Cartuja
Colegio Máximo, s.n. 18071 Granada
Telfs.: 958 24 39 30 - 958 24 62 20 · www.editorial.ugr.es

Ilustraciones: Iara Chapuis

Diseño y maquetación: Estu-graf

Depósito legal: GR 866-2024

ISBN: 978-84-338-7432-0

Imprime: Printhaus. Bilbao.

https://smartecomountains.lifewatch.dev/

Esta publicación forma parte del proyecto "Thematic Center on Mountain Ecosystem & Remote sensing, Deep learning-AI e-Services Universidad de Granada-Sierra Nevada" (LIFEWATCH-2019-10-UGR-4), que ha sido cofinanciado por el Ministerio de Ciencia e Innovación a través de los fondos FEDER del Programa Operativo Plurirregional de España 2014-2020 (POPE), línea de actuación LifeWatch-ERIC. El proyecto también ha sido cofinanciado por la Diputación de Granada.

Agradecimientos

A todas las alpujarreñas y alpujarreños que cultivan y conservan las semillas de sus antepasados, especialmente a quienes han soportado nuestras interminables preguntas y nos han atendido haciéndonos sentir en nuestra casa.

A los ayuntamientos de la Alpujarra por prestarnos su atención y sus instalaciones, especialmente al Ayuntamiento de Cádiar que nos apoyó en la organización de la Feria Andaluza de la Biodiversidad Agrícola de 2022 y en la creación del banco comunitario de semillas "Variedad Local Alpujarra".

A las asociaciones: La Colmena (Cádiar), Red Agroecológica de la Alpujarra y Red Agroecológica de Granada, por su colaboración en diferentes eventos para la promoción de variedades locales y difusión del proyecto, así como por articular modelos de producción, comercialización y consumo alternativos a la gran distribución, más justos y sostenibles.

Al personal de la Finca Los Morales por su inestimable ayuda con los cultivos experimentales.

Al Panel de Cata del Seminario de Estudios Gastronómicos y Enológicos (SEGE) de la Universidad de Granada.

A la Alpujarra y sus gentes, que aún mantienen las simientes locales y esa sabiduría ancestral ligada al campo. Una cultura rural que agoniza al tiempo que desaparecen las personas que la atesoran. Sirvan estas páginas como modesto aporte para su conocimiento, conservación y puesta en valor, así como para expresar nuestra gratitud y reconocimiento.

Índice

INTRODUCCIÓN

Este catálogo constituye uno de los principales resultados de los trabajos desarrollados en el marco del proyecto de investigación "Agrobiodiversidad e innovación social y tecnológica para el desarrollo de las comunidades de montaña". El estudio forma parte de Smart EcoMountains, un proyecto institucional de la Universidad de Granada asociado con la Infraestructura de Investigación Europea LifeWatch-ERIC para desarrollar un Centro Temático sobre Biodiversidad, Cambio Global y Desarrollo Sostenible en montañas con proyección internacional, utilizando como caso de estudio al macizo de Sierra Nevada, una montaña mediterránea ubicada en el sureste español.

El objetivo general de nuestra investigación es propiciar la conservación *in situ* y *ex situ* de la agrobiodiversidad en un espacio agrícola de montaña, avanzando en el conocimiento de las variedades locales hortícolas, y estudiando las oportunidades de comercialización de estos productos a partir de fórmulas alternativas o cadenas cortas de suministro basadas en la cooperación entre agricultores y consumidores.

Este propósito amplio se concreta en tres objetivos específicos:

— Evaluar el estado actual de los recursos fitogenéticos para la alimentación y la agricultura en Sierra Nevada a partir de un ejercicio de identificación y catalogación de variedades locales de cultivos hortícolas en la comarca de la Alpujarra.

— Contribuir al conocimiento, conservación y restauración *in situ* de la diversidad genética agrícola a partir del cultivo y multiplicación de semillas de variedades locales, así como de su distribución a hortelanos y hortelanas de la Alpujarra.

— Estimar las oportunidades que distintas fórmulas innovadoras de comercialización, como las llamadas redes agroalimentarias alternativas o cadenas cortas de distribución de alimentos, podrían ofrecer a estos productos diferenciados, impulsando así procesos de desarrollo sostenible en espacios rurales.

El catálogo que hemos elaborado da respuesta al primero de los objetivos del proyecto. A la vez, enlaza con el segundo, en la medida en que éste recoge una parte sustancial de la información obtenida durante los trabajos de cultivo y multiplicación de una selección de semillas procedentes de las muestras proporcionadas por los agricultores de la comarca.

Importancia de los recursos fitogenéticos y de la conservación de variedades locales

La importancia de inventariar las variedades locales o tradicionales de cultivo en territorios concretos no es ajena al creciente interés por salvaguardar los recursos fitogenéticos a nivel mundial. Es ampliamente conocido que los recursos fitogenéticos son un elemento clave en la práctica de la agricultura y para la seguridad alimentaria. La gran diversidad varietal que se ha ido configurando a lo largo de la historia es la base sobre la que los cultivos pueden continuar adaptándose a una multiplicidad de medios, así como a eventuales situaciones adversas que pudieran ir presentándose en el contexto de cambio global en el que estamos inmersos.

Podemos señalar distintos motivos por los que los recursos fitogenéticos para la agricultura y la alimentación, y en concreto las variedades locales de cultivo, son un patrimonio de gran valor que es necesario conservar y usar de forma sostenible. En primer lugar, los agroecosistemas, al igual que el resto de los ecosistemas, necesitan de la diversidad de organismos y procesos para funcionar de forma equilibrada. El incremento de la diversidad en la agricultura maximiza la eficacia de los sistemas y contribuye a la sostenibilidad ambiental. En segundo término, las variedades tradicionales, como resultado de un largo proceso de adaptación a las condiciones locales del medio y del trabajo de selección y mejora realizado por los agricultores, se caracterizan por su heterogeneidad. Esta pluralidad de variedades permite que éstas se adapten a multitud de condiciones agroclimáticas y permite la obtención de alimentos en los distintos contextos regionales. La heterogeneidad o variabilidad genética en un cultivo se traduce en una gran capacidad para afrontar las alteraciones del medio que puedan producirse por eventos adversos, originados por causas naturales o por la gestión antrópica de los recursos, mitigando así, por ejemplo, los efectos del cambio climático. En tercer lugar, las variedades locales son la materia prima para el desarrollo de variedades mejoradas que aseguren una producción estable y suficiente de alimentos a la población mundial. Por otra parte, y teniendo en cuenta que existen estudios que demuestran la menor cantidad de ciertos nutrientes (vitaminas, minerales, etc.) en las variedades mejoradas, el repositorio de genes de las variedades tradicionales es clave para restablecer la calidad nutritiva de los alimentos en el futuro (Onofre y Felicia, 2016; Martínez-Ispizua *et al.*, 2021). En cuarto lugar, la viabilidad de las semillas permite a los agricultores beneficiarse de una mayor autonomía frente a empresas que distribuyen variedades comerciales permitiendo una mayor capacidad de decisión y control sobre sus cultivos y minimizando la dependencia externa. Esta autonomía redunda positivamente en las economías campesinas tradicionales, pero también en la práctica de sistemas agroalimentarios alternativos como los que propugna la agroecología.

Hay que añadir el hecho de que los cultivos de variedad local son *per se* productos diferenciados, en la medida en que los pequeños agricultores han colocado a estas variedades en la base de la diversificación de la dieta de las sociedades tradicionales, seleccionándolas en busca de características y usos determinados y procurando la calidad de estos alimentos por su sabor, textura o aroma, a diferencia de la selección "mejorada" de variedades comerciales, que se suele basar en criterios fundamentalmente productivistas. La conservación y puesta en valor de estas producciones diferenciadas, difícilmente deslocalizables y de calidad, pueden ser la base para el diseño de estrategias de desarrollo local sostenible (Tolón y Lastra, 2009). En este sentido, es básico explorar las demandas de grupos de consumidores preocupados por diversificar y enriquecer su base alimentaria y gastronómica, al tiempo que colaboran con la biodiversidad y el cuidado del medioambiente.

Cabe destacar que, en el contexto actual, las variedades locales resultan especialmente útiles para la práctica de modelos sostenibles de agricultura como la agroecología y la agricultura ecológica, pues comparten con ella un modelo productivo de bajos insumos. Su respuesta múltiple ante las perturbaciones, incluida la resistencia a los patógenos conlleva una menor dependencia de los agroquímicos y permite que los agricultores diversifiquen los riesgos (Toledo y Soriano, 2000).

Las variedades tradicionales están íntimamente ligadas a la cultura local, que incluye los conocimientos agrícolas, las habilidades técnicas, el modelo de organización social, el sistema de valores, etc. Hablamos, por tanto, no solo de patrimonio genético sino de un acervo cultural de innovación constante y acumulación de saberes ligado a los territorios y configurador de la identidad de los lugares.

Situación actual de los recursos fitogenéticos

La diversidad genética de las plantas cultivadas se ha venido incrementando a lo largo de la historia de manera constante desde los inicios de la agricultura, hace unos 11.000 años. Este proceso tiene un punto de inflexión a partir del desarrollo de la agricultura intensiva e industrial, y en particular de los años 60 del pasado siglo, momento en el que, con el desarrollo de la llamada "revolución verde", se han visto sustituidas de manera masiva las variedades tradicionales, genéticamente diversas, por las variedades comerciales, genéticamente uniformes. Paralelamente, hemos asistido a una unificación de hábitos culturales y alimenticios a nivel global que han contribuido también a la desaparición de gran parte de la biodiversidad agrícola. Más allá de la expansión de los cultivares mejorados, la pérdida de la biodiversidad cultivada hay que entenderla como consecuencia del control del mercado de semillas que ejercen las multinacionales, así como de la normativa vigente, que es favorable a las grandes empresas y que no protege el sistema de semillas de los pequeños agricultores. El informe de ETC Group (2008), señala que el 69% del mercado de semillas está en manos de diez multinacionales y el 82 % de las semillas que se comercializan a nivel mundial están patentadas.

El resultado de todo ello es que, de las más de 20.000 plantas de interés alimentario, sólo 200 constituyen cultivos importantes, 100 son comercializadas internacionalmente y sólo 20 cubren el 80% de la producción mundial, alcanzando el trigo, el arroz y el maíz el 41.5% de la misma.

La pérdida de la diversidad cultivada tiene como consecuencia una mayor vulnerabilidad de los cultivos y de los agroecosistemas, así como una disminución de los recursos fitogenéticos disponibles, tanto para la selección natural como para aquella que practican los agricultores y los fitomejoradores. Una erosión de los recursos genéticos que va acompañada irremediablemente de una erosión de la cultura local.

Se afirma que entre el 70 y el 75% de las variedades conocidas a principios de siglo para los cultivos de mayor importancia para la alimentación se han perdido para siempre. En el primer informe de la FAO sobre el estado de los recursos fitogenéticos a nivel mundial (1996) podemos encontrar algunos datos para el caso de España, que fueron aportados en su momento por el INIA. Los datos estimados entonces a nivel nacional indicaban que prácticamente el 100% de las variedades de cereales de invierno y de primavera, así como de arroz, habían sido sustituidas por variedades mejoradas, de modo que las variedades locales sólo se podían encontrar en pequeñas explotaciones del norte peninsular de carácter montañoso y en el valle del Ebro. En el caso de las leguminosas, sin embargo, seguía utilizándose un alto porcentaje de variedades locales. En cuanto a las hortícolas, las variedades locales se limitaban a los pequeños huertos con destino al autoconsumo, de modo que éstas, ya entonces, ocupaban terrenos marginales y se encontraban en franco retroceso. Entre los frutales, cabe señalar que los cultivares de olivar eran para esa fecha normalmente autóctonos y en la vid para vinificación tenían una participación importante las variedades antiguas. También en el caso de algunos frutales caducifolios predominaban las variedades antiguas, mientras que, en los cítricos, por ejemplo, el 100% eran variedades mejoradas (Junta de Andalucía, 2012).

Desde los años 60 hasta la actualidad, el interés por la conservación de los RFAA no ha parado de crecer. Además de la organización de conferencias técnicas por parte de la FAO, en 1974 se crea el Consejo Internacional de Recursos Fitogenéticos y en 1983 se establece la Comisión Intergubernamental sobre Recursos Genéticos para la Alimentación y la Agricultura (CRGAA). Otro hito clave fue el 'Convenio sobre la Diversidad Biológica' (CDB) aprobado en 1992, al que siguió en 1996 el antes mencionado, 'Primer informe sobre el estado de los RFAA". En respuesta a las conclusiones de este informe, 150 países aprobaron en 1996 el 'Plan de acción mundial para la conservación y la utilización sostenible de los RFAA' y la 'Declaración de Leipzig sobre la conservación y la utilización sostenible de los RFAA". Esta declaración supuso un nuevo impulso al compromiso internacional, dando lugar en 2001 a la aprobación del 'Tratado Internacional sobre los Recursos Fitogenéticos para la Alimentación y la Agricultura' (en vigor desde 2004).

En 2009 se presenta el 'Segundo informe sobre el estado de los RFAA', donde se pone de manifiesto que los RFAA son cada vez más importantes, pues se exige a la agricultura que produzca más alimentos y de mayor calidad, preservando al mismo tiempo los recursos naturales. A ello se une la convicción de que son un recurso clave para que los agricultores puedan responder al cambio climático. El informe reconoce que se ha venido trabajando en la conservación de la diversidad vegetal en bancos de genes y jardines botánicos a nivel global. No obstante, el 45% de los 7,4 millones de muestras de todo el mundo, están en manos de 7 países, menos que los 12 países que los custodiaban en 1996. Además, estas colecciones enfrentan importantes riesgos de supervivencia pues las muestras no se duplican con la suficiente regularidad y de forma sistemática, además de resultar insuficiente la documentación y caracterización de las mismas. Resulta pues necesaria la racionalización de las colecciones *ex situ*, facilitando así el uso del material almacenado y asegurando su renovación y una verdadera conservación de los recursos genéticos. Al mismo tiempo, se pone el acento en la necesidad de prestar más atención a la conservación *in situ*. Las propias fincas agrícolas son un repositorio de biodiversidad y aseguran la conservación del recurso a partir del uso sostenible del mismo. Es importante pues que se dé un uso continuo de estos recursos por los agricultores, además de una comunicación y colaboración fluida entre todos los actores interesados, ya sean agricultores profesionales, aficionados a la horticultura, empresas de semillas, bancos comunitarios de semillas o miembros de la comunidad local.

El segundo informe también pone en evidencia que la diversidad local de los RFAA hallada en los campos y huertos a nivel mundial aún se encuentra mal documentada y ordenada. La conservación de los RFAA pasa por tanto por ampliar los inventarios de RFAA, cubriendo de forma sistemática un mayor número de cultivos y especies. En las 'Directrices voluntarias para la conservación y la utilización sostenible de variedades de los agricultores/ variedades locales' (FAO, 2020), se destaca la importancia de ampliar la base de conocimientos a partir de la elaboración de listas de variedades, inventarios y bases de datos ecogeográficos y genéticos.

En la actualidad los resultados preliminares del 'Tercer Informe sobre el estado de los RFAA', nos hablan de importantes avances en el número de estudios e inventarios realizados. Un total de 81 países informaron de que se habían estudiado unas 6.000 especies, el 45 % de las cuales se utilizan como alimento, el 17 % son especies silvestres afines a las plantas cultivadas y el 6 % son plantas silvestres comestibles. Entre las especies estudiadas, se indicó que alrededor del 39 % y cerca del 7 % de las 107.000 variedades de los agricultores o variedades nativas estudiadas estaban amenazadas.

Los recursos fitogenéticos para la alimentación y la agricultura en Andalucía

A medida que el discurso sobre la importancia de los RFAA se ha ido abriendo paso, las instituciones han ido incorporándolo en sus programas y poniendo en marcha algunas actuaciones de protección. El caso español y andaluz no son ajenos a estas inquietudes, de modo que las administraciones vienen trabajando en las últimas décadas para la conservación de nuestro ingente patrimonio genético, sobre todo mediante la conservación *ex situ* en bancos de germoplasma. Si bien, como se señala en (Vallellano, 2016), el proceso de rescate y conservación no ha sido por el momento muy efectivo, y el conocimiento resultante de estudios y proyectos de investigación no llega por igual a quienes hacen uso de las semillas.

En Andalucía cabe señalar como hito más destacado la elaboración del 'Libro Blanco de los Recursos Fitogenéticos con riesgo de erosión genética de interés para la Agricultura y la Alimentación en Andalucía' (Junta de Andalucía, 2012). En este documento, realizado en colaboración con distintas instituciones entre las que destaca el Centro Nacional de Recursos fitogenéticos (INIA), se recoge que la región cuenta con una amplia diversidad de RFAA conservados tanto dentro como fuera del territorio andaluz. En total, son más de 10.000 entradas las existentes en el Inventario de 2010, conservadas por 20 instituciones diferentes, de las cuales tan solo seis se encuentran localizadas dentro de Andalucía. Estas entradas pertenecen a 13 grupos de cultivos diferentes, siendo las más abundantes, en relación con el número total de entradas, las del grupo de los hortícolas, destacando el tomate, el melón y el pimiento, así como las leguminosas de grano, entre las que sobresalen el haba, el garbanzo y la judía. En el libro blanco también se reconoce que, a pesar de este alto número de entradas de origen andaluz, la caracterización y estudio de las mismas se encuentra muy dispersa y sólo alcanza a un total de 667 registros, todos ellos pertenecientes a cereales y leguminosas grano y, en menor medida, a cultivos forrajeros.

El trabajo acometido por el libro blanco es por tanto sólo el comienzo para la elaboración de un inventario completo de estos recursos, una base de datos abierta que debe incorporar no sólo las variedades conservadas en los bancos públicos, sino las cultivadas e identificadas en campo, y otras, como los cultivos olvidados, que puedan resultar de interés actual o futuro, así como los conocimientos tradicionales asociados.

Otras instituciones clave para el estudio y la conservación de los RFAA en Andalucía son el Consejo Superior de Investigaciones Científicas (CSIC) con la Estación experimental "La Mayora" (EELM-CSIC), el Instituto de Agricultura Sostenible (IAS-CSIC) y el Instituto de Recursos Naturales y Agrobiología de Sevilla (IRNAS). Entre las universidades cabe destacar las de Córdoba, con el Instituto de Sociología y Estudios Campesinos (ISEC) en particular, así como las de Sevilla y Almería.

Más allá de las instituciones y organismos mencionados, desde los años 90, distintos actores de la sociedad civil agrupados en asociaciones, cooperativas u otros colectivos, trabajan para proteger la biodiversidad cultivada, recuperando variedades locales en el campo andaluz y favoreciendo su uso e intercambio. Muchos de estos colectivos se encuentran conectados a través de la Red Andaluza de Semillas «Cultivando Biodiversidad» (RAS), una organización comprometida con la recuperación de las variedades locales y el saber campesino tradicional. A través de las actividades que viene realizando desde 2003 la red promueve la gestión colectiva de la biodiversidad cultivada, así como los sistemas alimentarios campesinos y agroecológicos. En particular, desde 2007 la RAS fomenta el libre intercambio de semillas entre agricultoras y agricultores a través de la Red de Resiembra e Intercambio de variedades locales de cultivo (ReI) y el Banco Comunitario de Semillas. Según se recoge en su memoria de actividades de 2022, en sus 16 años de funcionamiento la ReI ha promovido más de 9.300 intercambios de 206 especies diferentes entre 833 participantes. Como expresión de las dimensiones de la diversidad manejada en la ReI, durante el año 2022 se intercambiaron 1.206 muestras de semillas. Entre las entradas se recibieron semillas de 306 variedades de 73 cultivos diferentes. Las salidas correspondieron a 308 variedades de 84 cultivos.

En el caso de Granada, gran parte de los colectivos que cultivan y conservan variedades locales se encuentran conectados mediante la Red Agroecológica de Granada (RAG), asociación organizadora de los Ecomercados de Granada capital donde se organizan periódicamente actividades relacionadas con las variedades locales como son los intercambios de semillas.

Avances en el estudio y catalogación de las variedades locales de cultivo

Pese a los esfuerzos realizados en las últimas décadas para inventariar los RFAA es evidente que queda mucho camino por recorrer. Los estudios son por el momento muy fragmentarios, lo que dificulta la implementación de estrategias de conservación y uso sostenible eficaces, al mismo tiempo que van cayendo en el olvido, tanto las semillas como el conocimiento que las acompaña. En nuestro país, las comunidades autónomas y las universidades han jugado un papel importante en el impulso de trabajos cuyo objetivo ha sido avanzar en el conocimiento del patrimonio de variedades locales o tradicionales que, pese a su estado claramente regresivo, continúan cultivándose en nuestros huertos.

Muchos de estos trabajos tienen carácter académico y enlazan con el auge tomado por los estudios etnobotánicos en España en los últimos 40 años con el propósito de inventariar el conocimiento tradicional sobre el uso de las plantas. Según una revisión de estos trabajos en España (Morales *et al.*, 2011), los primeros trabajos se centraron preferentemente en la escala provincial y comarcal, siendo pioneros los del Pirineo Aragonés (Villar *et al.*, 1987), las provincias de Granada (González-Tejero, 1985, 1989) y Castellón (Mulet, 1990) o la comarca pirenaica catalana de la Cerdaña (Muntané, 1991). Una proporción muy importante de los trabajos abordados a partir de entonces se ha centrado en el estudio de plantas silvestres, especialmente las medicinales, pero también son muchos los que tratan sobre el interés de las plantas en la alimentación, tanto silvestres como cultivadas.

En los últimos años los catálogos o guías de variedades tradicionales, locales o "autóctonas", han sido impulsadas por instituciones regionales y locales, ya sea por proyectos de investigación institucionales o por asociaciones que operan de manera colaborativa. Estos catálogos, a caballo entre la etnobotánica y la agroecología, han tenido un notable desarrollo en España a partir del año 2000 (Morales *et al.*, 2011). Entre ellos podemos mencionar algunas tesis doctorales, como las de la Serranía de Cuenca (Fajardo Rodríguez, 2008) o la Sierra Norte de Madrid (Aceituno Mata, 2010), además de una amplia lista de trabajos centrados en otros territorios entre los que destacamos, sin ánimo de aportar una lista completa, los realizados en Canarias (Gil González, 2005; Gil González *et al.*, 2000), Murcia (Rivera *et al.*, 1996, 1998; Egea y Egea, 2013), Valencia (Generalitat Valenciana, 2024), Madrid (Aceituno Mata *et al.*, 2010), Baleares (Associació de Varietats Locals de Mallorca, 2023) o Navarra (Urribarri *et al.*, 2020).

También se han desarrollado investigaciones dedicadas a familias botánicas concretas como las leguminosas (Carravedo y Mayor, 2008), a hortalizas concretas (Lázaro *et al.*, 2016), a variedades locales de frutales (Montero González, 2009) o a otros cultivos de gran interés económico y alto grado de diversidad local como son el olivo y el almendro (Ricarte Sabater, 2005) o la patata (Gil, 2005). Existen también varias páginas webs donde se recoge información territorial, como la del Instituto de Formación Agroalimentaria y Pesquera de Baleares, o la de la Generalitat de Cataluña.

En Andalucía, respecto a los trabajos que mencionan variedades locales de cultivo, podemos destacar las investigaciones desarrolladas en Antequera y Estepa (Díaz del Cañizo, 2000), la Sierra de Cádiz (Soriano, 2004), la Vega de Granada (González y Guzmán, 2006), la Sierra de la Contraviesa (López Agudo *et al.*, 2006), el entorno de Doñana (Ibancos y Rodríguez, 2010), el Poniente Granadino (Benítez *et al.*, 2010) o las Sierras del Segura (Romero, 2017), además del 'Catálogo de variedades tradicionales andaluzas' (Red Andaluza de Semillas, 2017). Muchas de estas obras han inspirado la elaboración del catálogo que ahora presentamos, pero el antecedente directo de nuestra investigación es el estudio que se llevó a cabo en 2008 por los botánicos, José Miguel Romero, Mª de los

Reyes González-Tejero y Joaquín Molero, 'Investigación sobre la biodiversidad agrícola en la alpujarra granadina' (Romero *et al.*, 2012).

En el marco del proyecto que hemos desarrollado en los dos últimos años, el acercamiento a la agrobiodiversidad de la Alpujarra vuelve a incidir, como aquel, en el inventario de toda una serie de cultivares tradicionales, en su descripción morfológica y agronómica y en la recopilación del conocimiento local asociado al manejo y uso de estos "productos del terreno". En esta ocasión, concebimos el catálogo como una importante herramienta para promover la recuperación de las variedades alpujarreñas, su conservación y su cultivo como productos diferenciados de calidad, capaces de interesar a mercados comprometidos, especializados y de cercanía. Con esta intención, hemos procurado poner en manos de los agricultores de la comarca el material necesario para que pudieran emprender dos ciclos de cultivo y experimentar con nosotros el comportamiento de estas variedades, así como comprobar su nivel de calidad. Para ello, tratamos de superar el cuello de botella que significaba la escasez de semillas disponibles, abordando la multiplicación de las muestras de germoplasma que nos proporcionaron los propios alpujarreños y haciendo uso también de las muestras obtenidas y custodiadas en el Departamento de Botánica durante los trabajos desarrollados en 2008. De esta manera hemos podido multiplicar una importante selección de semillas en la finca experimental "Los Morales" (Huéscar, Granada), puesta a disposición del proyecto por la Diputación de Granada. Los dos ciclos de cultivo que hemos completado nos han permitido obtener los frutos necesarios para caracterizar adecuadamente las variedades, una tarea clave para la confección rigurosa del catálogo. En segundo lugar, hemos podido corresponder a los hortelanos y hortelanas de la Alpujarra, distribuyendo semillas y plantones para su cultivo en fincas particulares, e intercambiando con ellos información de interés sobre el comportamiento *in situ* de las plantas. En tercer lugar, hemos obtenido una cantidad de semillas suficiente para su conservación *ex situ* en el Laboratorio del Departamento de Botánica de la Facultad de Farmacia de la Universidad de Granada, así como para crear y dotar un banco de semillas comunitario denominado "Variedad Local Alpujarra", ubicado en la población alpujarreña de Cádiar. Este último pretende ser un banco de semillas dinámico, para conservación a corto o medio plazo y, sobre todo, un espacio de encuentro e intercambio permanente para todos aquellos interesados en el cultivo de estos productos, un punto de referencia para quienes deseen recuperar las semillas que han perdido con el paso del tiempo o para ofrecer a sus vecinos muestras de variedades que ellos mismos conservan por tradición familiar o aprecio personal.

Desde el proyecto hemos querido contribuir a que los recursos fitogenéticos locales puedan ser vistos por la población alpujarreña como un recurso de desarrollo endógeno, ahora casi perdido por la falta de manos en el campo y por el difícil encaje de estos productos en los mercados convencionales. En apoyo al trabajo realizado con los agricultores y en correspondencia a sus preocupaciones sobre la difícil tarea de hacer llegar estos productos a los consumidores, en el seno del proyecto hemos abordado también un estudio sistemático de los principales canales cortos que operan en la región. Los resultados de esta investigación, aun escasamente difundidos, muestran la poca presencia que las variedades tradicionales tienen en la composición de su oferta. También comprobamos el limitado conocimiento que estos agentes de venta directa, consumo asociado y otras fórmulas alternativas de intermediación, tienen acerca de lo que debe entenderse por productos de variedad tradicional, así como de su importancia para el cuidado del medioambiente, para la supervivencia de los agroecosistemas y las economías familiares y locales, y para la seguridad alimentaria. La tercera gran conclusión, sin embargo, es que estos modelos de comercialización no convencionales ofrecen un gran potencial a las variedades locales por enlazar de manera muy directa con el compromiso social y ambiental que impulsa las actuaciones de estos colectivos sociales y las de multitud de pequeños comercios que buscan productos diferenciados de calidad. De hecho, no hemos dejado de colaborar durante este tiempo con asociaciones locales y provinciales que nos han permitido presentar los productos de variedad local Alpujarra, hacer intercambio de semillas, catas populares y otras actividades en las que hemos podido obtener informaciones de gran interés sobre el funcionamiento de los principales agentes del sector agroalimentario más innovador y comprometido con prácticas sostenibles, así como con el perfil de los consumidores que se mueven en torno a estas redes. En la misma línea de difusión del valor de la diversidad de las variedades locales cultivadas planteamos la elaboración de un recetario con ayuda de un grupo de mujeres alpujarreñas que nos hablaron de los productos del terreno y de su uso tradicional (Jiménez *et al.* 2023). Una experiencia que nos ofreció nuevas informaciones sobre las plantas hortícolas locales y nos hizo conscientes de la pérdida de saberes en torno a este patrimonio tan conectado con los lugares y la cultura.

El catálogo incluye finalmente la caracterización de 36 especies pertenecientes a 9 familias botánicas, correspondientes a cultivos que se vienen produciendo en las huertas de la Alpujarra desde varias generaciones atrás. Las distintas variedades que hemos identificado aparecen ordenadas por especies, géneros y familias, y están descritas atendiendo a su origen, manejo, respuesta ante plagas y enfermedades y tipo de uso o consumo, incluyendo además algunas observaciones específicas de cada variedad. Se incluye también información sobre el origen concreto de las muestras obtenidas. Una parte importante de la información del catálogo, relativa tanto a las variedades como a las accesiones, está publicada y disponible en el repositorio de acceso libre GBIF (Romero *et al.*, 2023), una base de datos abierta que permitirá la implementación permanente de las nuevas informaciones que se obtengan a partir del funcionamiento del banco comunitario de semillas "Variedad Local Alpujarra". De esta manera el catálogo se pone al servicio del banco y el intercambio, y el banco proporcionará nuevos materiales y conocimientos al catálogo.

El marco geográfico

La Alpujarra granadina es una región geográfica e histórica de carácter montañoso que se extiende entre las provincias de Granada y Almería a lo largo de un valle longitudinal cuyos límites coinciden con las cumbres de Sierra Nevada al norte y las sierras litorales de Lujar, Contraviesa y Gádor al sur. En el contexto del territorio alpujarreño, considerado en sentido amplio, los trabajos del catálogo se han circunscrito al conjunto de municipios ubicados en el sector centroccidental del mismo y a la vertiente meridional del macizo de Sierra Nevada, espacio objeto de estudio del proyecto "Agrobiodiversidad e innovación social para el desarrollo de las comunidades de montaña" de Smart-ecomountains. En concreto, se trata de 22 municipios granadinos que se extienden desde Lanjarón hasta Nevada, como puede observarse en la fig. 1.

El área estudiada viene a corresponderse con la llamada Alta Alpujarra Granadina, donde el poblamiento y los usos del suelo se escalonan desde las laderas solanas de la sierra hasta el fondo del valle o surco alpujarreño, ajustándose su ordenamiento a la rítmica sucesión de los barrancos que desde las cumbres de Sierra Nevada afluyen a los ríos Guadalfeo y Grande de Adra.

Las características geográficas más notables de esta comarca montañosa se derivan de su ubicación en el corazón de la Cordillera Penibética, de modo que los valles alpujarreños salvan un desnivel de más de 3.000 m de altitud, entre los 450 m. de Órgiva y los 3.478 del Mulhacén. Se trata pues de terrenos quebrados de fuertes pendientes surcados por torrentes de montaña en donde se suceden en altitud hasta 5 pisos bioclimáticos que van desde el termomediterráneo hasta el crioromediterráneo.

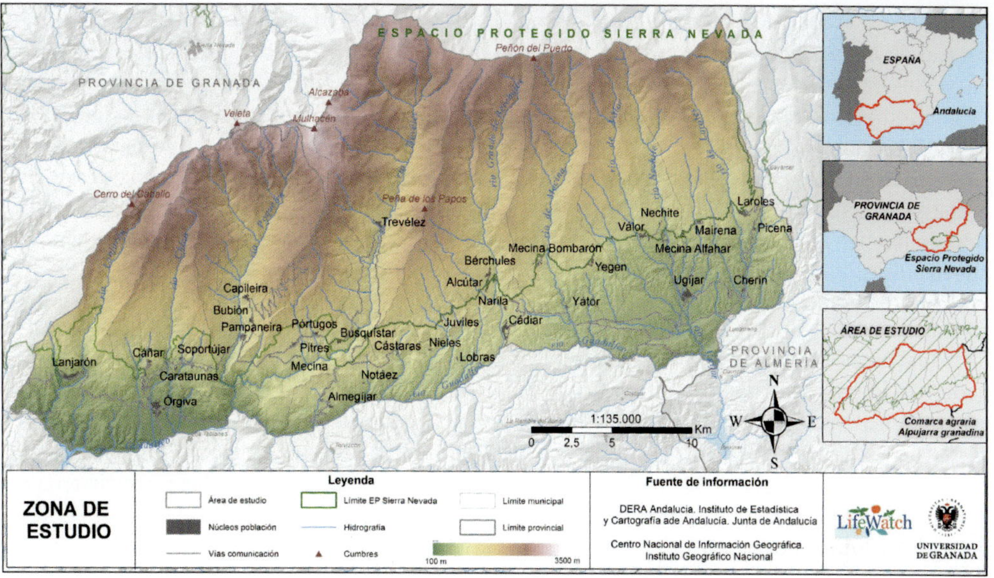

Fig. 1. Zona de estudio.

Por otra parte, la naturaleza de las rocas determina el predominio de sustratos ácidos en las zonas más elevadas y básicos en la franja más baja. La diversidad de climas y tipos de roca y suelo ha determinado el desarrollo de una notable variedad de comunidades vegetales pertenecientes a distintas series de vegetación. En las zonas más elevadas, por encima de los 2.900 m dominan los pastizales de alta montaña del piso crioromediterráneo. Por debajo de estos pastizales y hasta los 1.900 m aproximadamente se desarrolla una extensa orla de enebrales-piornales y pastizales oromediterráneos, siendo dominantes estos últimos tras años de prácticas de manejo para la obtención de pastos. En altitudes inferiores a los 1.900 m, el dominio es mayoritariamente el de los encinares supra y mesomediterráneos. Se extienden por la media y baja montaña tanto sobre sustratos silíceos como calizos, ocupando suelos profundos que en muchas ocasiones son aptos para la agricultura. En un rango altitudinal que va desde los 1.900 a los 1.200 m se sitúa el dominio del roble melojo, un bosque que encontramos en la loma de Cáñar, barranco del Poqueira y loma de Pitres-Busquistar. Junto a estas formaciones naturales, en la franja de la media y baja montaña alpujarreña se desarrollan importantes extensiones de pinares de repoblación que comenzaron a instalarse en la Alpujarra con los trabajos de restauración hidrológico-forestal iniciados a principios del pasado siglo en la cuenca del río Lanjarón.

A lo largo de la historia el cuadro de los ecosistemas naturales se ha visto profundamente modificado de modo que los paisajes de las vertientes solanas de Sierra Nevada acabarán configurándose como un mosaico complejo de comunidades vegetales y agroecosistemas que cubren la franja situada aproximadamente entre los 450 y los 1.700 m.

La apertura a las masas de aire cálido del Mediterráneo, unida al ombroclima subhúmedo de los tramos medios de los valles y a la disponibilidad de agua de deshielo en verano permitieron el desarrollo de la actividad agraria durante siglos, en convivencia con los aprovechamientos del monte. En la Alpujarra, el espacio agrícola es el resultado de una obra colectiva de transformación de los equilibrios naturales de la montaña en favor de un manejo minucioso de la tierra y el agua. En particular, es durante la etapa andalusí cuando se sientan las bases de este modelo de agricultura de primor basado en el desarrollo de un complejo sistema de regadío formado por redes de acequias que irrigan los bancales construidos en las empinadas laderas. Desde entonces el espacio cultivado ha estado sometido a numerosas transformaciones, producto de la superposición de los distintos modelos de organización y manejo del espacio agrícola propios de las sociedades que se han venido sucediendo en la Alpujarra a lo largo de la historia. Durante el largo periodo evolutivo de los sistemas agrícolas se ha mantenido, aun conociendo fases de avance y retroceso, un proceso de expansión de las tierras cultivadas que alcanzó su punto máximo a finales del S.XIX, si bien tuvo una nueva pulsación coyuntural en los años 40-50 del siglo pasado (Jiménez, 2010).

En la actualidad la práctica de la agricultura sigue apoyándose en dos pilares básicos, los bancales de piedra seca y la conducción del agua a través de la red de acequias. Las tierras de cultivo se disponen de forma escalonada en altura y mantienen una convivencia estrecha con las formaciones vegetales espontáneas. Los aterrazamientos garantizan el equilibrio de las laderas y acondicionan el terreno para el cultivo mientras que las acequias permiten a los campos beneficiarse de un aporte extraordinario de agua en la etapa estival, gracias a la fusión de la nieve y al estricto sistema de ordenamiento de los recursos hídricos que incluye un original sistema de conducción subsuperficial del agua denominado "careo".

Sobre estas bases se configura un modelo en el que los distintos cultivos de una amplia selección de especies se ordenan atendiendo a las diferentes condiciones ecológicas, de modo que dentro de un mismo municipio podemos encontrar cultivos de zonas bajas y cultivos de altura. La diversidad de condiciones ecológicas, unido a los cambios acontecidos a lo largo de los distintos periodos históricos y al aislamiento que impone la montaña han favorecido la deriva genética de los cultivos hacia numerosas variedades locales. En general, se puede afirmar que los espacios montañosos son especialmente ricos en lo referente a la diversidad varietal agrícola, de forma similar a lo que ocurre con la vegetación y flora silvestre.

Por otra parte, la Alpujarra está ubicada en la cuenca mediterránea, un espacio considerado entre las diez principales regiones por su diversidad de plantas cultivadas a nivel global. A ello se une el hecho de que la Península Ibérica ha funcionado como puente entre los continentes europeo, africano y americano, motivo por el cual es considerada la zona más rica en agrobiodiversidad de toda Europa.

La agricultura alpujarreña es heredera de un proceso de enriquecimiento progresivo de la biodiversidad del paisaje agrícola que tiene importantes raíces en los ocho siglos de existencia de al-Andalus, ya que la expansión del islam supuso también la de las plantas que venían de Oriente. La práctica del regadío permitió que las plantas, que procedían de climas monzónicos, húmedos en la estación cálida pudieron adaptarse al clima mediterráneo (Trillo, 1999). Más tarde, el sistema agrario morisco se vería modificado, conociéndose entonces una reducción de la arboricultura a la vez que se introdujeron y difundieron lentamente nuevos cultivos procedentes de América como el maíz y la patata (Sayadi y Calatrava, 2001). La evolución permanente de los sistemas agrarios durante los siglos XVIII y XIX y su posterior especialización productiva tuvo como resultado que, a mediados del siglo XX, antes del éxodo rural de los años 60, el panorama agrícola fuese el siguiente: el regadío se caracterizaba por una amplia gama de productos hortícolas, leguminosas y patatas, a lo que se sumaba una diversidad de árboles frutales. Muchas de las producciones no se limitaban a la satisfacción del autoconsumo, sino que constituían productos de exportación. Entre estos podemos destacar el vino, el aceite, las naranjas, las habichuelas o las patatas para simiente.

En el conjunto del país y especialmente en las zonas de montaña los cambios socioeconómicos acaecidos a partir de 1960, industrialización y éxodo rural masivo, supusieron el casi total abandono de la agricultura y ganadería de estas regiones. En la Alpujarra, el abandono afecta particularmente a las tierras de secano, si bien, los regadíos de altura también están prácticamente abandonados y la agricultura de las vegas sufre un fuerte declive del tradicional policultivo, fig. 2.

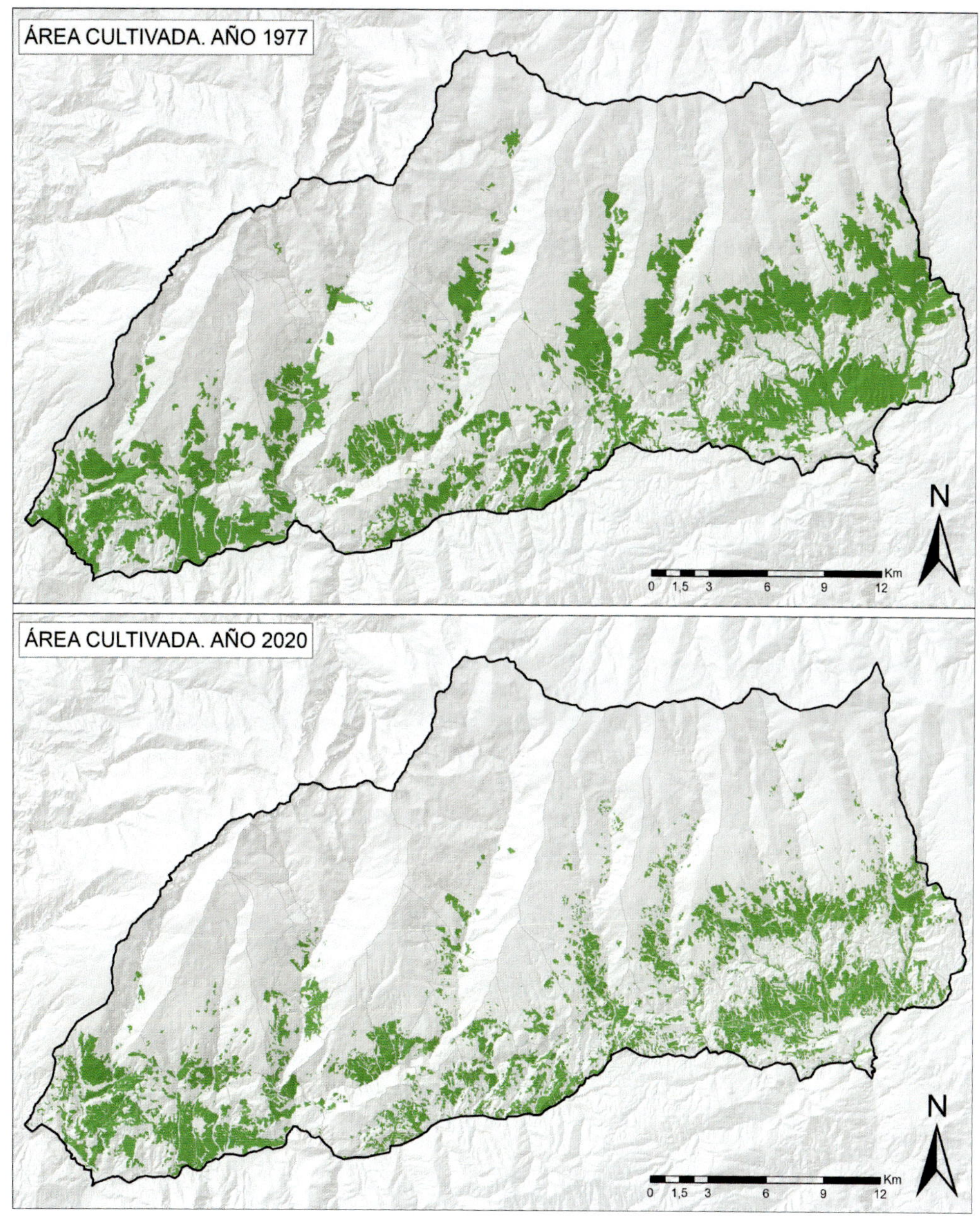

+Fig. 2. Evolución del área cultivada entre 1977 y 2020.

En las vegas se sustituye el cereal y se potencia la horticultura y en menor medida la arboricultura, disminuyendo considerablemente la diversificación precedente (Sayadi y Calatrava, 2001). Actualmente conviven distintos tipos de explotaciones en la Alpujarra. Muchas de ellas son pequeñas explotaciones y huertas para autoconsumo trabajadas por jubilados, pensionistas, agricultores a tiempo parcial o aficionados a la horticultura. Otra clase de explotaciones agrícolas están orientadas a la comercialización, pudiendo destinarse a cultivos leñosos, como la almendra o el olivar, o a cultivos herbáceos en régimen intensivo y bajo la modalidad de agricultura ecológica, como las habichuelas, los tomates cherry, las frambuesas, las fresas o los calabacines.

El fuerte abandono de la tierra, no sólo se ha traducido en una degradación progresiva de los sistemas agrícolas, sino en una pérdida de la diversidad cultivada. A la drástica reducción de las personas dedicadas a la agricultura se suma la sustitución de las variedades tradicionales de cultivo por las variedades comerciales y la desarticulación del sistema agroalimentario local que incluía intercambio de semillas, además del consumo de proximidad mayoritario. Al igual que ocurre a escala mundial, en la Alpujarra la pérdida de variedades tradicionales y del conocimiento asociado a la práctica de la agricultura tradicional se traduce en erosión genética y cultural. Ya en 2008 Romero *et al.* señalan que el abandono de la agricultura en la Alpujarra ha llevado a la desaparición de variedades de cultivo locales, tanto de frutales como de cultivos herbáceos que antaño tuvieron renombre en la comarca.

No obstante, todavía es posible encontrar espacios de resistencia para la agricultura tradicional, aunque solo sea en manos de unos pocos agricultores generalmente mayores que continúan cultivando pequeños huertos (González y Guzmán, 2006). Especialmente en las zonas de montaña, debido al aislamiento al que las somete su orografía, se conservan importantes vestigios de la cultura agrícola-ganadera tradicional (Aceituno, 2010).

En este contexto, la presente obra trata de contribuir al conocimiento y conservación de la diversidad biocultural de la Alpujarra catalogando todas aquellas variedades locales de hortícolas que hemos podido identificar y caracterizar con ayuda de los agricultores de la comarca y a partir de la investigación realizada en la finca experimental Los Morales. De esta forma queremos contribuir a la protección de unos recursos genéticos y culturales que podrían estar en la base de iniciativas de desarrollo local endógeno inducidas desde la agricultura.

METODOLOGÍA

El método seguido corresponde, en general, a las técnicas que habitualmente se utilizan en la disciplina de la Etnobotánica que emplea tanto técnicas etnográficas como botánicas y, en este caso, también agronómicas. Para conocer el estado actual de la agricultura y, específicamente, de la diversidad agronómica y variedades propias o del territorio, variedades que se han venido cultivando en la zona por generaciones, es necesario contar con unos interlocutores conocedores del territorio y de sus cultivos. Por ello la selección de informantes que, en otro tipo de estudios se realiza de forma aleatoria, en este caso se ha realizado intencionadamente, buscando personas conocedoras del tema y que estén en la actualidad o hayan estado relacionadas con la agricultura.

Entendemos por variedades locales aquellos taxones que, en relación a los criterios de agricultores y agricultoras, se han seleccionado durante generaciones por las comunidades locales, en un proceso evolutivo que ha permitido la adaptación al entorno donde se cultivan y el desarrollo de características propias. En general estas variedades y su manejo están estrechamente ligadas a conocimientos y técnicas ancestrales, por lo que también se conocen como "variedades tradicionales" y aunque podrían discutirse matices, en este texto usaremos ambos términos como sinónimos.

Debemos aclarar que, en este texto, con el término "variedad", desde la perspectiva botánica, no nos referimos a una categoría taxonómica definida (encuadrada en las categorías jerárquicas taxonómicas infraespecíficas, por debajo de la subespecie y por encima de la forma), sino una variedad de cultivo, o cultivar con denominaciones vernáculas propias del territorio.

En relación al estudio realizado, consideramos variedades locales de la Alpujarra, a aquellas que han sido cultivadas de forma tradicional en el área de estudio al menos por 30 años lo que permite la trasmisión generacional (Pardo de Santayana, *et al.*, 2014), siempre que las semillas o plantas no procedan de viveros o casas comerciales. Estas variedades tienen una base cultural reflejada, ya sea en aspectos agronómicos específicos, culinarios o culturales.

1. Recogida de información

Para la toma de datos se ha recurrido, principalmente, a los agricultores y agricultoras alpujarreños. Con el propósito de establecer contactos iniciales se ha solicitado la ayuda de las administraciones (ayuntamientos, mancomunidad de municipios) y otros organismos locales (oficina comarcal agraria, cooperativas agrícolas, asociaciones, etc.), que posibilitaron reuniones grupales con el objetivo de identificar intereses y facilitar el desarrollo de una red de informantes. Es necesario indicar que, gracias a trabajos de investigación realizados con anterioridad en el territorio (Romero *et al.*, 2008), disponíamos también de una buena fuente de contactos. A partir de estos contactos iniciales se recurrió a la técnica conocida como "bola de nieve", que permite identificar a informantes relevantes a través de las recomendaciones de personas que ya han sido entrevistadas, estableciendo así un ambiente de confianza.

La obtención de información sobre las variedades y el manejo de los cultivos tradicionales se ha realizado según las siguientes técnicas.

a. Entrevistas

Se han realizado numerosas entrevistas a informantes con amplio conocimiento en la materia. Las entrevistas han sido individuales en unas ocasiones y grupales en otras, lo que permite, en este último caso, que se establezca un debate entre los participantes y se llegue a consensuar la información transmitida.

Las entrevistas individuales se han realizado, generalmente, en las propias huertas de los informantes, aprovechando la ocasión para observar y tomar datos sobre los cultivos, manejo y técnicas empleadas.

Visitas a fincas para realización de entrevistas, observación y toma de datos (Capileira y Pórtugos).

Han sido entrevistas, en su mayor parte, de tipo semiestructurado, en las que en la conversación el investigador introduce cuestiones específicas que interesan al estudio, o se permite conducir la entrevista hacia los puntos que encuentra más interesantes. En estas entrevistas se han recogido los siguientes datos:

— Sobre los informantes: nombre, edad, género, dirección y teléfono de contacto, trayectoria personal o profesional, perfil de agricultor principalmente en relación a la finalidad de sus cultivos, diferenciando autoconsumo y explotación comercial en mayor o menor grado, motivación sobre las técnicas agrícolas empleadas y posibles relaciones con otros agentes de la comarca.

— Sobre las fincas visitadas: localización, tipo de manejo agrícola, forma de riego, cultivos hortícolas, frutícolas o de cualquier otro tipo, prestando un especial interés a las variedades consideradas tradicionales. También se han estudiado las plantas silvestres que habitan en el entorno de los cultivos y forman parte de la biodiversidad de la finca.

Se han realizado también entrevistas cerradas o estructuradas que incluyen preguntas específicas en cuestionarios cerrados con el objetivo de realizar el seguimiento y control de los cultivos de la red de agricultores colaboradores.

Por último, ha sido muy frecuente la obtención de información valiosa mediante conversaciones informales o casuales. Especialmente interesante han sido los diferentes eventos organizados en el ámbito del proyecto, como la feria de la biodiversidad Agrícola, celebrada en Cádiar, intercambios de semillas, etc.

b. Observación participante

El investigador/a observa y participa, cuando es posible, en las tareas cotidianas relacionadas con el manejo del cultivo. Esta actividad se ha realizado en las huertas de los informantes, así como, cuando ha sido posible, participando en reuniones de grupos de agricultores, huertas comunitarias, asambleas de asociaciones y festividades locales. Todo ello ha permitido recabar información, conocer posibles informantes nuevos o participar de las actividades sociales en relación con el mundo agrícola de la comarca.

Encuentro para preparación del recetario

Intercambio de semillas e información

2. Procesamiento de datos

La información recabada se ha introducido en una base de datos de Microsoft Access ®.Incluye nueve tablas de datos interrelacionadas que recogen la siguiente información:

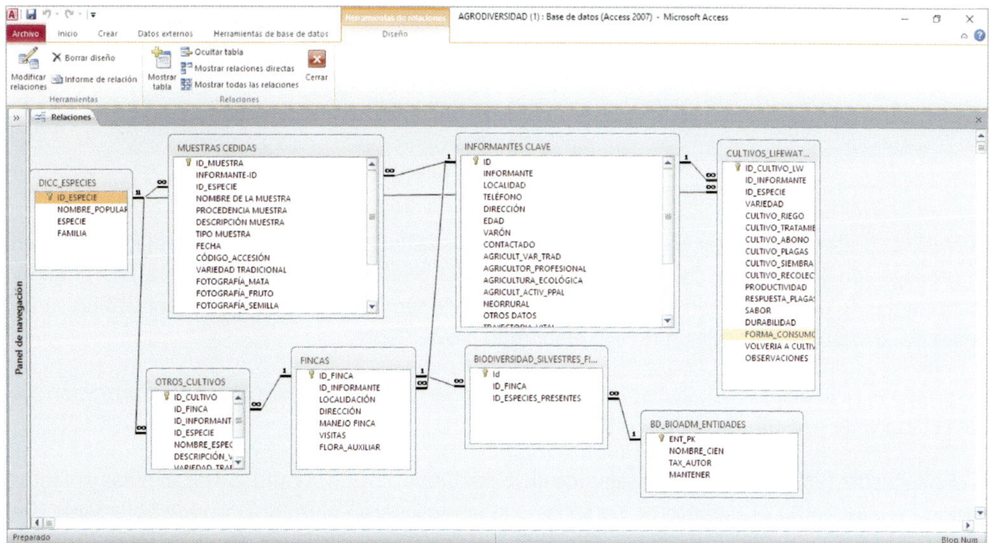

Estructura de la base de datos, relaciones entre las diferentes tablas.

1. Informantes clave: datos sobre los informantes donantes de semillas o muestras de variedades locales.

2. Muestras donadas: Nombre varietal vernáculo, especie cultivada, código de accesión, tipo de muestra (semillas, otro tipo de material de germoplasma), fecha de la donación, donante.

3. Fincas: Agricultor, localización, fechas de las visitas a la finca, y datos sobre las especies que se han detectado, tanto cultivadas como silvestres.

4. Cultivos Lifewatch: datos específicos sobre los cultivos realizados por la red de agricultores, a partir de las muestras (plantas o semillas) facilitadas por el proyecto.

3. La red de agricultores

Uno de los principales objetivos del trabajo ha sido catalogar las variedades locales y extender y fomentar su cultivo en el territorio; en nuestra opinión la oferta de variedades propias en los mercados actuales, excesivamente homogéneos, puede ser un factor interesante para incentivar la economía alpujarreña. Para ello, en primer lugar, a partir de nuestra red de informantes, se ha desarrollado una red paralela de agricultores con aquellos que mostraron interés en cultivar estas variedades tradicionales. Para ello se procedió a la distribución de semillas de la colección conservada en el banco de germoplasma del departamento de botánica (Romero *et al.*, 2008) y de plantas producidas a partir de la replicación de estas semillas.

Reparto de plantas y semillas.

Con ello se pretendía divulgar el conocimiento de estas variedades, implicar a la población local en su propagación y conservación, facilitando, a la vez, la producción de semillas para uso propio y mantenimiento de un volumen adecuado en el banco de semillas. Cada agricultor solicitó las variedades de su interés a partir de un listado elaborado previamente.

Finalizado el ciclo del cultivo, se distribuyeron cuestionarios cerrados para obtener información sobre el desarrollo y resultado de los cultivos.

El año siguiente (2023) se realizó un segundo ciclo de cultivo, en que la cantidad de semillas y plantas disponibles, así como el número de personas que las solicitaron aumentó considerablemente. De esta forma, se produjo una importante extensión de los cultivos y de la red de agricultores. Tras este segundo ciclo también se realizaron entrevistas y encuestas para conocer el resultado de los cultivos.

4. La finca experimental. Colecciones vivas

En el curso del desarrollo del proyecto se detectó la necesidad de establecer cultivos que permitieran la obtención de semillas en cantidades suficientes para abordar el principal objetivo del proyecto de extensión de los cultivos de las variedades en la Alpujarra. Con este motivo se han desarrollado cultivos experimentales en la finca "Los Morales" (Huéscar), gestionada por la Diputación Provincial de Granada.

La creación de colecciones vivas permite ubicar en un espacio determinado, una cantidad considerable de variedades. Se ha realizado con dos propósitos fundamentales:

a. Multiplicación del material de propagación (especialmente semillas)

Las muestras de semillas obtenidas de los informantes, suelen ser pequeñas. Ya que, como se acaba de comentar, uno de los objetivos principales ha sido fomentar el uso agrícola a mayor escala devolviendo a la población local un número considerable de semillas o plantas, estas cantidades resultan claramente insuficientes, por lo que fue necesario su multiplicación de forma controlada. También es una forma de proceder para la renovación de semillas que llevan tiempo almacenadas.

b. Adquisición de conocimientos e información

La puesta en cultivo permite obtener información de primera mano para el conocimiento de cada variedad. Esto resulta especialmente relevante, puesto que se trata de devolver las variedades (semillas, plantas, etc.) perfectamente definidas a la población local y pretender que se sigan cultivando incluso por agricultores profesionales.

De forma controlada se han observado los siguientes caracteres:

- Viabilidad de las muestras. Evaluación de la capacidad de germinación.

- Identidad de la muestra. Correspondencia de la denominación proporcionada con el cultivo.

- Caracteres morfológicos (medibles u observables) que permiten su descripción e individualización.

- Características agronómicas, como productividad, resistencia a plagas, tiempos y ciclo de cultivo, etc.

- Cualidades organolépticas que permiten evaluar las plantas y sus órganos de consumo y que pueden ser indicadoras de la capacidad para promocionar su cultivo a mediana o gran escala.

Las colecciones vivas cumplen una acción divulgadora, pudiendo ser visitadas por personas interesadas como agricultores, técnicos, educadores, escolares, etc. contribuyendo así, a la promoción y puesta en valor de las variedades locales.

Cultivos en finca Los Morales (Huéscar).

En una primera fase, se seleccionaron muestras consideradas variedades locales de dos fuentes: la mayoría procedían del banco de semillas del Departamento de Botánica, donde se conservan desde 2008. Esto permitió su evaluación y renovación. Para poder verificar la viabilidad de estas semillas conservadas durante más de 15 años, se realizaron tests de germinación.

Test de germinación y primeras plantas obtenidas.

Este primer cultivo también propició el poder disponer de una pequeña cantidad de plantas (unas 2.000) y semillas para una primera distribución entre agricultores/as alpujarreños de nuestra red.

Limpieza, clasificación e inventariado de semillas en laboratorio.

Las semillas obtenidas en el primer ciclo de cultivo, de las que ya se habían adquirido conocimientos e información relevante, permitieron la producción profesional de planta ecológica y la distribución a la población local en la campaña siguiente (primavera de 2023). Se repartieron aproximadamente 25.000 plantas de diferentes variedades tradicionales de tomate, pimiento y berenjena, así como otras 5.000 plantas de distintas variedades locales de judía. Además permitieron un nuevo ciclo de cultivo en la finca experimental para continuar el proceso de estudio y multiplicación de semillas durante 2023.

Las semillas replicadas en la finca Los Morales, han sido el germen del "Banco local de semillas" (en Cádiar), otro de los objetivos fundamentales planteados en el proyecto. El Banco está dotado de semillas renovadas, testadas y correctamente identificadas.

Plantas y reparto.

Banco de semillas "Variedad local Alpujarra", Cádiar.

Banco de semillas. Muestras y registro de entradas / salidas.

5. Caracterizaciones de variedades

La caracterización de las distintas variedades incluye los nombres vernáculos, datos morfológicos de las plantas y los frutos. En el caso de algunas hortalizas con un cultivo ampliamente extendido en el territorio, principalmente, tomates, pimientos y calabazas, se han empleado los descriptores varietales que proponen instituciones como el Instituto Internacional para Recursos Genéticos, I.P.G.R.I. y adaptados por nuestro equipo en relación principalmente a la información proporcionada por los agricultores.Con estos descriptores se elaboraron unos estadillos de campo para la toma de datos y se utilizaron instrumentos de medida como calibre (pie de rey), flexómetro, balanza y balanza de precisión para semillas. Para medir la concentración de solutos (azúcares) en tomate se utilizó un refractómetro.

Los datos proceden de la observación de las plantas en las colecciones vivas de la finca experimental, completándose, en relación principalmente a frutos y semillas, con datos de laboratorio.

Toma de datos para caracterización de variedades (finca Los Morales).

Variedades objeto de estudio: Tomate de colgar de Pórtugos (izq.) y cascarones de Juviles (dcha.).

Descriptores de tomate. Fruto.

ID: A 91   Denominación: De Colgar   Portugés JJ Rodríguez

Medidas FRUTO:

	Diámetro ecuatorial (cm)	Altura (cm.)	Peso (g.)	Grosor pericarpio (mm)	Nº lóculos	° Bx.
1	4'6	4'2	44	7'2	3	6
2	4'4	4'6	46	5'8	2	6
3	4'1	4'4	40	6'6	2	5
4	4'2	4'2	39	5'8	3	6'5
5	4	4'3	36	5'8	2	5'5
6	3'3	4'1	29	6'3	2	5'7
7	4	4'1	36	6'8	2	5'6
8	4'2	4'2	35	6'8	2	5
9	4'3	4'1	43	6'7	2	6'1
10	3'8	3'9	32	5'9	2	5'7
11	4'4	4'5	46	6'8	2	5
12	3'8	4'2	34	4'9	3	5
13	4'3	4'6	43	5'1	2	5
14	3'9	4'2	36	5'1	2	5'6
15	4'2	4'3	40	5'7	2	5
16	3'8	4'1	32	4'5	3	6'5
17	3'6	4	31	5'1	2	7'5
18	3'8	3'9	32	4'2	2	5'5
19	4'1	4'4	44	5	2	4'5
20	3'8	4'1	35	6'8	2	5'8
Media	4,1	4,2	38	5,9	2	5,4

- **Forma** (según figuras). 1. Achatado. 2 Ligeramente achatado. 3.Redondeado. 4 alargado. 5. 5.Cordiforme. 6 Cilíndrico (oblongo-alargado). 7 Piriforme.8 Elipsoi de ciruela). 9 Otro (especificar)
- **Color** (fruto maduro). 1. Verde. 2. Amarillo. 3. Naranja. 4. Rosado. 5. Rojo. 6. (Rojo anaranjado
- **Color** (inmaduro). 1. Blanco verdusco. 3. Verde claro. 5. Verde. 7. Verde oscuro. 9. Verde muy oscuro.
- **Intensidad del color de los hombros**: 3. Leve. 5. Intermedia. 7. Fuerte
- **Acostillado del fruto**. 0. Ausente. 3 Ligero. 5 Medio 7. Fuerte.   (2) entre ausente y ligero
- **Cicatriz del pistilo**. (según figuras). 1. Punteado 2 Estrellado 3. Lineal. 4 Irregular   1. Pequeña. 2. Mediana. 3. Grande.
- **Inserción peduncular**. 1. Plana. 2. Ligeramente hundida. 3. Muy hundida.
- **Sección transversal** (según figuras). 1 Redonda. 2 Angular. 3 Irregular

Estadillo para la toma de datos en campo (variedades de tomate) y tomate "abuela".

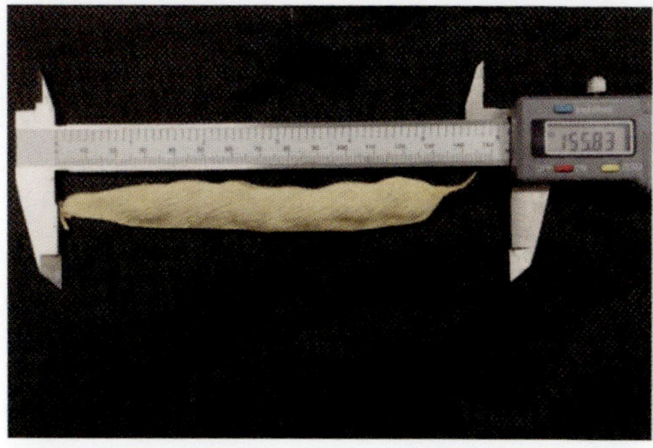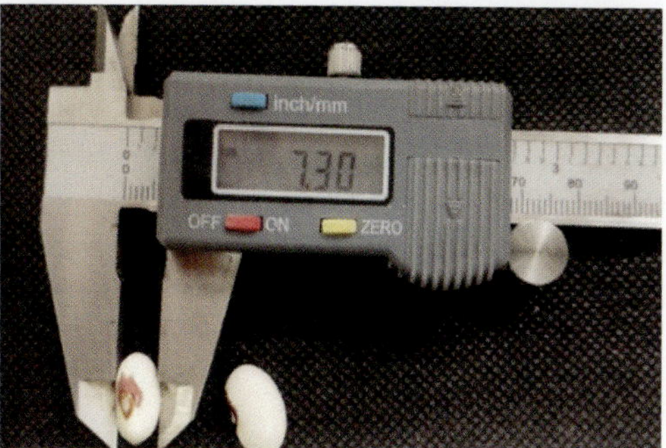

Habichuela "mocha blanca", toma de datos en laboratorio.

6. Conservación del germoplasma (semillas y otro material genético)

Las muestras de semillas recogidas en este trabajo se conservan en frascos o tubos de vidrio con gel de sílice para controlar el estado de humedad. Parte de ellas se mantienen en cámara de congelación (-18 ºC) para su conservación a largo plazo de la misma forma que las recogidas en trabajos anteriores (2008).

Sin embargo, la mayor parte de las semillas se conservan en cámara frigorífica (2-4 ºC) para su conservación a corto y medio plazo para facilitar su manejo, multiplicación e intercambio. Esto permite la devolución a la población local y que el cultivo y el proceso de evolución de la variedad no sea vea interrumpido por largos periodos.

Con el objetivo de que las variedades locales se cultiven en la Alpujarra y para facilitar el acceso a las semillas a cualquier persona que tenga interés en cultivarlas, se ha creado el banco de semillas Variedad local Alpujarra, al que se han enviado semillas de las variedades replicadas y estudiadas en la finca experimental. El banco se ubica en un puesto del mercado de abastos de Cádiar, cedido por el Ayuntamiento. La gestión está en manos de personas que viven en el territorio y tienen interés por conservar y cultivar las variedades locales alpujarreñas. La asociación La Colmena de Cádiar ha asumido buena parte de esta gestión y custodia, aunque no es necesario pertenecer a esta asociación para participar en la organización ni para acceder a las semillas. La Universidad de Granada presta el apoyo necesario y colabora estrechamente en las labores de coordinación. Se ha elaborado un reglamento y establecido unos días de apertura al público.

Para finalizar este apartado es necesario destacar cómo se hace la conservación de semillas en las fincas, cortijos o casas de los agricultores. Habitualmente se realiza en envases reutilizados de vidrio o plástico. Antaño era frecuente en bolsas de tela o papel, cajas de cartón, cajas de cerillas, o en general, en cualquier envase que pudiese cerrarse más o menos herméticamente, y guardarlos en los lugares más secos de las viviendas. En los recipientes de semillas que solían ser atacadas por insectos (como habichuelas y otras leguminosas a las que es frecuente que les aparezca el gorgojo), en ocasiones se añadían plantas que evitaban o mitigaban esta afección; desde cabezas o dientes de ajo, hasta hojas de laurel o de tabaco, y a veces, piezas de hierro. También se introducían, para reducir la humedad; trozos de tiza, bolas de arcilla o granos de arroz (incluso en bolsitas).

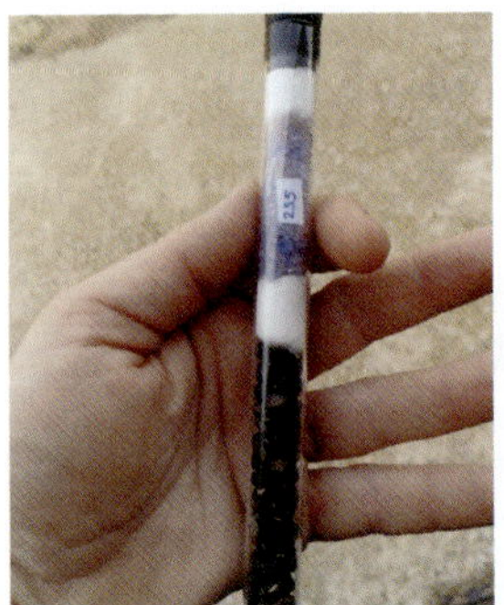

Diferentes envasados de semillas.

Semillas clasificadas y etiquetadas (finca los Morales).

7. Otras actividades

Para dar a a conocer y promover el uso de variedades locales, y fomentar el intercambio de semillas, se han desarrollado otras actividades, como la exposición e intercambio de semillas en el Ecomercado de Granada capital y mercado Agroartesano de Cádiar, intercambio de pimientos para simiente, charlas divulgativas sobre la importancia de las variedades locales, así como un trabajo intenso en redes sociales. La actividad más importante en este sentido ha sido la organización de la XIX Feria Andaluza de la Biodiversidad Agrícola, celebrada en Cádiar del 23 al 25 de septiembre de 2022, el principal objetivo de esta feria es facilitar el acceso a las semillas y promover la conservación y uso de Variedades locales; se organizan charlas, mesas redondas, talleres, degustaciones y otras muchas actividades.

Para evaluar las cualidades organolépticas de diferentes variedades de tomate, se organizaron varias catas y degustaciones, la mayoría se organizaron de manera informal abiertas a cualquier persona que quisiera participar, a las que se les facilitaba una hoja de cata sencilla en la que se valoraba el aspecto y sabor de los frutos. También se realizó una cata profesional llevada a organizada por el Panel de Cata del Seminario de Estudios gastronómicos y Enológicos (SEGE) de la Universidad de Granada.

Feria Andaluza de la Biodiversidad Agrícola 2022 (Cádiar).

Cata de tomates en el Ecomercado de Granada.

ECOMERCADO DE GRANADA

HOJA DE CATA DE DIFERENTES VARIEDADES DE TOMATE

Valore de 0 a 10 el aspecto y el sabor de estos tomates

Muestra	SABOR (0-10)
1	
2	
3	
4	
5	
6	
7	
8	
9	
10	
11	
12	

Muestra	ASPECTO VISUAL (0-10)
A	
B	
C	
D	
E	
F	
G	
H	
I	
J	
K	
L	

OBSERVACIONES:

Hoja de cata.

Mercado Agroartesano de Cádiar. Exposición e intercambio de diferentes variedades de pimiento.

Cata de tomates profesional, SEGE. Facultad de Farmacia (Universidad de Granada).

8. Catálogo de variedades locales

Se presenta a continuación el catálogo de las variedades locales hortícolas cultivadas en la Alpujarra granadina. Se ha ordenado por familias botánicas, y dentro de cada familia, por géneros y especies. Para cada especie se realiza una descripción botánica, se comenta su origen como planta cultivada, describimos el manejo tradicional del cultivo en la comarca (si existen puntualizaciones para variedades determinadas, se especifican en la ficha de esa variedad), se detallan las principales plagas o enfermedades, y se comenta la diversidad que existe respecto a los distintos tipos o variedades. Se indican para cada cultivo o variedad, el origen y las muestras obtenidas, tanto las que hemos denominado "recientes", obtenidas en este trabajo los años 2021, 2022 y 2023, como las "anteriores" recogidas durante 2007 (Romero *et al.*, 2008). Seguidamente se describen las variedades locales alpujarreñas identificadas, continuando con una descripción somera o simple mención de otras variedades que también se cultivan actualmente en la Alpujarra. En el primer grupo, que denominamos "variedades locales" (de la Alpujarra) se describen detalladamente las variedades que se han considerado locales o tradicionales de la zona de estudio, atendiendo a que sean cultivadas desde hace tiempo, unos 30 años, de forma que hayan podido transmitirse por al menos una generación. En el segundo grupo "otras variedades" se describen sucintamente las variedades cultivadas actualmente en la Alpujarra que no se consideran locales, pueden ser variedades comerciales o puede tratarse de variedades tradicionales de otros territorios que no llevan suficiente tiempo en la Alpujarra para considerarlas en el primer grupo. En las variedades en las que se han usado descriptores estandarizados, se indican previamente los empleados.

Para cada variedad local se incluyen los nombres locales detectados en los diferentes municipios, una descripción detallada de la variedad, su forma de consumo, el origen de las muestras obtenidas, observaciones, y fotografías.

Para las descripciones botánicas principalmente nos hemos basado en obras como Castroviejo (1986-2021), u obras específicas citadas en los textos. Para el manejo de las hortalizas y una revisión de las variedades antiguas mencionadas han sido de gran ayuda las obras de Navarro (2002) y Remmers (1998), además de lo mencionado sobre Romero *et al.* (2008). Para diversas hortalizas hemos revisado otros catálogos de variedades locales o tradicionales de otras regiones, como pueden ser Benítez *et al.* (2010), Guzmán Casado (2012), Lázaro *et al.* (2014, 2016), Egea y Egea (2013), Tardío *et al.* (2018, 2022), Zohary y Hopf (1993), etc. (ver bibliografía).

FAMILIA AMARANTÁCEAS
Amaranthaceae

La familia *Amaranthaceae* comprende dos subfamilias, hasta hace poco separadas como familias diferentes: *Chenopodiaceae* y *Amaranthaceae,* en base a que la primera tiene pétalos (tépalos) membranosos y estambres, en general, unidos formando un anillo; la segunda tiene los tépalos y brácteas suculentas y los estambres libres entre sí. En la consideración actual la familia incluye dos subfamilias: *Amaranthoideae* y *Chenopodioideae,* con más de 170 géneros y unas 2.500 especies. En la subfamilia *Amaranthoideae* se incluyen unos 70 géneros y unas 950 especies, mientras que, en la *Chenopodioideae,* más numerosa, se estiman un centenar de géneros y más de 1.500 especies.

Las especies de la familia son, en su mayoría, hierbas o pequeños arbustos, rara vez árboles o plantas trepadoras. Anuales o perennes. Se extienden por todo el hemisferio Sur y las zonas cálidas y templadas del Norte. Hojas enteras, sin estípulas, alternas u opuestas, sésiles o pecioladas, a veces carnosas o reducidas a escamas. Flores solitarias o en inflorescencias variadas (racimo, espiguilla, panícula, cabezuela), hermafroditas o unisexuales, bracteoladas, con 2 a 5 tépalos, a menudo unidos y de 1 a 5 estambres. Ovario súpero de 1 a 3 carpelos, unilocular. Fruto aquenio, pixidio, rara vez una baya. Muchas de las especies son halófilas, es decir, que prosperan en suelos salinos. Algunas especies son acuáticas.

En esta familia se incluyen especies de interés como *Amaranthus caudatus* L. (*Amaranthoideae,* kiwicha, amaranto, un pseudocereal) y, en *Chenopodioideae, Beta vulgaris* L. (acelga, remolacha), *Spinacia oleracea* L. (espinaca), *Chenopodium quinoa* Willd. (quinoa, pseudocereal).

Entre las malas hierbas, algunas presentes en el territorio, varias especies de *Chenopodium* y entre las de hábitat salino y pequeñas hojas carnosas, *Salsola, Anabasis,* etc.

Género *Beta*

Plantas herbáceas, perennes, bienales o anuales, glabras o algo pubescentes. Hojas alternas, enteras, gruesas, con peciolo las basales y sésiles las medias y superiores. Inflorescencias en cimas axilares aglomeradas de 1 a 8 flores y que en conjunto asemeja una espiga. Flores hermafroditas con perianto pentámero, verde a rojizo, acrescente, en la fructificación se endurece y se suelda en su parte inferior al receptáculo floral y al perianto de las flores contiguas. Estambres, 5, soldados en un disco basal carnoso. Ovario semiínfero, con estilo corto y 2 a 3 estigmas. Fruto en pixidio monospermo. La especie más conocida es *Beta vulgaris* L., con varias variedades y numerosos cultivares, donde se incluye la acelga y la remolacha. Posiblemente originaria del Mediterráneo occidental, derivada de *Beta maritima* L.

Es un cultivo bastante rústico y muy antiguo en el territorio. Se aprecian distintas variedades principalmente en función del color del nervio medio de las hojas. Se pueden diferenciar dos grupos principales de variedades de cultivo. Uno con hojas grandes de nervio medio grueso, generalmente consumido como verdura y llamadas acelgas (*Beta vulgaris* L. subsp. *vulgaris* var. *cicla* (L.) K.Koch), y otro de hojas menores sin nervio tan grueso y de raíz engrosada y carnosa, denominadas remolacha, entre las que está la remolacha, *sensu stricto,* y la remolacha azucarera (*B. vulgaris* L. subsp. *vulgaris* var. *altissima* Steud.).

Beta vulgaris L. subsp. *vulgaris var. cicla* (L.) K.Koch. **Acelga**

Planta bianual, herbácea glabra. Hojas alternas enteras, las basales pecioladas y grandes, de 10-20(40) x 5-10(20) cm; las medias y superiores menores y sentadas. Flores hermafroditas, en cimas axilares globosas, formando inflorescencias espiciformes. Perianto pentámero, verdoso o rojizo. Con 5 estambres y un ovario de estilo corto con 2-3 estigmas (Gutiérrez Bustillo, 1990).

Origen. De origen europeo, su pariente silvestre, *Beta maritima* L. (=*B. vulgaris* subsp. *maritima* (L.) Arcangeli) se distribuye por el O y S de Europa, SO y S de Asia, N de África y Macaronesia. Aparece por toda la Península Ibérica, incluso en zonas de interior.

Manejo. Se siembran normalmente de forma directa en el suelo, en primavera (abril-mayo) o avanzado el verano (agosto), aunque no es muy delicada y puede sembrarse casi en cualquier época de año; admite bien el trasplante por lo que también se puede sembrar en almáciga. El suelo debe estar convenientemente preparado previamente: abonado (compost-estiércol), removido (que no se compacte en exceso), y con jugo (humedad adecuada). Suelen ponerse en surcos, a "chorrillo", se cierra el surco quedando enterradas las semillas unos 2 o 3 cm. Los surcos se separan unos 50 a 80 cm. Una vez que nacen, se aclaran los surcos dejando una separación entre plantas de unos 15 o 20 cm. Las plántulas extraidas con el aclareo pueden trasplantarse.

Requiere desherbado con mancaje o azadilla, sobre todo cuando las plantas son pequeñas. Cuando crecen llegan a ser dominantes y no es necesario eliminar las hierbas espontáneas. Aunque es un cultivo rústico que no necesita demasiados cuidados ni mucha agua para sobrevivir, el crecimiento es mejor si los riegos son abundantes. Las hojas se recolectan de forma escalonada, a partir de aproximadamente el mes y medio de su nacimiento, y pueden recolectarse durante muchos meses, incluso la planta puede rebrotar al año siguiente y seguir produciendo hojas para el consumo.

Para obtener semilla se dejan algunas matas que pasen el invierno con el fin de que en la siguiente primavera florezcan y produzcan frutos y semillas. Los frutos, "porrillas", tienen forma globosa, miden unos 3-5 mm y contienen 3-4 semillas. Es frecuente que las semillas caigan y germinen bajo la planta "madre", en esos casos se pueden trasplantar las plántulas a otro lugar para continuar su cultivo. Son plantas alógamas y anemógamas, de polinización cruzada mediante el viento, por lo que se pueden fecundar e hibridar fácilmente, aunque estén alejadas entre sí.

Consumo. Se usa para preparar ensaladas, guisos y otros platos típicos y también como forraje para el ganado y otros animales de granja como las gallinas.

Sobre plagas y enfermedades. No es un cultivo que se vea especialmente afectado por plagas o enfermedades. En algún caso por pulgones (*Aphis* spp.) y también babosas o caracoles, insectos fitófagos o pájaros, que pueden causar daños cuando las plantas son pequeñas, una vez que crecida no suele haber problemas. En general son afecciones poco graves.

Diversidad. Las diferentes variedades de acelga se nombran por el color de la *penca* (nervio central y peciolo) de la hoja. Se consideran variedades locales, la verde y la blanca.

Variedades locales

1. Acelga "del terreno", acelga "verde", "de penca verde"

Descripción. Planta de hojas grandes, que pueden llegar a los 30-35 cm de largo y 10-15 cm de ancho, con el nervio medio ancho y de color verde claro-blanquecino.

Consumo. Usada tradicionalmente como verdura, ya sea en ensaladas como en guisos. Es típico el puchero de acelgas, con alguna legumbre como garbanzos o habichuelas, o las acelgas rehogadas con ajo.

Origen y muestras obtenidas. Se cultiva en toda la Alpujarra. Recientes de Cádiar, Narila y Capileira. Anteriores de Alcútar, Laroles y Lobras.

Observaciones. Esta es la variedad que los agricultores refieren como la más antigua de la comarca. Otras parecen haber llegado en épocas más recientes.

Flor de acelga (Lanjarón) y glomérulos con semillas de acelga "del terreno" (Cadiar).

Acelga "verde" o "del terreno" (Cádiar) / Acelgas "verde" y "colorá" (Capileira).

2. Acelga "blanca", "de penca blanca"

Descripción. Planta de hojas muy grandes, que pueden llegar a los 30-50 cm de largo y 10-25 cm de ancho, con el nervio central y pedicelo (penca) muy ancho y blanco y nervios secundarios también blancos.

Consumo. Igual que la anterior, en diferentes guisos, potajes, etc., a veces como ingrediente principal, también en ensaladas, etc. Se ha indicado el consumo de forma general para todas las variedades.

Origen y muestras obtenidas. Se cultiva en toda la Alpujarra. Accesiones anteriores de Lobras, Alcútar, Laroles y Mairena. Se nombran como "acelga" sin distinguir variedad.

Observaciones. Variedad considerada también como muy antigua de la comarca. Aunque se distingue por tener la "penca" más ancha y blanca que las demás, es frecuente sembrarlas mezcladas por lo que suelen encontrarse hibridadas y se les llama "acelgas" sin distinguir variedad.

Acelga "de penca blanca", cultivo y hojas.

Otras variedades

Acelga "roja" o "colorá"

Descripción. Variedad de hojas no tan grandes como las anteriores y algo rugosas, se caracteriza por tener los nervios de las hojas, tanto el principal como los secundarios, de color rojo.

Consumo. Igual que las anteriores.

Origen y muestras obtenidas. Accesiones actuales de Cádiar.

Observaciones. No se considera una variedad muy antigua en la Alpujarra, aunque hay quien la cultiva y conserva semillas desde hace tiempo.

Acelga "roja" de Capileira y Lobras.

Acelga "amarilla" (y otros colores)

Existen otras variedades similares a las rojas con la penca de distintos colores: amarilla, naranja, morada, etc., cuyas semillas se comercializan incluso en mezclas de distintos colores. Se trata de variedades de reciente introducción que gusta por aportar diferentes colores a los platos. A veces se comercializan en manojos con hojas de distintos colores, más atractivos para el consumidor.

Acelga "amarilla".

Beta vulgaris L. subsp. *vulgaris.* **Remolacha**

Descripción. Se trata de la misma especie que la acelga. La principal diferencia es que desarrolla raíces de tipo napiforme que alcanzan gran tamaño y acumulan gran cantidad de sustancias de reserva, por lo que son muy nutritivas, siendo la parte de la planta que se consume principalmente.

Manejo. Similar a la acelga. Se siembran en primavera y verano, generalmente en marzo aprovechando las lluvias, sobre terreno bien abonado, arado y regado (Romero *et al.*, 2008). Hoy en día se cultivan de forma similar a la descrita para la acelga. Antaño se sembraba en gran cantidad porque se usaba para alimentar al ganado. Para ello, se preparaba una mezcla de semillas con tierra que se iba tirando de forma espaciada y luego se tableaba para tapar las semillas. Navarro (2002) señala que se siembran en luna llena. Debe nacer clareada, o clarearse. Suele airearse la tierra con mancaje para que no se apelmace, a la vez que se escarda. El riego está sujeto a la lluvia, dado que si llueve no es necesario (no le viene bien el exceso de agua cuando la planta es pequeña). En verano se riega más, hasta una vez a la semana. Para que engorde la raíz se le van quitando hojas; pueden recolectarse desde fines de julio hasta fines de septiembre, antes de las heladas. Antaño se guardaban como las patatas, en un "boliche" (hoyo con paja), para luego ir sacándolas según demanda. No soportan frío extremo por lo que para obtener semilla, se solía plantar alguna de las remolachas (raíz) obtenidas en la cosecha anterior, una vez habían pasado los fríos más severos, en primavera florece, fructifica y se obtiene la semilla. Necesita y extrae bastantes nutrientes del suelo por lo que hay que aportar abonos y rotar el cultivo tras la cosecha.

Sobre plagas y enfermedades. No es un cultivo que suela verse gravemente afectado por plagas y enfermedades, similar a la acelga.

Origen y muestras obtenidas. Anteriores de Mairena y Júbar, aunque no se especifica la variedad.

Consumo. Se suele emplear cocida y pelada, en diferentes platos, ensaladas o veces sola (aliñada).

Diversidad. En la Alpujarra se reconocen tres tipos de remolachas que se denominan por el color de la raíz y el uso. Según el color hay rojas y blancas (o doradas). Y según el uso, se distinguen para consumo humano, forrajeras o azucareras (cultivada antaño para esta industria).

Variedades locales

1. Remolacha "colorá" o "roja". *Beta vulgaris* **subsp.** *vulgaris* **var.** *conditiva* **Alef. Landw.**

Es el tipo que más se usa para consumo humano y la única que parece cultivarse hoy en día, también se puede utilizar como forraje.

Consumo. Normalmente se usa la raíz cocida en ensaladas o platos cocinados. También pueden consumirse las hojas.

Observaciones. Hoy en día se cultivan remolachas de este tipo aunque se compran las semillas o plantas de variedades comerciales como "Detroit" o "Eckendorf".

Remolacha "roja", cultivo en Capileira y Lanjarón.

2. Remolacha "dorá" o "blanca". *B. vulgaris* **subsp.** *vulgaris* **var.** *crassa* **Alef. Landw.**

Principalmente como forrajera, especialmente para vacas y cerdos a los que se les daba la raíz coci-da. Las hojas sirven para cualquier animal.

Otras variedades

Remolacha "azucarera" (*Beta vulgaris* subsp. *vulgaris* var. *altissima* Steud)

Pertenece a la misma variedad que la remolacha "blanca" y tiene menos hojas. Fue muy cultivada para uso industrial hasta los años 70 sobre todo en vegas grandes como la de Granada o la de Ante-quera, aunque también se cultivó en la Alpujarra.

Herramienta para partir las remolachas forrajeras (Pórtugos).

FAMILIA AMARILIDÁCEAS
Amaryllidaceae

Las plantas de esta familia tienen en común ser herbáceas, perennes o bianuales, con tallos subterráneos que desarrollan escapos en cuyo ápice se sitúa una inflorescencia de tipo umbeliforme, con brácteas (en general 2). Flores trímeras.

Se subdivide en tres subfamilias: *Agapanthoideae*, *Amarylloideae* y *Allioideae*, que se corresponden con los grupos que hasta hace poco formaban las familias *Agapanthaceae*, *Amaryllidaceae* y *Alliaceae*. Esta última subfamilia, que muchos autores siguen considerando con rango de familia, es la única representada en los cultivos hortícolas alpujarreños.

Las especies de la subfamilia *Allioideae*, o familia *Alliaceae*, se caracterizan por ser plantas con olor aliáceo debido a la presencia de compuestos azufrados. Son herbáceas, perennes o bianuales, acaules, con un tallo subterráneo que, en general, forma un bulbo auténtico y un solo tallo aéreo, al final del cual se localiza la inflorescencia y los frutos. Las hojas se originan directamente desde el bulbo, alternas o en espiral, simples, lineares o lanceoladas, paralelinervias, sésiles o algo pecioladas, envainadoras. Flores hermafroditas, regulares, a veces olorosas, pediceladas, con ovario súpero, en inflorescencias terminales umbeliformes. Los tres sépalos y tres pétalos dan lugar a un perigonio (perianto) compuesto por tépalos petaloideos (pétalos y sépalos, que tienen igual forma y consistencia). La parte masculina o androceo son 6 estambres; la femenina, con ovario compuesto por tres carpelos soldados, trilocular (con tres oquedades en su interior). Un estilo y un solo estigma. Fruto seco, cápsula loculicida que se abre separándose los tres carpelos. La subfamilia tiene una distribución que se extiende por las regiones frías y templadas del hemisferio norte y es escasa en el hemisferio sur. En esta subfamilia se reconocen hasta 13 géneros.

Género *Allium*

Plantas herbáceas, perennes, bulbosas, generalmente glabras y olorosas. Bulbos globosos a fusiformes, con túnica escariosa, solitarios o insertos en un corto rizoma. Presentan látex sin color, transparente. Tallo escaposo, simple, de sección circular o angulosa, macizo o hueco. Hojas, en general, todas basales, lineares a elípticas, planas o de sección circular o semicircular, huecas o macizas, con nerviación paralelinervia, sin peciolo, envainadoras. Inflorescencia umbeliforme, con una espata basal de 1 o 2 brácteas. Pedicelos a veces transformados en bulbillos. Flores hermafroditas, actinomorfas, trímeras. Periantio estrellado, con 6 tépalos libres, blancos o de otros colores. Androceo de 6 estambres, unidos a la base de cada tépalo. Gineceo con 3 carpelos soldados en ovario súpero, trilocular. Fruto seco, en cápsula loculicida, globosa, con 1 a 4 semillas por lóculo. Semillas angulosas o subglobosas, algo verrucosas, negras. Se distribuye por las zonas templadas del hemisferio norte y, algunas de sus especies, en el hemisferio sur y zonas tropicales.

Es un género complicado en la delimitación de sus especies y diversos autores señalan un número que oscila entre 400 y 750. Se incluyen la cebolla (*A. cepa* L.), la cebolleta (*A. fistulosum* L.), el ajo (*A. sativum* L.), la chalota (*A. ascalonicum* L.), el puerro (*A. ampeloprassum* L. subsp. *porrum* (L) Markgr.) y los cebollinos. (*A. schoenoprasum* L.). En Sierra Nevada, a partir de más de 1.000 m de altitud, existen poblaciones de cebollino.

Allium sativum L. **Ajo**

Es una especie desconocida en estado silvestre, que suele reproducirse de forma vegetativa, con una elevada variabilidad morfológica y fisiológica.Planta perenne, cultivada como anual, herbácea, con bulbos compuestos de "dientes", cada uno con capacidad de germinar. Hojas planas, aquilladas, envainantes. Escapo floral macizo, cilíndrico, hasta de 150 cm, envuelto hasta casi su mitad por las hojas. Flores en umbelas de 2,5 a 5 cm de diámetro, con dos brácteas soldadas formando un largo apéndice. Se cultiva en todas las regiones del mundo de clima templado, mediterráneo o subtropical (Fritsch y Friesen, 2002).

Origen. Probablemente originada en Asia, cultivada en el Mediterráneo desde al menos 7.000 años. En la Alpujarra es un cultivo muy antiguo y frecuente.

Manejo. Se cultivan en enero (o diciembre), conforme al refrán "tantos días pasan de enero, tantos ajos pierde el ajero". Se siembran en líneas, poniendo el diente de ajo de forma vertical con el ápice del diente hacia arriba, y separados entre 5 - 15 cm uno de otro (según el agricultor) y las líneas, unos 20 - 30 cm. Una vez puestos los dientes, se cierra la línea, tapándolos con tierra de forma que quedan a unos 5 cm de profundidad. Si se sigue el ciclo lunar, hay que sembrarlos en fase menguante. Las labores son escasas, sobre todo escardar o mancajar las hierbas que nazcan cerca de los ajos, principalmente en los meses de primavera. Requieren riego a partir de la llegada del calor, por abril (o antes si no llueve). Se recolectan en torno a junio y julio, cuando las hojas se han comenzado a secar. Se arrancan las plantas enteras y se ponen a secar en ambiente umbrío y seco. Es frecuente hacer manojos para colgarlos, trenzas o ristras.

Para conservar material de siembra, se seleccionan las cabezas más vigorosas (de mayor tamaño) y se conservan en lugares frescos y a la sombra hasta la temporada de siembra siguiente. También se dejan florecer y fructificar algunas plantas. Aunque la propagación por semillas no es habitual, es útil para conservar material a largo plazo, pues los ajos solo duran una temporada.

Sobre plagas y enfermedades. No suele tener plagas o enfermedades, aunque pueden aparecer afecciones fúngicas derivadas normalmente de encharcamientos, por lo que hay que vigilar el riego.

Consumo. Presente en multitud de recetas, guisos y platos locales. Frito, cocido, a veces crudo.

Observaciones. Hortaliza bastante cultivada, frecuente en huertos familiares. En la actualidad lo habitual es comprar los ajos de siembra cada temporada, aunque aún hay quien siembra los suyos, guardados de la temporada anterior.

Diversidad. En la Alpujarra se distinguen dos tipos de ajo: el "colorao", o "morao" y el "blanco". Este color se refiere a las túnicas (envoltura) de cada diente, las externas de toda la cabeza es blanca en ambos casos. El ajo se multiplica normalmente de forma vegetativa por lo que no es frecuente la hibridación, ni existe gran diversidad en cuanto a variedades. Se observan entre los ajos que se conservan año tras año para sembrar, que existen de tamaños diferentes de cabezas (y dientes), siendo algunas bastante más pequeñas que otras. Las condiciones de cultivo podrían explicar estas diferencias.

Variedades locales

1. Ajo "colorado", ajo "morado"

Descripción. Ajo, no las cabezas, de túnicas externas de color rojizo, morado claro a violeta. En realidad, existen varias variedades de este grupo de ajos de túnicas moradas o rojizas, algunas parecen ser de cultivo más antiguo en la comarca y otras de introducción más reciente. A veces se usan como sinónimos, pero hay quien distingue; "colorao" el de túnicas más rojizas y "morao", de túnicas en las que predomina el color violeta.

Origen y muestras obtenidas. Se cultiva y se conserva la simiente, al menos en Cástaras (*colorao*) y Lobras (*morao*). Muestras anteriores de Bérchules.

Observaciones. Según algunos informantes, son los más antiguos de la zona, más que los blancos. En trabajos previos de otras zonas de Granada se apreció que también daban por más antigua una variedad de túnicas coloradas, ajos más pequeños y más picantes (Benítez *et al.*, 2010). También hay variedades de ajo chino, procedentes de aquel país, con las túnicas externas todas moradas, pero en este caso los ajos son más grandes, pican menos. Por el contrario, el ajo morado o colorado local tiene las túnicas externas que cubren la cabeza, blanquecinas y las internas que recubren cada diente, de color morado a rojizo.

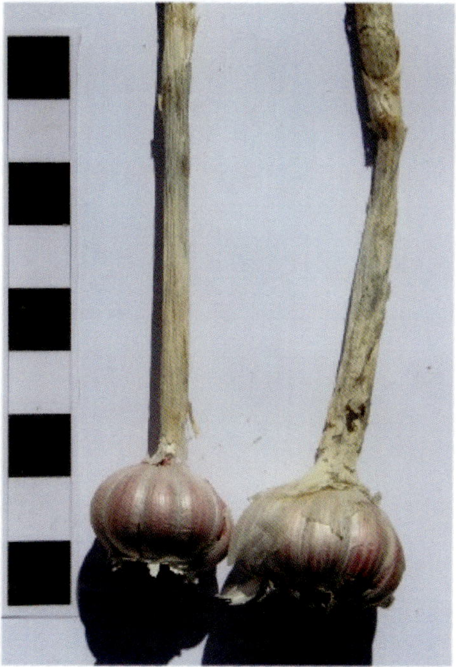

Ajo "morado", desprovisto de las túnicas externas blancas; Narila.

2. Ajo "blanco"

Descripción. Se caracteriza por presentar tanto las cubiertas externas como las túnicas de los dientes, de color blanco.

Origen y muestras obtenidas. Se cultiva y se conserva la simiente, al menos en Pórtugos y Lobras (ajo "blanco"). Anteriores de Mairena y Juviles.

Ajo "blanco" y tomate "de colgar" en cortijo de Pórtugos.

Ajo "blanco", cultivo con riego a goteo (Lobras).

Otras variedades

Ajo "chino" o "ajas"

Ajos muy gordos o grandes, que no son tradicionales pero se cultivan en algún huerto familiar. No deben confundirse con el otro ajo "chino", que es de túnicas moradas y grande.

Ajos "chinos" cultivados en Capileira.

Observaciones. Se considera de peor calidad, pero su aceptación se debe fundamentalmente a que se cultiva antes (octubre) y es más precoz que el ajo local, por lo que complementa el abastecimiento a lo largo del año.

Allium cepa L. **Cebolla**

Planta bienal con raíces adventicias y bulbo ensanchado. Tallo muy corto, comprimido, en forma de disco, de donde brotan hojas y raíces. Las hojas están compuestas por vainas y láminas. La vaina o parte basal envuelve el ápice del tallo, formando un tubo que encierra las hojas más jóvenes y conformando el bulbo. La lámina es la parte que se prolonga, hueca, aunque cerrada en la punta. Al segundo año se producen los tallos floríferos, tubulares y huecos, que pueden llegar hasta los 150 cm de alto. La umbela puede llegar a tener de 50 a 600 flores. El bulbo, la parte aprovechable, es variable tanto en su forma (globular a oblonga), como en el color de sus túnicas y del propio bulbo (rojizo, amarillento o blanco). Se cultiva en todas las regiones del mundo de clima templado, mediterráneo o subtropical (Pareek *et al.*, 2017).

Origen. Probablemente originada en Asia, cultivada en el Mediterráneo desde, al menos, 6000 años. En la Alpujarra es un cultivo antiguo y frecuente. Básicamente se diferencian las cebollas rojas y las blancas. De las blancas, hay algunas variedades tradicionales.

Manejo. Se siembran de semilla en almáciga en otoño, de septiembre en adelante, o en primavera (de febrero hasta abril). Si se siembran en otoño, suelen dejarse en la almáciga hasta marzo o abril, y entonces se trasplantan (en ese estado se llama cebollino) al lugar definitivo de la huerta. Si se siembra en primavera, el cebollino se trasplanta en verano. Lo más frecuente es comprar cebollino y plantarlo, en primavera u otoño. Se plantan en hileras, separadas más o menos 25-30 cm y entre plantas, 10 - 20 cm. Se recolectan a gusto, según el tamaño, aproximadamente entre julio y octubre. Se pueden sacar "cebolletas", que son cebollas tiernas que aún no han alcanzado su tamaño máximo. Requieren desherbado, mancanjado, y riego relativamente frecuente. Al recolectarse deben secarse al sol, haciendo manojos de cebollas que a veces se cuelgan debajo de un árbol.

Para obtener y guardar semillas se pueden dejar algunas cebollas seleccionadas en la huerta, sin recolectar, que pasen el invierno, hasta que florezcan en la primavera del año siguiente, fructifiquen, y echen las "capotas". Cuando se van secando, se recogen con cuidado de que no se caigan las semillas, y se guardan. Hay quien les pone bolsas para evitar que el viento tire las semillas de las cápsulas. Otro método consiste en sacar la cebolla seleccionada para semilla del suelo en su momento (septiembre), y volver a plantarla en primavera para que florezca y fructifique, recogiendo la semilla en otoño.

Sobre plagas y enfermedades. Pueden desarrollarse afecciones fúngicas (podredumbre) derivadas de un mal drenaje del suelo o exceso de humedad por lo que hay que observar el riego.

Origen y muestras obtenidas. Recientes de Capileira (blanca), Cástaras (matancera) y Pórtugos (morá-colorá). Anteriores de de Alcutar, Júbar, Laroles y Pitres, aunque no se especifica la variedad.

Diversidad. Para denominar las diferentes cebollas, se sigue normalmente el criterio del color, según el cual, existen dos tipos: "blanca" o "amarilla" y "colorá" o "morá". Este color se debe a las túnicas (ieles o envolturas) que tiene cada capa de la cebolla. La pulpa es blanca en ambos casos. Otro criterio es el uso para el que son más adecuadas. Se llama "matancera" a una variedad de cebollas de gran tamaño, puesto que en la matanza se demanda gran cantidad de cebolla y es más práctico usar bulbos de gran tamaño. Una variedad "antigua" en la Alpujarra se conoce como de "pilón" o "pilón romana", es de gran tamaño y algo achatada.

Variedades locales

1. Cebolla "blanca", cebolla "amarilla", cebolla rubia"

Descripción. Bulbos (cebollas) de pulpa blanca, esféricos y de tamaño medio (6-8) cm de diámetro, de túnicas finas de color pajizo. Es una de las variedades más típicas del mercado, frecuentemente denominada cebolla "amarilla" por el color de las envolturas exteriores (de amarillo-anaranjado a marrón claro).

Consumo. Presente en multitud de recetas, guisos y platos locales. Es muy suave de sabor y se pocha rápido en la sartén, a diferencia de otras variedades comerciales que cuando se intentan freír o pochar, tienen la piel muy dura y tardan mucho, evitan que el agua salga y quedan más tostadas por fuera y medio crudas.

Observaciones. Según informantes, es una variedad tradicional en la Alpujarra, apreciada por su comportamiento al cocinarla: permite antes la salida del agua y se pocha antes, quedando suave al tacto.

Origen y muestras obtenidas. Capileira.

Cebolla "blanca".

2. Cebolla "matancera", "de pilón" o "pilón romana"

Descripción. Similar a la variedad anterior, forma cebollas de mayor tamaño que pueden llegar a los 12 o 15 cm de diámetro y pesar hasta 1 kg. También son de pulpa blanca, esféricas y tienen túnicas finas de color pajizo. Las de "pilón romana" al parecer, se asemejan al contrapeso de este instrumento de pesaje y son un poco achatadas. A falta de más información, las incluimos con las "matanceras" por ser de tamaño grande y utilizarse principalmente para la elaboración de morcillas.

Consumo. Esta variedad ha sido muy cultivada, sobre todo para ser usada en las matanzas del cerdo, a la hora de elaborar embutidos. Se prefería porque al ser grande, se pelan menos cebollas.

Observaciones. Es una variedad tradicional en la Alpujarra, que del mismo modo que otras variedades vinculadas a las matanzas, cada vez menos frecuentes, está en regresión.

Origen y muestras obtenidas. Cástaras.

Cebolla "matancera", bulbo e inflorescencia con semillas aún inmaduras.

3. Cebolla "colorá" o "morá"

Descripción. Forma cebollas más pequeñas que las blancas de tamaño, de unos 6-8 cm de diámetro. También son de pulpa blanca, pero con tonos morados en los bordes de cada una de las "capas". Son esféricas, ligeramente alargadas en el ápice, y tienen túnicas externas de color marrón rojizo y las internas más moradas.

Consumo. Esta variedad es la más cultivada en la actualidad, su menor tamaño se adapta mejor al consumo cotidiano. Se usa en sofritos, guisos, pucheros o cruda en ensaladas.

Origen y muestras obtenidas. Pórtugos.

Observaciones. Muy cultivada en la Alpujarra.

Cebolla "colorá" (Pórtugos).

Otras variedades

Hoy en día es muy frecuente comprar las plantas de cebolla (cebollino), para plantarlos en la huerta, en lugar de sembrar la almáciga. Se comercializan variedades "blancas" o "amarillas" y "moradas". Entre las variedades más comunes están:

"Recas"

Cebollas de túnicas amarillas, carne blanca. Es una variedad de "día largo". Se cultiva durante la primavera y verano y se recoge en otoño.

"Babosa" (valenciana temprana)

Bulbos de túnicas amarillas y "día corto" Se cultiva durante el invierno y primavera y se recoge de mayo a julio, es de las "tempranas".

"Morada de Amposta"

Cebollas con túnicas moradas, redondeadas globosas, carne morada-blanquecina, dulce. Es de día largo, se cultiva en verano y se cosecha en otoño.

FAMILIA COMPUESTAS (ASTERÁCEAS)
Compositae, Asteraceae

Familia con gran riqueza de especies (unas 33.000), y géneros (casi 2.000), una de las más importantes y de origen más reciente de las plantas con flor y fruto. Es una familia cosmopolita, de gran importancia económica y alimentaria, con especies oleaginosas (*Helianthus annuus* L., *Carthamus tinctorius* L.), alimenticias (*Lactuca sativa* L., *Cynara* spp., *Helianthus tuberosus* L., *Cichorium intybus* L., *C. endivia* L.), medicinales (manzanillas: *Chamaemelum, Matricaria, Artemisia,* cardo mariano: *Sylibum marianum,* etc.), ornamentales, etc.

La inmensa mayoría son plantas herbáceas anuales, bienales o perennes, aunque también existen arbustos, lianas e, incluso, plantas suculentas y árboles. Con o sin espinas, de glabras a muy pelosas. Muchas especies con látex o resinas. Tallos variables, de escapiformes, simples a ramificados, lisos o acostillados, foliosos (rara vez áfilos), a veces alados debido a las hojas decurrentes. Hojas simples, generalmente alternas, rara vez opuestas o verticiladas, con o sin peciolo, a veces decurrentes, de enteras a divididas varias veces, pueden presentar espinas, usualmente sin estípulas.

Inflorescencias en capítulo, solitarias o reunidas a su vez en inflorescencias complejas, alcanzadas a veces por las últimas hojas caulinares, que pueden ser involucrales. Capítulos por lo general multifloros. Receptáculo aplanado, convexo, cóncavo, cónico, hemisférico o cilíndrico, liso, alveolado o ± rugoso, macizo o hueco, a veces con brácteas florales (páleas) en forma de escama, setas o pelos, y casi siempre rodeado de brácteas ± desarrolladas (involucro), herbáceas, membranáceas o ± coriáceas, a veces también con brácteas menores como un segundo involucro en la base (involucelo), brácteas del involucro en una fila o en varias series, a veces con un apéndice, inermes o espinosas.

Flores actinomorfas o zigomorfas, por lo general pentámeras y hermafroditas, epíginas (ovario ínfero). El cáliz no existe o sus sépalos están transformados en pelos, setas, escamas, a veces en corona, en la parte superior del ovario (vilano). Corola de 5 pétalos, a veces 4, soldados (gamopétala), de forma variable, con una porción basal estrecha, cilíndrica y poco coloreada (tubo) y una parte superior más ancha y coloreada (limbo). Son las flores tubulares o flósculos. El limbo puede estar poco diferenciado del tubo o ser zigomorfo; unas veces con dos lóbulos de un lado y tres, soldados, de otro (flores bilabiadas) y en otras con todos los lóbulos soldados unilateralmente en una lengüeta (flores liguladas), con 1, 3 ó 5 dientes (lígula tridentada o quinquedentada). La parte masculina (androceo) usualmente con 5 estambres soldados por las anteras (singenésicas) y con filamentos casi siempre libres, formando un tubo por el que pasa el estilo. La parte femenina (gineceo), en general con 2 carpelos soldados en ovario unilocular, ínfero y con un solo óvulo. Estilo terminal, liso, con dos ramas. Fruto en aquenio (cipsela), con o sin vilano. Vilano, cuando existe, variable, persistente o caedizo.

Los capítulos pueden ser discoides (solo flósculos hermafroditas o funcionalmente masculinas), radiantes (flores más externas del capítulo profunda y desigualmente lobuladas, neutras y, el resto, flósculos hermafroditas y, por lo general, menores), ligulados (solo flores liguladas con lígula quinquedentada), radiados (flores femeninas liguladas con lígula tridentada en la periferia del capítulo y flósculos hermafroditas en el centro) y disciformes (fundamentalmente flósculos hermafroditas o masculinos, y algunas flores filiformes femeninas en la periferia del capítulo y, a veces, también en el centro). En conjunto, es una familia fácilmente reconocible por la inflorescencia, la singenesia de las anteras y el fruto.

Género *Cynara*

Hierbas perennes, espinosas, aunque las cultivadas son inermes, con típicos pelos unicelulares araneosos, por lo general con glándulas. Acaules o con tallos desarrollados, simples o ramificados en la mitad superior, a veces brevemente aladas. Hojas alternas, las de la base pecioladas y el resto sésiles, algo decurrentes, de margen espinoso, desde dentadas a dos veces pinnatisectas.

Capítulos multifloros, terminales, solitarios o en inflorescencias complejas, sésiles o pedunculados, discoides, normalmente homógamos. Involucro ovoide, con base truncada, redondeada; brácteas aparentemente dispuestas en 5-8 series, ± coriáceas, imbricadas, mayores hacia el interior del capítulo o las medias más largas que el resto gradualmente atenuadas en un apéndice apical, ovado-triangular, atenuado en una espina, el de las internas espinoso o inerme. Receptáculo plano o convexo, alveolado, con páleas setáceas blanquecinas, lisas. Flósculos hermafroditas o, a veces, los de la periferia, funcionalmente masculinos, que sobrepasan el involucro. Cáliz reducido a un vilano de pelos. Corola tubulosa, pentámera, algo zigomorfa, glabra, azul, azul-violeta o blanca, con tubo de 5 lóbulos desiguales. Estambres con filamentos libres, aplanados, papilosos, insertos en la base del limbo de la corola. Estilo liso, con 2 ramas estilares, delimitadas por un anillo de pelos colectores cortos, por lo demás glabro, rodeado en la base por un nectario que persiste en el fruto a modo de una prominencia. Aquenios homomorfos, obovoides y de sección ± elíptica, con superficie lisa o algo estriada, o bien prismáticos, de sección tetrágona y con 1 costilla en cada lado, glabros, truncados en el ápice. Vilano simple, blanco, caedizo, con (5)6-9 filas de pelos desiguales, aplanados, plumosos en los 2/3 inferiores.

Género con 8 especies del S de Europa, el N de África y el SW de Asia. Al menos una de ellas (*Cynara cardunculus* L.) se ha naturalizado en diversas partes del globo. Aparte de la alcachofa (*C. scolymus* L.) o el cardo (*C. cardunculus*), en Andalucía son consumidos los capítulos de especies silvestres (Benítez et al., 2023), llamados generalmente alcauciles, o alcachofillas (*Cynara cardunculus* L., *C. tournefortii* Boiss. y Reut., *C. baetica* (Spreng.) Pau, *C. humilis* L.).

Cynara cardunculus L. **Cardos**

Planta emparentada con la alcachofa de la que se considera antecesora (aunque muchos autores consideran que sigue siendo la misma especie). En general el término de "cardo" se emplea para las variedades que tienen las brácteas del involucro (principal parte comestible, además del receptáculo) rematadas en pequeños mucrones relativamente pinchudos. También para otras especies pinchosas, generalmente de la misma familia de las compuestas. Se diferencian dos subespecies de la planta, subsp. *cardunculus*, de brácteas abruptamente atenuadas en apéndices triangulares largos de hasta 25-37 mm, no presente de forma natural en Andalucía, y la subsp. *flavescens* Wiklund, de brácteas con apéndices menores (15-27 mm) (Devesa y López Martínez, 2014). Existen numerosas formas intermedias entre la alcachofa y el cardo silvestre, que parecen indicar distintos grados de domesticación. Las diferencias principales entre ambas plantas estriban en las brácteas involucrales externas y medias, que pueden contar con un apéndice rematado en espinas o mucrones en el cardo, generalmente ausentes en la alcachofa. También por las espinas de las hojas, largas en la primera y más cortas en la segunda (Devesa y López Martínez, 2014).

Origen. De origen incierto, presumiblemente se domesticó en el Mediterráneo occidental, (Sonnante *et al.*, 2007 ; Zohary y Basnizky, 1975).

Manejo. Se siembra en primavera, ya sea en almáciga o por siembra directa, echando 2 o 4 semillas por hoyo. Se distancian aproximadamente un metro y, frecuentemente, se ubican en los bordes del huerto para evitar que sombree otras zonas al crecer dado que es una planta grande además de pinchosa y plurianual por lo que conviene que no estorbe en otras tareas. Hay quien las planta en surcos para facilitar el riego por canales, otros, en llano (goteo). Requiere desherbado o mancajado al inicio y riego frecuente. Pueden ser cultivadas por multiplicación vegetativa, es decir, sin sembrar la semilla. Se sacan "hijuelos" (tallos nuevos con raíz) de la base de la mata, que se plantan o *pinchan* en el suelo en torno a final de febrero, marzo, o incluso más adelante.

La recolección de las hojas suele hacerse de forma escalonada. La planta dura varios años. Durante el primero desarrolla sólo la roseta de hojas basales y al segundo y siguientes, el tallo aéreo con las inflorescencias. Para sacar semilla, se dejan los capítulos que maduren mucho y granen, luego se cortan y aplastan los capítulos sobre una mesa para que vayan saliendo las semillas (aquenios). También hay quien deja que las semillas caigan al suelo y germinen, usando la propia planta madre como protección y para que se desarrollen las plántulas, a modo de almáciga, luego se trasplantan a su lugar definitivo.

Sobre plagas y enfermedades. No suele tener muchos problemas. Pueden sufrir el ataque de varios tipos de pulgones, de insectos barrenadores, mosca blanca, mildiu y caracoles o babosas. No suele tratarse, o sólo con algo de azufre (como el resto del huerto).

Consumo. Se consumen las pencas (peciolo y nervio central) de las hojas. Se usan en diferentes platos, pucheros, etc.

Los capítulos jóvenes, antes de florecer, se les llama "alcauciles" y se consumen de forma similar a las alcachofas convencionales aunque son más pequeñas, pinchosas y de sabor más intenso. También se emplean para hacer cuajo vegetal y elaborar queso, normalmente con leche de cabra, usando la base del receptáculo del capítulo.

Observaciones. Muy cultivado, sobre todo en huertas familiares, donde no suele faltar.

Diversidad. Normalmente no se distinguen denominaciones varietales, utilizándose la palabra "cardo" de forma generalizada. Sin embargo, se pueden distinguir dos tipos principales en función del tipo y la utilidad que se le da al alcaucil. por una parte están los "pinchosos", que son de tamaño más pequeño y generalmente poco usados en cocina, y por otra, los "alcachofaos" de tamaño algo mayor, menos punzantes, con algo más de carne y más usados en cocina. Las pencas se consumen en ambos casos.

Variedades locales

1. Cardo "antiguo","del terreno", o "de pincho", "pinchoso"

Descripción. Planta con capítulos de brácteas pinchudas, triangulares, a veces rematadas en apéndice triangular, agudo y frecuentemente de color más morado. Capítulos pequeños de sabor intenso, según referencias de los agricultores.

Consumo. Se consumen los capítulos y las pencas, según lo indicado anteriormente.

Observaciones. Cultivada en toda la Alpujarra. El nombre "de pincho" es alusivo de la forma de cultivo, pinchando en el suelo esquejes de la planta. También se les llama "alcauciles" o "alcaciles" (en otros territorios), añadiendo el distintivo "pinchoso" para diferenciar de las variedades denominadas "alcachofao" o "alcachofero", cuyas brácteas pinchan menos.

Origen y muestras obtenidas. Recientes de Cádiar, Yégen, Laroles. Anteriores de Juviles, Lobras, Mairena.

Cardo. Inflorescencias (capítulos) y flores.

Cardo. Inflorescencias abiertas (capítulos).

Cardo. Plantas y semillas.

2. Cardo "alcachofero" o "alcauciles"

Descripción. Planta con capítulos de brácteas muy poco pinchudas, de mucrones muy cortos casi inexistentes, similar a la alcachofa de cultivo. Poco pinchoso, muy rústico, generalmente no se procede a la siembra ya que se desarrolla por las semillas que dispersan las plantas, si se sacan producen "hijuelos" que se plantan en lugares apropiados.

Consumo. Igual que la variedad anterior.

Observaciones. Variedad poco referida y observada solo una vez, pero que presumiblemente está más y mejor representada en la Alpujarra. El término "alcauciles" puede inducir a error porque se emplea de diferentes maneras; en algunas zonas de la Alpujarra lo usan para esta variedad de cardo, similar a las plantas silvestres, pero en otras, lo usan también para la variedad anteriormente descrita, distinguiendo 2 tipos de "alcauciles" (o "alcaciles"); "pinchoso" y "alcachofero".

Origen y muestras obtenidas. Laroles.

Cardo "alcachofero". Semillas. Capítulos y flores secas para semilla.

Cynara scolymus L. **Alcachofa**

Las alcachofas se han asociado tradicionalmente a la especie *Cynara scolymus*, que se originó por domesticación a partir de *C. cardunculus*, si bien ni el proceso ni el lugar donde esto ocurrió son todavía del todo conocidos (Sonnante *et al.*, 2007). En la actualidad la tendencia es a agruparla junto a su pariente silvestre bajo el nombre botánico de *C. cardunculus*. Además de como alimenticia es cultivada como medicinal y ornamental. También existen numerosas variedades de cultivo (Elia y Miccolis, 1996). La principal diferencia con los cardos es que las brácteas involucrales tienen el ápice no rematado en mucrones o espinitas, y suele ser menos triangular y más redondeado. Por tanto, las brácteas más externas también pueden ser usadas como alimenticias.

Origen. Cultivo recogido por Teofrasto en el s. III a.C. en Italia y seguramente difundido por los árabes.

Consumo. Se consumen limpiando las alcachofas, quitando las partes más duras de los capítulos y se utilizan cocidas, en muchos guisos, estofados, pucheros o también fritas. El pedúnculo también se aprovecha.

Origen y muestras obtenidas. No se han recogido.

Observaciones. Cultivada en muchas huertas. Pese a que muchas personas guardan semilla, no distinguen variedades diferentes. Lo más frecuente es comprar las plantas ya desarrolladas y evitar así el cuidar la almáciga de esta planta.

Alcachofa de cultivo.

Género *Lactuca*

Hierbas anuales, bianuales o perennes, caulescentes o sufruticosas, con látex, con o sin espinas, frecuentemente pruinosas, glabras o con algo de indumento viloso de pelos simples. Tallos erectos o ascendentes, con o sin alas, foliosos, simples o ramificados, cilíndricos o estriados, glabros o con indumento viloso, a veces con setas rígidas, sobre todo en la base. Hojas pinnatinervias, con el nervio central marcado, de enteras a pinnatisectas, con margen de entero a biserrado, a veces espinuloso, glabras o con setas rígidas, principalmente en los nervios del envés; las inferiores atenuadas en un pecíolo; las caulinares alternas, sésiles, auriculadas, semiamplexicaules, a veces decurrentes.

Capítulos ligulados, pedunculados, reunidos en inflorescencias más complejas, algo laxas; pedúnculos cilíndricos, generalmente con varias brácteas. Involucro subcilíndrico en la floración y cónico o campanulado en la fructificación, muchas veces acrescente; brácteas dispuestas en 4 o 5 series, desiguales, gradualmente más largas de fuera adentro, libres entre sí, herbáceas, planas, de ovadas a linear-lanceoladas, con cilios en el ápice y a veces en el margen, en general glabras en el dorso, pruinosas, con margen entero, algo escarioso. Receptáculo plano, alveolado, a veces con algunas páleas cortas entre las flores, glabro.

Flores liguladas, con 5 dientes, hermafroditas, dispuestas en una o varias series. Corola pelosa en la base del limbo, amarilla, azul o morada. Anteras amarillas o azules. Ramas estilares amarillas o azuladas. Aquenios (cipselas) homomorfos, picudos; cuerpo fusiforme, obovado a oblongo, comprimido dorsiventralmente, con 1-9 costillas longitudinales en cada cara y 2 laterales variablemente engrosadas. Vilano formado por una o más filas de pelos, blancos, amarillentos, parduscos o grisáceos, persistentes o caedizos.

Género con unas 120 especies distribuidas por todo el Globo, preferentemente en regiones templadas y cálidas del hemisferio norte. Especialmente importante es *Lactuca sativa* L., la lechuga cultivada, donde se incluyen numerosos cultivares, algunos de los cuales se mencionan más adelante

Lactuca sativa L. **Lechuga**

Planta anual no espinosa de hojas en roseta, dependiendo de la variedad, más o menos apretadas en la parte basal del tallo y de forma y tamaño muy variables. Látex de incoloro a blanco lechoso. Hojas lampiñas de margen ligeramente dentado. En las variedades de hojas muy apretadas en cogollo central las hojas pierden el contacto con la luz solar y quedan blancas especialmente en el nervio central, que también es de grosor variable según variedades. En ocasiones, especialmente con las bajas temperaturas, toman tonos rojizos o violáceos. La textura también es variable (de lisas a rugosas, y consistencia de mantecosa a crujiente). Flores hermafroditas en capítulos de lígulas blanco amarillentas.

Origen. La domesticación de la lechuga parece haber ocurrido en el suroeste de Asia y en el Mediterráneo oriental hace unos 10.000 años. Algunos tipos varietales como la "romana", o "mantecosa" ("butterhead") aparecieron en los siguientes milenios en Europa (Zhang *et al.*, 2020).

Manejo. La época de siembra depende de las variedades, pues tiene una gran adaptabilidad a distintos climas (Japón Quintero, 1977). Se hacen siembras escalonadas de forma que pueden cultivarse prácticamente todo el año teniendo en cuenta, para cada época, que sean variedades adecuadas (de "invierno" o de "verano"). Generalmente se hace una almáciga echando las semillas a voleo en una zona determinada del huerto previamente bien regada, tapando las semillas un poco, removiendo después la tierra. Una vez han germinado y alcanzado un tamaño de unos 5 a 10 cm se trasplantan a su ubicación definitiva. Se plantan generalmente en líneas a unos 30 o 40 cm de distancia. Algunos agricultores prefieren no trasplantar y simplemente ir clareando el lugar del semillero quitando algunas para su consumo de forma paulatina.

Requiere pocas labores, aparte del riego y mancajado para eliminar las hierbas competidoras. Se riega en pequeñas dosis de forma frecuente. Algunas variedades (de hoja grande) requieren de atado de las hojas para que las plantas no se ensanchen y formen un cogollo apretado, que es apreciado para que la hoja quede más tierna y menos amarga. Se recolectan desde el mes de la plantación hasta los 2 o 3 meses después.

Suele dejarse uno o varios ejemplares para obtener semilla. Para ello, una vez ha florecido, es frecuente atar a la planta una bolsa de plástico para evitar que las semillas se desprendan y caigan al suelo. Otros prefieren cortar el tallo florido una vez ha fructificado y secado la mayoría de los capítulos, sacudiéndolo en un recipiente y desmenuzándolos para separar las semillas.

Sobre plagas y enfermedades. No es un cultivo demasiado susceptible, pero pueden aparecer varias de ellas: pulgón, trips, babosas, caracoles, etc. También hay varios lepidópteros o dípteros que depredan las hojas, En cuanto a enfermedades, le pueden afectar hongos; oídio, mildiu, *Alternaria*, *Fusarium* o *Botrytis*. Pueden sufrir virosis (Japón Quintero, 1977).

Observaciones. Hortaliza que está muy presente en los huertos familiares, y de la que también hay alguna explotación comercial.

Diversidad. Existen muchas variedades. Parecen dominar en las huertas de verano las lechugas tipo "maravilla", y menos, las "hoja de roble" (ambas se comercializan y se pueden comprar en tiendas agrícolas). En las huertas de invierno, predominan las tipo "romana" (*oreja de mulo*) o las "rizadas". Existen variedades diferenciadas por la morfología de sus hojas como las "rizadas" de las que se nombran "*rizá* negra" y "*rizá* blanca" (Navarro, 2002), o por su color como las "moraillas" o "negras" y también por su ciclo de cultivo, lechugas "de verano" y "de invierno". Para clasificar las lechugas, se reconocen varios tipos. Aunque existen diferencias en la clasificación según autores, se pueden resumir de la siguiente forma:

Tipo de lechuga	Características principales	Ejemplo	Variedad botánica de *Lactuca sativa* L.
Romanas	Hojas alargadas y erguidas, con bordes enteros o ligeramente denticulados y nervio central marcado. No forman un verdadero cogollo, aunque las hojas centrales se aprietan.	*Oreja de mulo*	*longifolia*
Rizadas	Hojas de borde ondulado, dentado, abullonado a veces de color rojizo o morado. Pueden llegar a formar cogollo.	*Rizada blanca. Rizada negra. Moralla. Maravilla de verano. Batavia*	*crispa*

Tipo de lechu-ga	Características principales	Ejemplo	Variedad botánica de *Lactuca sativa* L.
De cogollo, mantecosas	Hojas anchas, a menudo orbiculares. Forman un cogollo de hojas apreta-das.	*Mantecosa, trocade-ro.* *Iceberg*	*capitata*
De hojas suel-tas (o de corte)	Hojas sueltas y dispersas que no for-man cogollo.	*Hoja de roble. Len-gua de pájaro*	*intybacea*

Tipos de lechuga y variedad.Elaboración propia a partir de: Condés y Hoyos, 2008; Egea y Egea, 2013; Amor et al., 2018.

Lechuga en flor para sacar semilla (Lanjarón) y bote con semillas ya limpias para su conservación (Órgiva).

Variedades locales

1. Lechuga "de punta", "punta de flecha", "pico de jarro", "pico de pájaro", "ojo de pájaro", lengua de pájaro", "lechuga cerrajera o cerrajilla"

Descripción. Variedad de lechuga bastante diferente a otras cultivadas en el territorio. De hojas muy estrechas, linear-lanceoladas, de ápice obtuso, las basales llegando a tener dos lóbulos o aurí-culas en la base, estrechamente sagitadas. El margen es de liso a finamente aserrado, y el nervio medio es muy estrecho, blanco.

Consumo. Actualmente en ensaladas, aunque antaño se empleó también para hacer ciertos guisos y sopas. Su sabor es ligeramente más amargo que el de otras variedades.

Origen y muestras obtenidas. Cádiar, Capileira y Notáez.

Observaciones. Parece ser la variedad de lechuga más antigua de la Alpujarra. La semejanza de sus hojas con las especies silvestres del género indican que, seguramente, así lo sea (e.g., *Lactuca tenerrima* Pourr. o *L. saligna* L., "moquillo", también usadas en alimentación). El nombre "cerrajera" o "cerrajilla", también parecen aludir al parecido de sus hojas "aflechadas" con la cerraja (*Sonchus oleraceus* L.). Navarro (2002) dice de la "lechuga cerrajera" que "*la hoja hace como picos y es como más bravía*".

Lechuga "lengua de pájaro", crecida para producir semilla.

2. Lechuga "del terreno", "oreja de mulo", "de invierno"

Descripción. Variedad de lechuga del tipo "romana", con hojas erectas, más largas que anchas, textura aceitosa, crujientes (quebradizas) de sabor suave y, en general, un poco amargo. En la "oreja de mulo" el limbo de la hoja es más ancho que la romana tipo, aunque ambas, en ocasiones, se denominan igualmente "del terreno". Es variedad de invierno. Se siembra en otoño, en primavera "se sube", florece y fructifica.

Consumo. En ensaladas con otras hortalizas o sola, aliñada con aceite, vinagre y sal.

Origen y muestras obtenidas. Recientes de Cádiar. Anteriores de Alcútar.

Observaciones. Las hojas centrales se aprietan sin llegar a formar un verdadero cogollo, pero para conseguir un resultado similar, se atan favoreciendo que las hojas queden de color claro y apretadas, tiernas pero crujientes.

Lechuga "del terreno". Cultivo en tandas. Atrás las antiguas (atadas y para semilla), delante las nuevas.

Lechugas "oreja de mulo".

Semillas de lechuga "del terreno".

3. Lechuga "moraílla", lechuga "rizá", "negra"

Descripción. Esta denominación hace referencia al color rojizo, morado por lo que se aplica a varios tipos. Se han observado unas de tipo "romana" con los márgenes de la hoja más crenados y dentados que las romanas tipo. También se ha observado otra clase, de hoja más ancha, menos erecta con diferente coloración (algunas más moradas y otras casi totalmente verdes).

Consumo. Fresca en ensalada.

Observaciones. Se cultiva en otoño e invierno. Se ha constatado que el nombre "morailla" se aplica también a las lechugas "maravilla" (se describen a continuación), de color rojizo-morado con hojas anchas, de margen crispado-rizado. Este tipo se cultiva en primavera-verano, floreciendo y fructificando en otoño, o final de verano (según la fecha de siembra y factores ambientales).

Origen y muestras obtenidas. Pórtugos y Cádiar.

"Morailla" (Cádiar).

"Morailla" o "negra", tipo romana.

"Morailla rizada", similar a "maravilla".

Semillas de lechuga "morailla".

4. Lechuga "maravilla", "maravilla de verano"

Descripción. Variedad de hojas de tamaño medio, de orbiculares a oblanceoladas, relativamente cortas y anchas, de márgenes serrados y crenados, ondulados, ápice obtuso y nervio medio grueso. Forma cogollos más o menos apretados. Se le atribuye sabor poco amargo.

Consumo. Generalmente en crudo en ensaladas.

Observaciones. Las "maravilla" son morfológicamente del tipo "rizadas". Se siembra en primavera y principios de verano, florecen y fructifican en otoño, se van recolectando durante el verano. Permite complementar con las variedades de invierno, de manera que se pueden tener lechugas prácticamente todo el año. Esta es una de las variedades más cultivadas desde antaño en esta época del año en la región. Se trata de una variedad registrada como comercial, que se cultiva desde antiguo, estando registrada desde 1936, por lo que es de las variedades con registro más antiguo, seguramente se trate de una variedad tradicional cuyo registro comercial hizo que su cultivo se extendiera ampliamente. Existen variantes, de color más o menos rojizo y una variedad "maravilla cuatro estaciones", que se puede cultivar todo el año.

Origen y muestras obtenidas. Recientes de Lobras. Anteriores de Capileira.

Cultivo de lechugas, "maravilla de verano" y "hoja de roble".

"Maravilla de verano". Cultivo. Plantas iniciando floración.

Otras variedades

Lechuga "hoja de roble". Muy cultivada, generalmente a partir de semillas comerciales o plantas que se pueden adquirir fácilmente.

Lechuga "romana". Muy cultivada, generalmente a partir de semillas comerciales.

Lechuga "manzana". Detectada en Cádiar como variedad comercial cultivada a partir de semillas obtenidas por el agricultor.

Lechuga "francesa" o "trocadero". Variedad comercial localizada en alguna de las huertas visitadas.

Lechuga "batavia". De tipo "rizada", cultivada a partir de semillas comercializadas, o planta.

Lechuga "escarola". Es una verdura que pertenece a la especie Cichorium endivia var. crispum. Muy cultivada, generalmente a partir de semillas comerciales.

Lechuga "iceberg". Cultivada, generalmente a partir de semillas comerciales.

FAMILIA CRUCÍFERAS (BRASICÁCEAS)
Cruciferae, Brassicaceae

Brassica oleracea L. var. *capitata (Brassicaceae)*

Plantas herbáceas anuales, bianuales o perennes, a veces arbustivas, en general sin espinas. Glabras o no. Hojas alternas, a veces las inferiores en roseta basal, simples, de enteras hasta 3 pinnatisectas, rara vez palmatisectas, sin estípulas. Inflorescencias en racimos, en menor ocasión corimbos, terminales, generalmente sin brácteas. Flores hermafroditas, cruciformes, actinomorfas o, rara vez, zigomorfas. Sépalos 4; los dos laterales (internos) a veces gibosos en la base. Pétalos 4, rara vez ausentes, alternando con los sépalos, en general con uña y limbo. Androceo, en general tetradínamo (2 estambres laterales cortos y 4 internos usualmente más largos). Rara vez 2 o 5 estambres; filamentos libres. Gineceo súpero, con 2 carpelos soldados, en general separados por un tabique de origen placentario, dando lugar a dos lóculos (cavidades); estilo persistente, con estigma diferenciado, capitado a bilobado. Fruto capsular, con dos valvas que se separan de forma longitudinal desde la base y que se denomina silicua o silícula, según sea más o menos de 3(4) veces más largo que ancho, respectivamente. En algunos casos, fruto claramente diferenciado en dos artejos, valvar y estilar (rostro), éste indehiscente, con o sin semilla; a veces monospermo (una sola semilla) e indehiscente, faltando el tabique; rara vez en lomento. Semillas en 1 fila, 2 (biseriada) o más dentro de cada lóculo.

Familia muy amplia y de gran importancia económica por tener especies comestibles y con semillas oleaginosas, especialmente el género *Brassica*, con más de 350 géneros y unas 4.000 especies de distribución cosmopolita, con máxima representación en las regiones templadas del Hemisferio Norte.

Género *Brassica*

Plantas herbáceas anuales, bianuales o perennes, a veces arbustivas, en general sin espinas. Glabras o con pelos simples. Raíz axonomorfa, con desarrollo principal central, a veces napiforme. Hojas de enteras a pinnatisectas. Flores en racimos, en general sin brácteas. Pedicelos florales acrescentes (siguen creciendo una vez formado el fruto). Sépalos erectos, los laterales más anchos y gibosos en la base. Pétalos con uña, amarillos o blancos. Androceo tetradínamo. Ovario sésil, a veces un poco pedunculado; estigma capitado. Fruto en silicua, con una parte valvar dehiscente, inferior, de dos valvas convexas, nerviadas y un rostro, superior, indehiscente, con 0 a 3 semillas. Semillas en una fila en cada lóculo, esféricas, rara vez ovoides o aplanadas.

Género con unas 37 especies de amplia distribución, especialmente representadas en el Mediterráneo y SO de Europa. Seis especies tienen un aprovechamiento agrícola destacado: *Brassica rapa* L., *B. nigra* (L.) W.D.J. Koch, *B. oleracea* L., *B. juncea* (L.) Czern., *B. napus* L. y *B. carinata* A.Braun. Es el género más importante de la familia desde el punto de vista económico, al que pertenecen especies de cultivo como hortalizas, condimentos, oleaginosas y forrajes. Entre las hortalizas es el tercero en producción y consumo en los países desarrollados tras las patatas y tomates.

En la Alpujarra hemos localizado variedades locales de cultivo de col, nabo y rábano. Otras variedades no tradicionales como repollo, coliflor, colirrábano, brócoli, col de Bruselas, y colinabo.

Brassica oleracea L. **Coles**

Planta perenne, glabra en todas sus partes, con raíz axonomorfa. Tallo que puede llegar a más de 2 m de longitud, sufruticoso en la base, ramificado, con base semileñosa cubierta de cicatrices foliares. Hojas inferiores de hasta 40 cm, carnosas y glaucas, en general pecioladas, lirado-pinnatisectas, con 1-2 pares de segmentos y uno terminal mucho mayor, de entero a lobado, con nervios evidentes cubiertos con ceras cuticulares. Hojas superiores sésiles o pecioladas en algunas variedades de cultivo, enteras, ovado u oblongas-lanceoladas. Inflorescencias en racimos con hasta 40 flores. Pedicelos de 10 a 20 mm en la antesis (flor abierta), acrescentes, llegando hasta 23 mm en la fructificación. Sépalos de 10 a 12 mm, erectos. Pétalos de 15 a 20 mm, amarillos. Frutos de hasta 80 (100) x 4 mm, subsésiles, con hasta 13 semillas en cada lóculo; rostro de 4 a 10 mm, cónico, con 1 semilla o sin nada. Semillas de 1,5 a 2,3 mm, esféricas, pardo oscuras.

Es un cultivo rústico, resistente y muy antiguo en el territorio. Se distinguen variedades según se desarrollen en zonas altas o bajas de la sierra. Los cultivos se destinan al consumo humano o animal como plantas forrajeras.

Origen. De origen europeo, encontramos formas silvestres que viven en zonas de los acantilados marinos del occidente de Europa. En España es aún común en las cornisas de los acantilados cantábricos, donde se beneficia de las deposiciones de las aves.

Manejo. Se siembran de forma directa en el suelo, a chorrillo, enterrando las semillas en pequeños surcos lineales a unos 2 o 3 cm de profundidad siempre en sustratos ya regados. También se puede sembrar en almáciga y trasplantar posteriormente. La siembra suele hacerse en verano, normalmente a mediados o a finales del mismo. En zonas bajas, para adelantar una primera cosecha, hay quien las siembra en mayo (en almáciga) y luego las trasplanta al mes o mes y medio, pudiendo entonces comenzar a cosechar para inicios de invierno.

Una vez nacidas las plántulas, se van clareando las líneas, hasta dejar las plantas a la distancia adecuada; desde unos 30 a unos 50 cm o más, si se trata de coles grandes. Soportan bien el trasplante, de manera que las plantas extraídas en el aclareo se pueden ubicar en otros emplazamientos que serán su lugar definitivo en la huerta; de la misma manera que cuando se crían en la almáciga y se trasplantan. Como hemos comentado, se plantan normalmente en líneas, que pueden servir para delimitar espacios diferentes en la huerta. Es frecuente que se intercalen con otras hortalizas, como lechugas, brócolis o coliflores. Durante el cultivo hay que retirar las hierbas que crecen cerca, mancajando y regar si es necesario. Se recolecta para invierno, a partir de noviembre hasta abril dependiendo de la fecha de siembra y la variedad. Las variedades de consumo en hoja soportan varios cortes escalonados. Las variedades de consumo en "cogollo" (más frecuente en la comarca, "la pella"), se recolectan cuando ésta está bien formada. El tamaño y densidad de esta pella es uno de los criterios de selección varietal, valorándose mejor las más compactas. El frío es necesario para que la pella quede bien apretada, de modo que si no hay frío las coles crecen peor. Para conservar semilla, se deja que algunas coles "se suban" a flor y grane la semilla en la primavera siguiente, teniendo precaución de que su emplazamiento no estorbe para las posteriores tareas del huerto. Es frecuente situar algunas para simiente en las orillas del huerto, ya que si se dejan sin cortar, pueden durar incluso varios años y es conveniente usar una ubicación en la que no dificulte otras tareas.

Sobre plagas y enfermedades. Es habitual que sean atacadas por la oruga o mariposa de la col (*Pieris rapae*, *P. brassicae*), que pone los huevos en las hojas. Estos son de color amarillo-anaranjado y generalmente están ocultos en el envés. Al eclosionar se van comiendo las hojas, dejando sólo los nervios. La mariposa tiene un bello color amarillo pálido. En algunos casos, se usa el cultivo de brócoli con el fin exclusivo de evitar la proliferación de la oruga, pues ésta prefiere al brócoli antes que la col, consumiéndose hasta finales de verano, posteriormente, con la llegada de los fríos, la col queda libre de orugas. La diversidad en el cultivo, intercalando con las coles otras plantas, como coliflores, brócolis o lechugas dificulta la proliferación de plagas y facilita su control. *"Entre col y col, lechuga"*, se dice. También pueden ser atacadas por la "polilla" (*Trichoplusia nies*), o por la chinche de la col o arlequín (*Murgantia histrionica*). Además, pueden tener pudrición negra (bacteriana), que marchita la punta de la hoja, y afecciones fúngicas (*Alternaria*), que forma manchas o puntos negros en las hojas y pueden incluso deformar y hasta pudrir la raíz (*Plasmodiophora*). Para evitar esto, suelen tratarse con azufre, cobre u otros fungicidas. En el caso de las orugas y polillas se tratan con preparados a base de *Bacillus thuringiensis*.

Consumo. Se utilizan cocinadas en diferentes platos alpujarreños pucheros, guisos, potajes, etc. También se consumen en crudo, en ensaladas y como forrajeras, para alimentar al ganado.

Diversidad. La forma de denominar a los distintos tipos de coles atiende a diferentes criterios, por su morfología se distinguen las "de pella", que forman el cogollo más o menos denso y que corresponden a *Brassica oleracea* var. *capitata* L., a diferencia de otras que no lo forman o es más laxo. Por la forma de la hoja se distinguen las "rizadas". Si su uso principal era la alimentación animal, se denominan "forrajeras" siendo estas de gran tamaño, por lo que también se les denomina "gigantes" o simplemente se complementa con algún adjetivo aludiendo a su tamaño como "grande" o "gorda". Como en otros cultivos, la denominación "antigua" hace referencia a variedades locales a diferencia de las nuevas o "modernas", traídas al territorio no hace mucho tiempo y generalmente comerciales. En el caso de las coles, la diferencia fundamental es el tamaño. Las variedades "nuevas" son de menor tamaño.

En la actualidad se ha podido constatar la existencia de algunas variedades locales: "de pella" y "forrajera de pella", que se cultivan en los huertos de toda la Alpujarra. También se ha constatado el cultivo de la col "gallega".

Muestras obtenidas. Recientes de "col forrajera" de Bubión, Cádiar, Capileira, Cástaras y Narila; "repollo" de Bubión; "col gallega" de Juviles; "col de pella" de Cádiar y Lobras; "col gigante" de Trevélez; "col antigua", de Cástaras.

Anteriores de "col" de Bérchules, Cádiar y Notáez; "col de pella" de Juviles y Cástaras; "col forrajera" de Cádiar y Lobras; "col antigua" de Juviles; "repollo" de Laroles; "col gallega" de Juviles; "col rizada" de Lobras.

Variedades locales

1. Coles "forrajeras", "coles gigantes"

Descripción. Planta grande, con hojas amplias y largas que pueden llegar a 50 o 60 cm de longitud. Las hojas adultas se mantienen en disposición en roseta y van superponiéndose, formando un cogollo o pella muy grande, de hasta 35-45 cm de diámetro, muy compacto.

Consumo. Se trata de una col muy sabrosa, quizás de sabor más intenso que otras variedades recientes de pella pequeña. Hemos probado algunas coles que tenían un sabor ligeramente picante, seguramente debido a la acumulación de glucosinolatos, mientras que otras eran más "dulces". Usada tradicionalmente como forrajera, se van cortando las hojas inferiores y se van ofreciendo a los animales de forma escalonada.

Observaciones. Este nombre varietal seguramente recoge diversos linajes, con ciertas variaciones respecto al tamaño de hojas y cogollo, y posiblemente, distintos matices fenológicos y organolépticos. En algunos lugares recuerdan su denominación "col de mantel", porque en los jornales agrícolas a veces se utilizaba una hoja de estas coles para poner encima de ella la comida del almuerzo. Al ser formadoras de pella, también se pueden denominar "de pella", pero añadiendo algún adjetivo aludiendo al tamaño ("gorda", "grande" .), de hecho, también se ha recogido el nombre de "col gigante" (Trevélez).

En la Alpujarra algunas personas recuerdan también otras coles "forrajeras" de cogollo más laxo que actualmente no se cultivan.

Origen y muestras obtenidas. Se cultiva en toda la Alpujarra. Se han recopilado muestras de Bubión, Cádiar, Lobras, Capileira, Cástaras, Narila, y Trevélez.

Coles "forrajeras", "de pella". Semillas (arriba, izq.), cultivo y pella (abajo dcha.).

2. Col "de pella", "col antigua"

Descripción. Planta grande, similar a la anterior, aunque más achatada y de hojas un poco más pequeñas. Forma un cogollo o pella grande, pero más pequeño que la variedad anterior (hasta aprox. 30 cm de diámetro), muy apretado.

Consumo. Usada tradicionalmente para consumo humano. De sabor más dulce y sin toques picantes como la forrajera o de pella gorda, es más neutra. Suele preferirse esta para consumo humano en ensaladas, guisos o potajes. También se usan las hojas como forraje.

Observaciones. El nombre "antigua" se usa para designar a coles que forman pella de tamaños mayores que las variedades "modernas". También existen coles no formadoras de pella, principalmente forrajeras, en desuso. En algunos lugares, las que no forman pellas, se denominan "berzas". A nivel comercial el mercado no demanda coles muy grandes, que son difíciles de consumir por una familia y también difíciles de conservar, ello hace que sea más frecuente el cultivo de variedades comerciales de ciclo rápido y pella pequeña, más fáciles de conservar en la nevera. Por otra parte, las familias actuales son menos numerosas y no suelen tener ganado. También su sabor más dulce resulta más valorado por el consumidor.

Origen y muestras obtenidas. Se cultiva en toda la Alpujarra. Muestras recientes de Cádiar, Cástaras, Lobras y Juviles.

Col "antigua". Cultivo, pella y flores.

3. Col "gallega"

Descripción. Se trata de una variedad parecida a la "antigua", pero con la diferencia de que presenta hojas rizadas, con márgenes crenados y no forma cogollos tan compactos. Es de tamaño medio, algo menor que las descritas anteriormente, aunque puede vivir varios años alcanzando un porte considerable. Se cultiva actualmente al menos en Juviles donde su cultivo se remonta al menos 40 años. Su nombre invita a pensar que fue traída desde Galicia. Por su hoja rizada puede prestarse a confusión con otras variedades "modernas" que también presentan este carácter. En cuanto a consumo y demás propiedades, es similar a la anterior.

Origen y muestras obtenidas. Recientes de Juviles.

Coles "gallegas" para semilla.

Otras variedades

Col "repollo". Variedad comercial o traída de otras zonas. Similar a la "de pella" anteriormente descrita, generalmente forma un cogollo pequeño y muy apretado, esférico (20 a 25 cm de diámetro aprox.). Es posible que este nombre haya pasado a denominar también a las coles "de pella" no forrajeras tradicionales.

Col "rizada". Variedad comercial de semilla. Tiene las hojas de márgenes crenados, notablemente rizados, de donde viene el apelativo varietal.

Col "rizada" (Cástaras).

Col "kale". *Brassica oleracea* var. *sabellica* L. Variedad de introducción reciente, procedente del norte de Europa y América, traída, cultivada y consumida principalmente por la comunidad inmigrante. Muy apreciada por ellos y poco a poco se ha ido implantando, hemos encontrado agricultores locales que ya la cultivan y guardan su semilla.

Almáciga de coles y coles en línea; Cádiar, noviembre.

Cultivo de coles para cosecha, con tela anti mariposa de la col; Órgiva, noviembre 2021.

Brassica rapa L. subsp. *rapa.* **Nabo**

Planta anual o bienal, laxamente pelosa; de raíz engrosada, tuberosa; con hojas inferiores pecioladas, lirado pinnatisectas, de haz y envés hirsutos, las superiores enteras, acusadamente amplexicaules, glabras, glaucas; inflorescencia formada por racimos con 10-50 flores, en los que ya las abiertas sobrepasan los botones aún cerrados del ápice de la misma; fruto con el rostro linear, aspermo (Gómez Campo, 1993).

Cultivo de invierno, típico de zonas templadas. Se ha empleado mucho para alimentación animal, además de para consumo humano. De hecho, existen variedades que se han descrito como "forrajeras". Se han localizado variedades locales en huertas familiares.

Origen. Posiblemente en la India, varios siglos antes de nuestra era. Ya era cultivado por griegos y romanos de la antigüedad clásica.

Manejo. Se siembra en verano, generalmente a fines de agosto, en suelo previamente abonado y bien regado. Se siembra a chorrillo, repartiendo las semillas por el terreno y luego cubriéndolas de una delgada capa de tierra, sin enterrarlas profundamente. Tras el germinado, se riega cuando hace falta hasta que la plántula ha desarrollado los primeros nudos. Permite el trasplante en ese momento para aclarar, y normalmente se dejan a una distancia aproximada de 40 o 50 cm entre plantas. Durante el desarrollo la principal tarea es el desherbado (mancajado) y el riego si no se dan lluvias. Se recolecta a partir de diciembre.

Para obtener semilla se seleccionan algunos y se dejan para que suban a flor la primavera siguiente y formen los frutos, llamados "nabinas", cuando se secan (color amarillento), se extraen las semillas.

Sobre plagas y enfermedades. Similares a las de las coles. Principalmente afecciones fúngicas, ya entrada primavera.

Consumo. Se consume la raíz y las hojas tiernas tanto en ensaladas como en potajes. También el tallo floral (zona basal, preferentemente) cuando está aún tierno.

Observaciones. En la actualidad no es muy cultivado, pero si lo fué hasta finales del siglo XX, sobre todo por sus múltiples usos incluido el forrajero, ya que las familias alpujarreñas solían alimentar al ganado con sus propios productos hortícolas. Era típico hacer un cocido de nabos con otras plantas o restos de otros cultivos como coles, hojas de brócolis y otras crucíferas, o las mondas de las patatas y las patatas que no se destinaban a consumo humano (irregulares, enmohecidas etc.). Esta pasta era de gran valor nutritivo para vacas, ovejas, caballos, mulos, etc.

Diversidad. Se distinguen dos tipos de nabos; unos más largos y delgados o *más aplastados,* que profundizan mucho en el sustrato y para arrancarlos necesitan de la ayuda de una azada u otra herramienta y otros más gruesos y cortos que suelen crecer más a ras de suelo y que pueden ser arrancados a mano. Se consideran más antiguos los primeros, más difíciles de manejar.

Origen y muestras obtenidas. Recientes de "forrajero", de Bubión; "del terreno" de Cádiar; "autóctono" y "nabo", de Pórtugos.

Anteriores de "nabo", de Almegíjar, Bérchules, Nieles y Pitres; "nabo antiguo" de Júbar. Hay una accesión de 2007 en el CRF originaria de Pitres como "nabo forrajero".

Variedades locales

1. Nabo "autóctono", "forrajero" o "del terreno"

Descripción. Planta con raíz tuberosa muy ancha y alargada, hasta de 20-30 x 10-14 cm, con raicillas pequeñas numerosas y algunas de tamaño medio que salen del mismo y hacen que sea difícil de arrancar de la tierra.

Consumo. Por su sabor bastante dulce, la raíz se ha consumido tanto en guisos y cocimientos (potajes, cocidos, etc.) como en fresco. Las hojas, llamadas "nabizas", se consumen en ensaladas y también en potajes. Es especialmente apreciado el tallo floral cuando está tierno, sobre todo la parte basal. Se hace un plato típico elaborado con esta parte de la planta en Pórtugos. Esto permite usar el resto del nabo para alimentar al ganado. Era típico durante el siglo XX que los jóvenes cuando caminaban de pueblo en pueblo en la Alpujarra, a veces para acudir a las fiestas locales o reuniones entre amigos, cuando al regresar tenían hambre se colaban en las huertas y comían las nabizas y preferentemente estos tallos.

Observaciones. En la actualidad no es muy cultivado.

Nabo (raíz).

Semillas de nabo.

Género *Raphanus*

Plantas herbáceas, anuales, bienales, a veces perennizantes, con pelos simples. Raíz axonomórfa, en ocasiones napiforme. Tallos erectos, ramificados. Hojas basales lirado-pinnatisectas, siendo menos divididas hacia el ápice. Inflorescencias en racimo, sin brácteas. Corola de pétalos con uña larga, blancos, blanco-amarillentos o rosados, con marcados nervios violáceos. Cáliz con sépalos erectos, los laterales algo gibosos en la base. Androceo tetradínamo, con anteras oblongas. Fruto en silicua indehiscente, con dos artejos; el inferior (valvar) rudimentario, en general sin semillas, y el superior de forma cilíndrica, toruloso o moniliforme, terminando en un pico largo, con 1 o varias semillas; a veces con estructura de lomento. Semillas pardas, subesféricas. Género de origen asiático y mediterráneo con pocas especies (entre 2 y 8), aunque muy variable, por lo que se han descrito más de 100 taxones. En nuestras latitudes se restringe al rábano cultivado (*Raphanus sativus* L.) y al rábano silvestre (*R. raphanistrum* L.).

Raphanus sativus L. **Rábano**

Planta anual o bienal. Raíz axonomorfa, napiforme. Tallo 20-100 cm, erecto o poco ramificado, glabro o algo híspido en la base. Hojas basales de hasta 30 cm, pecioladas, arrosetadas, lirado- pinnatisectas, con 2-3 pares de segmentos laterales y uno terminal de mayor tamaño, suborbicular; las superiores de ovadas a oblongo-lanceoladas. Racimos de 10-50 flores. Pedicelos 5-15mm en la antesis, (10)15-30 en la fructificación. Sépalos (6)8-11 mm, erectos. Pétalos 15-20 mm, rosados o violetas, con marcados nervios violáceos. Frutos 30-50(60) x 6-12 mm, erecto-patentes; artejo valvar residual, aspermo, raramente monospermo; el superior 25-60(70) x 8-15 mm, cilíndrico, longitudinalmente estriado, esponjoso, con 2-10 semillas, terminado en un pico cónico de 10-15mm. Semillas pardas, subesféricas, de 3-4 mm (Hernández Bermejo, 1993).

Al igual que el nabo, es un cultivo de invierno típico de zonas templadas. También se ha empleado mucho en alimentación animal, además de para consumo humano. Se han localizado variedades en huertas familiares, una de ellas parece ser variedad local.

Origen. Procede de la domesticación del rábano silvestre (*Raphanus raphanistrum* L.), muy polimorfa. Es originario posiblemente de la cuenca del Mediterráneo oriental, aunque también hay autores que sitúan su origen en China; si es cierto que ya en el Antiguo Egipto y Babilonia se consumían hace unos 4.000 años. Existen dos grupos principales, el rábano o rabanito típicos de Europa (*R. sativus* var. *sativus*) y el rábano blanco o japonés (o Daikon, *R. sativus* var. *Raphanus sativus* var. *longipinnatus* L.H.Bailey).

Manejo. Mismo manejo y forma de cultivo que el nabo.

Diversidad. Los rábanos de variedad local observados en la Alpujarra se caracterizan por ser de gran tamaño, mucho mayores que los de variedades modernas. Su utilidad como forrajeros así como el consumo por las familias que antaño eran más numerosas, propiciaba que los tamaños grandes fueran ideales. Con la desaparición de la ganadería familiar y las familias actuales con menos miembros, los rábanos, como otras hortalizas (coles, nabos, etc.) se prefieren de menor tamaño, resultando desplazadas las variedades tradicionales por nuevas, más acordes con las necesidades actuales.

Origen y muestras obtenidas. Recientes de "rábano largo" (Yégen) y "rábano" (Cástaras). Anteriores de "rábano" (Bérchules, Cástaras, Júbar, Lobras y Mairena) y "rábano largo" (Lobras).

Variedades locales

Rábano "largo", "rábano"

Descripción. Planta con raíz tuberosa muy alargada, relativamente estrecha, cilíndrica, de piel roja a rosada y carne blanca. Pueden llegar a 35 o 40 cm de largo y aproximadamente 3 a 5 cm de ancho.

Consumo. En guisos y ensaladas.

Observaciones. Con el nombre de "rábano", se ha cultivado (procedente de Cástaras) una variante similar al descrito, pero que alcanza y supera los 10 cm de grosor.

En la actualidad es un cultivo poco frecuente.

Origen y muestras obtenidas. Recientes de Yegen. Anteriores de Lobras.

Rábano "largo" (Yégen)
ramoneado por el ganado.

"Rábano" (de Cástaras).
Semillas.

"Rábano" (de Cástaras), flores y frutos.

Otras variedades

Rabanitos, rabanetas. Variedad de raíces tuberosas poco profundas, más o menos esféricas, algo acuminadas en su base. Forma rábanos casi redondos de pequeño tamaño (hasta 3 o 4 cm de diámetro). Se cultiva a partir de semillas comerciales o traídas de otros territorios.

Otras hortalizas de la familia Brasicáceas

Eruca vesicaria (L.) Cav. y *Diplotaxis tenuifolia* (L.) DC. **Rúcula**

De introducción reciente en las huertas alpujarreñas, se trata de una verdura muy consumida y cultivada desde tiempo en Europa; ambas especies crecen de forma silvestre, la segunda, más rara, dispersa en el centro y norte de la península ibérica (Martínez Laborde, 1993). Se aprecian por su ligero toque picante gracias a los glucosinolatos que contienen.

Brassica oleracea L. var. *italica.* **Brócoli**

Es un cultivo de invierno bastante rústico que se ha extendido los últimos años. Los agricultores hoy día suelen comprar el plantel comercial, en el almacén o tienda de semillas, no pareciendo existir variedades tradicionales en la Alpujarra. Se cree que el cultivo se originó en el mediterráneo oriental y desde allí se introdujo en Italia donde se diversificaron (Gray, 1982).

Brassica oleracea L. var. *botrytis.* **Coliflor**

Planta cultivada en invierno. De origen antiguo, el cultivo se origina en el medio oriente a partir de coles introducidas desde Europa occidental, para ser reintroducidas posteriormente de nuevo en Europa (Cai *et al.*, 2022). Tampoco se han localizado variedades locales. Se cultivan variedades comerciales, generalmente a partir de plantel.

Brassica oleracea L. var. *gemmifera.* **Coles de Bruselas**

Es otro cultivo de invierno también bastante rústico, de reciente introducción. Su cultivo se inició en el s. XVIII en Bélgica, donde se originó esta variedad. Se ha localizado puntualmente en huertas familiares alpujarreñas aunque no se han encontrado variedades locales.

Brassica oleracea L. var. *gongylodes.* **Colirrábano**

Variedad de col que se aprecia por la parte basal de su tallo, engrosado a modo de tubérculo, que es la parte comestible. De origen incierto (Cai *et al.*, 2022) es una hortaliza popular sobre todo en centroeuropa, donde es habitual en la gastronomía local. Se ha localizado puntualmente en huertas familiares, del que no se han encontrado variedades locales.

Brassica napus L. var. *napobrassica.* **Colinabo**

Es una hortaliza generada por cruzamiento, seguramente entre el nabo (*Brassica rapa*) y la col (*Brassica oleracea*). Fue popular a partir de los siglos XVI y XVII en centro y sur de Europa, donde hay un amplio consumo. En la Alpujarra se cultiva de forma puntual, sobre todo por parte de la población procedente de estas zonas del continente.

FAMILIA CUCURBITÁCEAS
Cucurbitaceae

Cucurbita moschata Duchesne

Plantas leñosas o herbáceas, generalmente anuales y con zarcillos. Tallos angulosos o sulcados. Hojas alternas, sin estípulas, pecioladas, simples o compuestas. Flores unisexuales, actinomorfas, pentámeras, solitarias o en inflorescencias cimosas. Perianto soldado en la parte basal, formando un receptáculo (hipanto) corto, con 5 estrechos segmentos. Corola dialipétala o gamopétala, con 5 segmentos (pétalos), soldados, al menos en la base. Androceo formado por 3 o 5 estambres. Es frecuente que 1 estambre esté libre y los otros 4 se suelden por pares, dando la impresión de que sean 3. Gineceo 2-5-carpelos, en general tricarpelar, con ovario ínfero, con 3 estilos de estigmas capitados o 1 estilo con estigma 2 a 3 lobado. Fruto (pepónide) carnoso, indehiscente, a veces con dehiscencia explosiva. También el fruto es, en especies foráneas, pixidio, baya, aquenio o sámara. Familia pantropical con unos 120 géneros y aproximadamente 1000 especies. *Cucurbita* y *Lagenaria* (calabazas), *Cucumis* (melones y pepinos), *Citrullus* (sandías), *Luffa* (esponja vegetal), entre otras. La familia incluye además especies con valor alimenticio potencial y otras que se comportan como malas hierbas.

Género *Cucurbita*

Hierbas anuales o perennes, monoicas, con tallos postrados, radicantes en los nudos o trepadores, generalmente con zarcillos bífidos (de 3 a 7). Hojas enteras o de 3 a 7 veces profundamente lobadas, cordadas y largamente pecioladas. Flores grandes, amarillas o anaranjadas, con sépalos (segmentos) triangulares, estrechos; hipanto acampanado y corola gamopétala acampanada de 4 a 7 lóbulos triangulares. Flores masculinas solitarias o en monocasios, largamente pediceladas. Androceo que asemeja 3 estambres (2+2+1) de filamentos gruesos, libres, insertos en el tubo del receptáculo y anteras plegado-flexuosas. Flores femeninas solitarias, cortamente pedunculadas, con 3 estaminodios. Ovario oblongo, con 3 a 5 carpelos. Estilo corto, grueso. Estigmas 3 a 5, lobados. Fruto (pepónide) generalmente grande, carnoso o fibroso, de forma, superficie y color variado, polispermo. Semillas ovadas-oblongas, comprimidas, a veces con el margen engrosado. Género con unas 20 especies, cinco de las cuales se cultivan: *C. maxima* Duchesne, *C. pepo* L., *C. moschata* Duchesne y *C. argyrosperma* Huber, con el nombre genérico de calabaza, y *C. ficifolia* C.D. Bouché con el nombre de cidra. La delimitación específica de las calabazas cultivadas no es siempre fácil, y requiere de la aplicación de claves especializadas (Russell, 1924; Whitaker & Bohn, 1950; Jeffrey, 1980; Nee, 1990) y, en ocasiones, descriptores (Esquinas-Alcazar & Gulick, 1983; ECPGR, 2008; Muñoz Pineda & Soriano Niebla, 2010; Mera *et al.*, 2011). Además, se da cruzamiento entre especies del género (Esquinas-Alcazar & Gulick, 1983). En la Alpujarra hemos localizado variedades locales de cultivo de las cinco especies cultivadas.

Origen. Las calabazas de este género son todas de origen americano.

Manejo. Se siembran generalmente de forma directa en el suelo, entre marzo y mayo. Soportan mal el trasplante a raíz desnuda por lo que no se ponen en almáciga, aunque si se pueden sembrar en recipientes de cierto tamaño (macetillas, vasos, bandejas de alveolo grande, etc.) y luego trasplantarlas con cepellón a los 20 o 30 días. El sustrato debe estar convenientemente abonado y regado previamente. Se eligen zonas de borde de la huerta, cerca de una valla o de un árbol sobre el que puedan trepar, debido a que las plantas se hacen muy grandes. También se espacian mucho, como un metro y medio. Se van guiando al crecer hacia zonas improductivas de la finca. Para la siembra se hacen hoyos bastante separados, de unos 3 a 5 cm de profundidad, donde se depositan generalmente 3 semillas (entre 2 y 4). Si germina más de una, suelen eliminarse (a veces repicarse) las plantas que han crecido menos. En la Alpujarra era típico ponerlas cerca de los almeces que suelen estar ubicados en los taludes para protegerlos de la erosión, de ese modo también se aprovechaba esta parte de las fincas. También ha sido frecuente la siembra en los márgenes de los campos de patata. Respecto a las labores, sobre todo incluye desherbar y cuidar que no se extienda por las zonas no deseadas. Al principio es bueno regarla mucho, luego ya no lo requiere tanto (Romero *et al.*, 2008).

A las matas que producen muchos frutos es frecuente quitarles algunos para que el resto engorden bien, seleccionando los mejores por tamaño o forma. Se comienzan a recoger entrado agosto, si bien también pueden dejarse madurar más en la planta hasta que las hojas se comienzan a helar, ya en otoño. Cuando llegan los fríos, las calabazas dejan de madurar, no obstante, aun cuando no estén suficientemente maduras, se recogen y van cogiendo sazón cuando se almacenan, conservándose bien durante meses. En relación a la polinización, en algunas ocasiones se hace manualmente, aunque si en la finca hay polinizadores naturales (generalmente abejas y otros himenópteros) no es necesario.

Para la conservación de las semillas, se eligen las calabazas mejor formadas y se extraen una vez que la calabaza está bien madura y se abre para su consumo l. Los criterios de selección de frutos para semillas suelen ser la forma (mejor formadas conforme al criterio hortelano), tamaño (las más grandes) y otras características deseables (sabor, color). Las semillas se secan al aire y se conservan en botes o sobres.

El calabacín (*C. pepo*) soporta bien altas temperaturas y es sensible al frío. Se siembra de forma directa desde abril hasta julio, poniendo 2 o 3 semillas por *golpe* (hoyos a escasos cm de profundidad, que se hacen a golpe de mancaje). Se espacian algo menos que las calabazas (siempre que no sean "calabacines de rastra"), unos 70 a 100 cm entre plantas. Requiere la eliminación de las hierbas competidoras, al menos mientras las plantas son pequeñas. También requiere riego frecuente, pero intentando no encharcar para no favorecer las frecuentes afecciones de hongos. La cosecha es escalonada, atendiendo a que los frutos muy maduros suelen ser más duros.

Para conservar semilla de calabacín, se deja que un fruto madure en la mata hasta que la piel torna amarilla y empieza a sonar hueco, es frecuente seleccionar el primer fruto de una planta vigorosa.

Consumo. Las calabazas se utilizan en diferentes platos de la cocina Alpujarreña, como el *guisote* o la *fritá*. Además se han usado tradicionalmente para alimentación del ganado. Las flores, que también se consumen y tienen sus propias recetas, se pueden recolectar desde junio, generalmente las masculinas, dejando las femeninas para formación de fruto.

Sobre plagas y enfermedades. Es habitual que sean atacadas por la "ceniza" (oídio causado por el hongo *Podosphaera fuliginea*), que genera manchas blancas en las hojas y acaba por pudrirlas. Afecta a todas las cucurbitáceas y normalmente aparece entrado agosto. También pueden aparecer otras enfermedades fúngicas como mildiu (producido por *Pseudoperonospora cubensis*) que marca las hojas con patrones irregulares de color amarillento. Se tratan con azufre en polvo aplicado sobre las hojas. Las calabazas, ya formadas y sobre todo si son de piel fina, suelen elevarse para evitar que el fruto esté en contacto directo con el suelo (sobre piedra, cubos, etc.), evitando la proliferación de hongos y podredumbre del fruto. También pueden afectarle insectos barrenadores y chinches, así como el virus del mosaico de la calabaza (CMV, SqMV), aunque estas afecciones no son muy frecuentes en huertos tradicionales.

Diversidad. Los distintos tipos de calabazas suelen denominarse siguiendo diferentes criterios. Es frecuente usar los que aluden al tamaño, ej. "gorda", forma, ej. "aplastada" o color ej. "roja" o "dorailla". Otro criterio es el uso. "de comer", "potajera", o "marranera". En otros casos el nombre puede aludir a la procedencia como es el caso de la "malagueña" o la "totanera". Otras veces reciben un nombre concreto sin utilizar un criterio aparente como las "zamborino" o "chinchosa".

En la Alpujarra se cultivan calabazas de diferentes especies dentro del género *Cucurbita*: *C. maxima*, *C. pepo*, *C. moschata*, *C. ficifolia* y *C. argyrosperma*, esta últimas de uso ornamental y poco extendido. En el siguiente cuadro se resumen los tipos según especie botánica, de acuerdo con los caracteres morfológicos de las plantas cultivadas

Especie botánica de *Cucurbita*	Tipo / forma más habitual	Variedad alpujarreña
C. maxima	Calabazas gordas, globosas, redondeadas, discoideas.	*Matancera, marranera (gorda), potajera, malagueña.*
C. moschata	Alargadas, cilíndricas	*Zamborino, de comer, de trompeta, marranera (pequeña).*
C. pepo	Calabacines. Formas alargadas y no muy gruesas. Y algunas calabazas pequeñas, con distinta forma.	*Calabacín blanco.*
C. ficifolia	Cidra. Redondeadas de piel moteada verde claro/oscuro	*De cabello de ángel*

Tipos de calabaza en relación a los caracteres observados en las variedades cultivadas en la Alpujarra. Fuente: elaboración propia.

Es frecuente que existan mezclas genéticas en las semillas que se conservan, apareciendo en las mismas plantas frutos de diferentes formas y colores.

Cucurbita maxima Duchesne. **Calabazas**

Hojas de lóbulos redondeados, poco marcados. Tallos cilíndricos pelosos, poco ásperos. El fruto es variable, redondo o redondeado, de pedúnculo esponjoso y cilíndrico muy surcado, de inserción no expandida. Las semillas son blancas o blanquecinas, marginadas, de ápice truncado en bisel o algo inclinado.

C. maxima. Semillas y pedúnculo (Caracteres diferenciales).

Variedades locales

1. Calabazas tipo "matancera", "chinchosa" o "marranera"

Descripción. Plantas con hojas grandes, de base cordiforme, no lobuladas y generalmente sin los nervios marcados. Forman frutos grandes y esféricos, redondos o algo ovados, de sección circular irregular, con costillas marcadas y piel dura y gruesa de color naranja.

El tamaño cuando está madura es variable, pudiendo pesar desde unos 5 kg hasta 25 o 30, aunque hay variedades que pueden llegar a los 50 kg siempre que la técnica de cultivo y condiciones de la huerta sean favorables.

Consumo. Se usa para elaborar desde dulces o guisos, frituras, potajes y hasta morcilla (cocida y revuelta con cebolla en la caldera). Antiguamente para que la calabaza marranera tuviera una textura más tierna, se introducían previamente los trozos en agua de cal viva, similar al proceso precolombino que se hacía con el maíz (nixtamalización). Como indica el nombre, suele utilizarse en la alimentación de los cerdos.

Observaciones. Agrupamos en esta entrada a varias calabazas gordas y grandes usadas cuando hay grandes consumos se consume de forma abundante (familias numerosas, grandes, reuniones, matanzas o para alimentación del ganado). El nombre "marranera" se emplea para diferentes tipos de calabaza aludiendo a su gran productividad ya sea en cantidad de frutos o en el tamaño de los mismos, como en este caso. Siguen siendo cultivadas, aunque con menos frecuencia. Uno de los motivos de su abandono es su gran tamaño que hace difícil el consumo por familias pequeñas que no suelen tener animales que puedan aprovechar lo que no se cocina. Se han dejado de cultivar en pro de variedades de frutos más pequeños. Los nombres recogidos son: "matancera" (Pórtugos, Carataúnas), "chinchosa" (Mairena y Júbar) "marranera" (Cádiar, Laroles).

Origen y muestras obtenidas. Recientes de "marranera" de Carataúnas y Pórtugos. Anteriores de "chinchosa" de Mairena y Júbar.

Calabaza "marranera" de Pórtugos y "chinchosa" de Juviles.

2. Calabazas "mozuela", "romana", "gorda", "malagueña"

Descripción. Plantas similares a la variedad anterior, de hojas algo menores pero no lobuladas. Frutos de forma aplastada, en forma de disco, algo achatados, de sección circular, y con las costillas marcadas. Piel lisa de tono verde claro grisáceo a veces con motas de un verde muy claro. Los tamaños y pesos son muy variables en función de la cantidad de agua de riego aportada y materia orgánica disponible en el suelo, aunque en general miden de 14-20 a 40-50 cm de diámetro y entre 8 y 20 (20-25) kg de peso.

Consumo. Guisos y frituras.

Observaciones. Agrupamos en esta entrada accesiones de distintas procedencias con ligeras variaciones en el fruto. Los nombres son: "mozuela" (Pórtugos), "romana" (Pampaneira), "gorda" (Lanjarón) y "malagueña" (Alcútar).

Origen y muestras obtenidas. Recientes de Pórtugos, Lanjarón. Anteriores de Alcútar.

Calabaza "mozuela" (Pórtugos) y "gorda" (Lanjarón).

Calabaza "malagueña" (Juviles)

Calabaza "mozuela". Diversidad de tamaños y colores
en frutos procedentes de la misma muestra de semillas.

3. Calabaza "roja"

Descripción. La planta es similar a las anteriores. Frutos de forma achatada, de sección circular, con costillas moderadamente marcadas. Piel algo rugosa de color naranja oscuro. Suelen medir de 15-25 cm de altura y 30-50 cm de diámetro y con un peso de 2 a 20 kg.

Consumo. potajes, guisos, fritadas, etc.

Observaciones. Se lleva cultivando en la zona al menos 30 años, pero se considera menos "antigua" (al menos en Juviles, Nieles y Notáez) que las "marraneras".

Origen y muestras obtenidas. Recientes de Juviles.

Calabaza "roja" (Juviles).

4. Calabaza "totanera" o "totana"

Descripción. Calabazas redondeadas, algo achatadas, de unos 30-40 cm de diámetro y 25-35 de altura. Con pedúnculo cilíndrico que se estrecha un poco hacia el ápice. La totanera verrugosa tiene la piel de color verde con verrugas notables, otras no tienen verrugas y color de piel anaranjado.

Consumo. Guisos y fritadas.

Origen y muestras obtenidas. Recientes de Órgiva (verrugosa verde), anteriores de Juviles y Laroles.

Observaciones. Las "totaneras" son un tipo de calabazas (variedad tradicional) muy cultivada por todo el sureste peninsular. En la Alpujarra, hay "totaneras" no verrugosas (o con pocas verrugas) que se consideran más "antiguas" y son de las que se conservan semillas año tras año, mientras que de la "totanera verrugosa" verde, es posible adquirir semillas en tiendas, y almacenes agrícolas, ya que las de este tipo se comercializan de forma más habitual. Para multiplicar las semillas y estudiar la variedad, se ha cultivado experimentalmente en la finca los Morales una muestra de "totanera" procedentes de Órgiva. En este caso, resultó tratarse de la verrugosa verde.

Calabaza "totanera verrugosa" de Órgiva (Finca los Morales).

Calabaza "totana". Semillas.

Calabaza "totanera". Cultivo.

Otras variedades

Calabaza "japonesa", "potimarrón"

Variedad comercial cuya procedencia parece situarse en Japón (Isla de Hokkaido), de reciente introducción en la Alpujarra. Forma frutos relativamente pequeños, frecuentemente menos de 1 kg. Se puede cocinar sin pelar.

Potimarrón.

Calabazas ornamentales

Plantas de hojas relativamente pequeñas, lobuladas. Calabazas también de pequeño tamaño y forma que va desde la esférica a de pera con la parte apical alargada. Pueden consumirse pero generalmente se cultivan como adorno. Se trata de variedades no tradicionales que muchas veces procede de sobres con mezclas de semillas de distintas variedades, para producir calabacitas pequeñas diferentes.

Calabazas "de adorno".

Cucurbita moschata Duchesne. **Calabazas, zamborinos**

Las plantas tienen hojas de lóbulos poco marcados y el lóbulo apical puntiagudo, con manchas blanquecinas en la nervadura de la lámina. El fruto es variable en forma y color, con un pedúnculo duro, anguloso y poco estriado e inserción muy expandida (acampanado). Las semillas son castañas o pardas, marginadas, y en vista lateral con una parte comprimida y otra convexa, de ápice truncado recto.

C. moschata: Caracteres identificativos; pedúnculo y semillas.

Variedades locales

1. Calabaza "zamborino"

Descripción. Calabazas cilíndricas, alargadas, ensanchadas en la zona apical. A veces se curvan incluso hasta tener forma de media luna. De color verde al desarrollarse y adquiriendo color anaranjado en la madurez, pedúnculo acanalado y ensanchado en la base. Alcanzan hasta un metro de largo y en la parte más ancha unos 18-20 cm. Variedad muy productiva.

Consumo. Muy apreciada por su sabor dulce y carne no muy dura, con poca agua y que no necesita mucho tiempo para ser cocinada. Aguantan varios meses sin pudrirse.

Origen y muestras obtenidas. Recientes de Narila, Cádiar y Cástaras. Anteriores de Cádiar y Juviles.

Observaciones. Es una de las variedades considerada más antigua en la comarca y de más aprecio por la población debido a su buen sabor, forma característica y tamaño medio. Se ha cultivado una muestra de semillas de forma experimental habiéndose obtenido frutos con diferentes formas y colores, debido posiblemente a la heterogeneidad que suelen presentar las variedades locales.

"Zamborinos".

"Zamborino". Cultivo.

"Zamborinos". Diversidad de formas y colores en la cosecha.

2. Calabaza "de comer", "de freír alargada"

Descripción. Calabazas alargadas, cilíndricas, más estrechas en la zona basal y terminadas en forma redondeada. Acostillado suave. De color verde cuando está inmadura y naranja claro en la madurez, manteniendo (a veces) tonos verdes. Carne naranja. Suelen medir unos 35-55 cm de largo y 15-25 cm de diámetro. Pesan unos 4 a 10 kg.

Consumo. En muchos platos de la cocina alpujarreña, guisos, fritadas, etc.

Observaciones. El nombre de "de comer" también puede hacer referencia a otras variedades.

Origen y muestras obtenidas. Recientes de Órgiva, Lanjarón. Anteriores de Juviles, Pampaneira, Capilerilla, Laroles y Cádiar.

Calabaza "de comer". Cultivo (Juviles).

Calabaza "de comer" (Juviles).

3. Calabaza "de trompeta" o "alargada"

Descripción. Calabazas cilíndricas que se van estrechando hacía el extremo apical, aproximadamente de 30-50 x 15-20 cm. La piel es amarilla anaranjada a veces con tonos verdes, con acostillamiento leve y de pedúnculo estriado.

Consumo. Similar a las anteriores.

Observaciones. Variedad antigua, parecida morfológicamente a la "zamborino". Una de las diferencias principales es que es menos duradera.

Origen y muestras obtenidas. Cástaras y Capileira.

Observaciones. Como todas las calabazas, en condiciones más favorables de abonado y riego pueden alcanzar tamaños mayores. Se ha cultivado una muestra de forma experimental, en la que se ha constatado gran variabilidad en los frutos.

Calabaza "trompeta". Cultivo experimental en finca los Morales.

4. Calabaza "marranera" (pequeña)

Descripción. Calabazas alargadas, cilíndricas, con sección longitudinal más o menos ovalada. Sin acostillado y con algunas verrugas. El futo maduro es de color naranja. Mide unos 30-40 (45) cm de largo por 18-25 (30) de diámetro. Pedúnculo estriado, largo y ensanchado en la base.

Consumo. Similar a las anteriores. La flor es especialmente buena para rebozar y freír. También se emplea en la preparación de postres dulces.

Observaciones. Se denomina "marranera" porque antaño también se usaba para la alimentación de cerdos. Es una planta muy productiva en relación a la gran cantidad de frutos que produce. En el caso, por ejemplo, de *Cucurbita maxima* el término marranera alude al gran tamaño de las calabazas.

Origen y muestras obtenidas. Recientes de Juviles, y Lobras. Anteriores de Juviles, Lobras, Laroles, Capilerilla, Juviles, Cádiar y Pampaneira.

Calabaza "marranera" pequeña (Juviles). Fruto y semillas.

Otras variedades

Calabaza "cacahuete", "dulce", "dulce naranja", "butternut"

Descripción. Forma calabazas alargadas con dos ensanchamientos, con forma de cacahuete, de donde procede la denominación más extendida. Hay algunas más largas que otras, dependiendo de la semilla y forma de cultivo. Piel fina naranja claro y carne naranja oscuro. Suelen medir unos 25-30 cm de largo y 10-15 cm de ancho.

Consumo. En guisos y frita.

Observaciones. Las semillas y plantas se pueden adquirir en tiendas y almacenes agrícolas. Muy cultivada en la actualidad, porque además de su buen sabor, el tamaño pequeño la hace preferible al cocinarse en una (o dos) veces y no se llega a pudrir como otras más grandes. Sin embargo, para "ollas", guisos y fritadas se prefiere (al menos en Juviles, Cástaras y Nieles) la variedad local "de comer" e incluso "marranera".

Origen y muestras obtenidas. Órgiva, Lanjarón.

Calabaza "cachuete".

Cucurbita pepo L. **Calabacín. Calabaza**

Las plantas de esta especie presentan hojas de lóbulos muy diferenciados, con pelos punzantes en hojas y tallo. El fruto, muy variable en forma y colores, tiene un pedúnculo duro con ángulos marcados, cuya inserción no es expandida. Las semillas son blancas o blanco-amarillento, marginadas y de ápice truncado recto. Además de algunas calabazas, a esta especie pertenecen las distintas variedades de calabacín.

Diversidad. Tenemos constancia de una variedad local, el calabacín "blanco" que algunos llaman "autóctono", y del cultivo de los denominados calabacines "negros", que suelen ser variedades comerciales.

Cucurbita pepo. Pedúnculo y semillas.

Variedades locales

1. Calabacín "blanco", "blanco autóctono"

Descripción. Forma frutos cilíndricos, alargados, de color verde claro con veteado y la de más verde algo más oscuro, tornando amarillos al madurar. Miden de 20 a 30 cm de largo en su estado para consumo, si se dejan madurar para obtener semillas pueden alcanzar mayor tamaño.

Consumo. En sofritos, cremas y otros platos tradicionales.

Observaciones. Es una variedad de calabacín considerada muy antigua en la comarca y de más aprecio por la población. Pese a que muchos la recuerdan, no se ha encontrado quien la cultive actualmente, tan sólo contamos con las muestras obtenidas en trabajos previos (Romero *et al.*, 2008). Hortaliza muy cultivada tanto a nivel comercial como familiar. Desde hace unos años, es frecuente comprar las plantas y ponerlas directamente en la huerta, por lo que las variedades antiguas se están perdiendo y cada vez se cultivan menos a partir de sus propias semillas.

Origen y muestras obtenidas. Anteriores de Alcútar.

Calabacín "blanco", (Alcútar).

Calabacín "blanco", (Juviles). Semillas de calabacín "autóctono" (Capileira).

2. Calabaza "de potaje" o "potajera"

Descripción. Planta de hojas marcadamente lobuladas y de nervios blanquecinos. Frutos redondos, grandes, de unos 12 -18 cm de diámetro, sección circular y costillas marcadas, piel gruesa de color naranja y pedúnculo muy grueso y más o menos cilíndrico, un poco más ancho en la base.

Consumo. Generalmente en potajes, también frita y en diversos platos tradicionales.

Observaciones. El nombre "potajera" hace alusión a su uso en cocina, por lo que otras calabazas pueden recibir este nombre siendo diferentes.

Origen y muestras obtenidas. Cástaras.

Calabaza "potajera".

Otras variedades

Calabacín "negro". La mayoría de las variedades de cultivo denominadas "negro" corresponden en realidad a variedades comerciales. La variedad "belleza negra" es la más común. Se compran normalmente las plantas listas para poner, en tiendas y almacenes agrícolas, que también venden las semillas.

Calabacín "blanco". Es muy frecuente la comercialización de calabacín "blanco", sobre todo en planta (también semillas). Se trata de un calabacín verde muy claro, diferente a las variedades tradicionales con el mismo nombre.

Calabacín "negro".

Cucurbita ficifolia Bouché. **Calabaza de cabello de ángel. Cidra**

Planta de hojas pequeñas, lobuladas, de nervios blanquecinos. Fruto con forma esférica a ovalada, veteado de verde sobre fondo blanco amarillento. El pedúnculo es cilíndrico y nada expandido. Las semillas son negras, rugosas, marginadas, de ápice truncado.

Variedades locales

No parecen diferenciarse variedades.

1. Calabaza de cabello de ángel. Cidra

Descripción. Planta similar a otras calabazas, reptante y con muchas hojas. A diferencia de las otras especies esta puede durar más de un año si el invierno no es muy duro, porque la especie es perenne. Las hojas son lobuladas, con 3 o 5 lóbulos marcados y un moteado característico en blanco. El futo es esférico, de unos 15 a 25 cm de diámetro, con piel verde moteada de blanco. La semilla se diferencia bien de otras especies por su color negro.

Consumo. Generalmente se usa en repostería por su sabor dulce, sobre todo para la elaboración de cabello de ángel. También se cocina en otros platos salados.

Observaciones. Cultivada en toda la Alpujarra, aunque parece en regresión. No se distinguen variedades dentro de esta especie. Las semillas que se comercializan también suelen usar el mismo nombre, por lo que la diferenciación, si la hubiera, no es clara.

Origen y muestras obtenidas. Cádiar, Cástarar y Trevélez.

Calabaza de cabello de ángel

Calabaza de cabello de ángel. Fruto y semillas.

Cucurbita argyrosperma C. Huber. **Calabazas de adorno**

Descripción. Plantas con hojas de lóbulos foliares bien diferenciados, pequeñas y angulares, con manchas blancas. Frutos con pedúnculo duro y cilíndrico de diámetro ensanchado, con textura de corcho, con pedúnculo de inserción no expandida. Las semillas son blancas o blanquecinas, marginadas con margen más oscuro, y estriadas o surcadas de forma irregular, de ápice truncado recto.

Consumo. Se trata de calabazas de uso ornamental, no se consumen.

Calabaza ornamental C. argyrosperma C.Huber.

Género *Lagenaria*

Hierbas anuales o perennes, monoicas, con tallos pubescentes postrados o trepadores, con zarcillos. Hojas simples de lámina redondeada y base cordiforme, con pecíolo relativamente largo con 2 glándulas en su extremo distal. Flores perfumadas de antesis nocturna, las masculinas solitarias o en monocasios paucifloros, con pedúnculos más largos que los peciolos; las femeninas solitarias. Hipanto obcónico. Cáliz abierto, con sépalos pequeños. Corola dialipétala, imbricada, blanca, pétalos obovados de ápice involuto. Androceo 2+2+1. Estambres insertos, filamentos libres. Flores femeninas con 3 estaminodios; ovario con 3 carpelos y numerosos rudimentos seminales. Estilo corto y grueso, estigma trilobado. El fruto (pepónide) oscila entre cilíndrico a lageniforme (forma de botella o recipiente similar), cuya pulpa se seca y deja las semillas sueltas dentro del pericarpio leñoso-corchoso. Semillas comprimidas, generalmente bicornes, con estrías longitudinales y 2 costillas planas, marginales o submarginales. Género con 6 especies paleotropicales, la más conocida es *L. siceraria* (Molina) Standl., de supuesto origen africano, aunque conocida por los aborígenes americanos antes del descubrimiento de América.

Lagenaria siceraria (Molina) Standl. Calabazas "de vino", "de porrón"

Herbácea anual de tallos acostillados, con zarcillos y hojas con 3-7 lóbulos, algo reniformes, ligeramente pelosas, de olor característico almizclado.

Origen. Se estima que la especie procede de África, aunque diferentes y reconocidos autores señalan su presencia en Sudamérica y en Asia desde hace miles de años.

Manejo. Muy similar a lo descrito para *Cucurbita*. Como en general no tiene aprovechamiento alimenticio, es típico ponerlas cerca de árboles, vallas u otras estructuras para que trepen. En función de la forma que se pretende adquieran los frutos, una vez en formación, se elige que los frutos cuelguen (forma frutos de base ensanchada y cuello estrechado recto), apoyen sobre algo (en ese caso a veces el cuello se dobla y gira) o directamente sobre el suelo (generando el típico fruto con dos ensanchamientos, en la base y ápice).

Sobre plagas y enfermedades. Ver lo descrito para *Cucurbita*.

Flores y semillas de Lagenaria siceraria.

Variedades locales

1. Calabaza "de cantimplora", "de embudo corta", "de vino", "de porrón", "de agua", "de embudo", "de peregrino"

Descripción. Forma frutos alargados con dos ensanchamientos, en la base y ápice, llegando a los 6-8 cm de anchura en la parte más ancha y unos 12-18 cm de alto. A veces, incluso en frutos de la misma planta forman un único ensanchamiento por lo que se llaman "de embudo".

Consumo. Pueden consumirse recién recolectadas cuando están tiernas. Si se dejan bien maduras y se secan, quedan huecas. Entonces se retiran las fibras y semillas que hay en el interior y se pueden usar como recipiente o para hacer embudos, cazos, palas, u otros utensilios.

Observaciones. Todas las calabazas de este grupo fueron muy usadas antaño para hacer cantimploras de agua, de vino, cazos, embudos, y envases para usos diversos. En la actualidad se cultivan poco y sobre todo como ornamentales. Se usaban como flotadores, por lo que en otros territorios les llaman "de bañista". Había algunas de gran tamaño, que podían contener hasta una arroba de vino y era costumbre llevarlas a la parva, para ir bebiendo mientras se trillaba. En Pórtugos, Laroles y Juviles la llaman "del vino", en Juviles también "de porrón".

Origen y muestras obtenidas. Recientes de Lanjarón y Cástaras. Anteriores de Juviles y Laroles.

Calabazas "de vino", a la derecha "de embudo".

Calabazas de porrón (Juviles).

Cantimploras, con calabazas "de vino" y cordel de esparto.

2 Calabaza "de embudo pequeña"

Descripción. Forma calabazas iguales que las de la variedad anterior, pero de menor tamaño (4-5 cm de ancho y 5-10 cm de alto).

Consumo. No se consumen, se prefieren para hacer envases.

Origen y muestras obtenidas. Recientes de Cástaras. Se sigue cultivando también en Lobras.

Calabaza de embudo pequeña (Juviles).

3. Calabaza "de embudo"

Descripción. Forma calabazas con un único ensanchamiento apical de unos 15-18 cm (puede llegar a los 20 o 25) y un "cuello" estrecho y muy alargado. Afecta particularmente el modo de cultivo en la forma final del fruto: si se dejan los frutos colgando desde la mata (sobre una valla, árbol, etc.), el cuello es recto. Si se apoyan en el suelo, generalmente el cuello es curvo.

Consumo. No se utiliza en alimentación, Se usaban como recipientes, embudos, cazos, etc.

Origen y muestras obtenidas. Recientes de Lanjarón y Cádiar.

Calabazas de embudo.

4. Calabaza "de embudo larga" o "calabacín", "calabaza larga"

Descripción. Forma frutos muy alargados, sin estrechamiento notorio. Son cilíndricos, algo ensanchados en la base y estrechados gradualmente hacia el ápice. Pueden llegar a los 8-10 cm de ancho y 70-90 cm de largo.

Consumo. Se pueden consumir cuando son pequeñas (Juviles), pero generalmente se emplean para hacer desde instrumentos musicales, hasta embudos o cantimploras.

Observaciones. Los nombres son diversos: "embudo largo" (Cástaras) o "calabacín" (Juviles).

Origen y muestras obtenidas. Recientes de Cástaras. Anteriores de de Juviles.

Calabazas "de embudo larga".

Género *Luffa*

Hierbas anuales, monoicas, con tallos trepadores, con zarcillos. Hojas grandes, simples, alternas, orbiculares, de lobuladas a palmatipartidas, de base cordiforme. Tallos robustos, angulosos, pubescentes, con zarcillos. Flores masculinas y femeninas separadas, de color amarillo brillante. Las masculinas nacen en racimos sobre pedúnculos de 6-17 cm de longitud, y suelen estar agregadas cerca del ápice. Con 5 estambres largos, lisos con líneas longitudinales de color verde oscuro. Flores femeninas con ovario ínfero. Forman un fruto característico, cilíndrico, alargado, muy fibroso, de tamaño variable. Semillas 1-2 cm de largo y 0,8 cm de ancho, con ala marginal estrecha y lisa, anchamente elipsoides, comprimida longitudinalmente, rugosas en la superficie.

Género con unas 9 especies aceptadas, de las que sobre todo se cultivan dos en las zonas tropicales y subtropicales del mundo: *Luffa acutangula* (L.) Roxb. y *L. aegyptiaca* Mill. (= *L. cylindrica*). En la Alpujarra se cultiva únicamente *Luffa aegyptiaca*, denominada principalmente "calabaza de esponja".

Luffa aegyptiaca Mill. **Calabaza de esponja**

Descripción. Forma frutos cilíndricos, algo estrechados en su base, con el cáliz marcado en el ápice y ligeramente acostillados, de piel verde.

Origen. El género es originario del paleotrópico (trópicos africano y asiático).

Manejo. Ver lo comentado en las calabazas del género *Lagenaria*.

Sobre plagas y enfermedades. Ver lo comentado en las calabazas del género *Lagenaria*.

Diversidad. No parecen diferenciarse variedades distintas entre las que se cultivan, o semillas que se comercializan.

Consumo. El fruto inmaduro puede ser consumido de forma similar a un calabacín, pero lo frecuente es dejar que madure para usarlo a modo de esponja vegetal, gracias al esqueleto fibroso que forman.Se usan tanto como esponja de baño como estropajo para la cocina.

Origen y muestras obtenidas. Recientes de Cástaras, Órgiva y Pórtugos. Anteriores de Laroles y Juviles. También se ha constatado su cultivo actual en Lobras.

Observaciones. Se cultiva de forma puntual en la Alpujarra, al menos desde hace unos 30 años.

Calabaza de esponja. Cultivo (Órgiva).

Calabaza de esponja. Semillas.

Género *Sechium*

Género americano de plantas perennes trepadoras, herbáceas, monóicas. Forma frutos medianos a grandes, ovoides o elipsoides, surcados o a veces acostillados, lisos o espinosos, con una sola semilla grande en su interior. Se cultiva una especie, *Sechium edule* (Jacq.) Sw., conocida en Hispanoamérica por chayote, papa de aire o huisquil, que es también cultivado puntualmente en la Alpujarra.

Sechium edule (Jacq.) Sw. **Papa de aire, chayote**

Especie de cultivo procedente de Mesoamérica, típica en la alimentación de los pueblos indígenas de este territorio. Se cultiva en la Alpujarra de forma puntual, pues no forma parte de la gastronomía local. Se ha constatado su cultivo en Órgiva, Cádiar, Yégen y Lobras, tanto por pobladores de origen extranjero como locales.

Papas de aire.

Papas de aire, cultivo. (Órgiva).

Género *Citrullus*

Hierbas anuales o perennes, monoicas, prostradas o trepadoras, con zarcillos simples o ramificados. Hojas alternas, muy divididas. Flores solitarias. Receptáculo con 5 segmentos (sépalos) estrechos y agudos. Corola campanulada o rotácea, con 5 lóbulos amarillos. Flores masculinas con 3 estambres libres. Femeninas con 3 estaminodios. Ovario peloso y con muchos óvulos. Fruto (pepónide) de casi esférico a elipsoide, indehiscente, carnoso, con numerosas semillas aplanadas. Género con unas 7 especies africanas, destacando *C. lanatus* (Thunb.) Matsum. & Nakai (sandía), ampliamente cultivada y con varias variedades y numerosos cultivares. En las zonas más áridas del sudeste de Andalucía se encuentra *C. colocynthis* (L.) Schrad. (tuera, coloquíntida), probablemente naturalizada de antiguos cultivos.

Citrullus lanatus (Thunb.) Matsum. & Nakai. **Sandía**

Descripción. Planta herbácea anual, rastrera o trepadora, con tallos pilosos con zarcillos. Hojas pecioladas, orbiculares con cinco lóbulos profundos muy marcados y borde lobulado, de color verde glauco. Flores unisexuales, de cinco pétalos amarillos, grandes, las masculinas con 5 estambres y las femeninas con tres carpelos soldados en el gineceo dando un característico fruto esférico a ovalado, de cáscara (epicarpo) lisa y color variable en función de las variedades. La pulpa es generalmente roja y de sabor dulce, con numerosas semillas negras pequeñas en su interior.

Origen. El origen geográfico de la sandía es el noreste de África, donde se domesticó para su consumo tanto para agua (el fruto tiene más de un 90% de agua) como para alimento, hace aproximadamente unos 4000 años. Los melones dulces de postre parecen haber emergido en la cuenca mediterránea hace unos 2000 años (Paris, 2015). Parece ser que fueron los musulmanes los que introdujeron el cultivo en la Península Ibérica en torno al s. X. Ibn al Awam la cita, especificando la manera de ser cultivadas, así como las fechas y labores (Al Awam, 1999).

Manejo. Se cultiva de forma muy similar al melón, aunque requiere de más riego y humedad. Se siembra a inicios de mayo a golpes, directamente en el terreno destinado a su cultivo, previamente abonado y regado. Se entierran 3 o 4 semillas por golpe a unos 3 a 5 cm de profundidad, se tapa el hoyo y se riega abundantemente. Al igual que el melón, hay quien la siembra "a golpe de trueno" (echando tierra seca sobre el hoyo regado; Romero *et al.*, 2008) para que suba ligeramente la temperatura. Los hoyos se separan bastante, entre el metro y metro y medio, porque la planta crece mucho. También se siembran en caballones, espaciando los hoyos algo menos y dejando una buena distancia entre caballones de aproximadamente metro y medio, porque los frutos no deben tocar el agua. Para ello, una vez la flor ha sido polinizada y se ve la formación del fruto, éste se pone en las zonas elevadas del caballón para que no toquen el agua y, a veces, se elevan con piedras (Romero *et al.*, 2008). Hoy en día es más frecuente el uso de sistemas de riego por goteo, con los que el manejo es más sencillo que el sistema tradicional descrito.

En cuanto a las labores a realizar, además del desherbado a mancaje o azadilla hasta que crecen las matas, es importante controlar el riego. Suelen regarse bastante hasta que nacen y cuando las matas son pequeñas, pero se elimina o reduce el riego una vez la planta ha florecido y, en verano, se dan riegos muy espaciados. También hay variedades que se cultivan en secano. Generalmente se despuntan las ramas para evitar el desarrollo apical y favorecer el engrosado de los frutos. Se recolectan a lo largo del verano y hasta el otoño, una vez que el agricultor estima, mediante métodos diversos (similar al caso del melón), como palpar para ver la consistencia del fruto, golpear para apreciarel sonido, u observar la consistencia y vellosidad del pedúnculo. Se conservan las semillas de los frutos seleccionados, que se limpian y secan al sol antes de guardarse.

Sobre plagas y enfermedades. Es susceptible de tener pulgones (o "piojos"), mosca blanca, trips, insectos minadores de las hojas, araña roja, y enfermedades por hongos como oídio, cada una con un método específico de tratamiento (Reche Mármol, 2000).

Consumo. Todas las sandías se consumen generalmente como postre o fruta de mesa.

Diversidad. Las variedades de sandía son numerosas, tanto híbridas comerciales como variedades locales. Se diferencian y se nombran por la forma; alargadas-ovaladas, llamadas "largas" o esféricas, llamadas "redondas". Según su color hay verde oscuro, que se llaman "negras", verde claro "blancas" y a rayas (verde claro con rayas más oscuras) llamadas "rayás" (rayadas). Así puede haber "sandía redonda negra" o "sandía larga rayá". Cuando no se especifica la forma, suele ser redonda (más frecuente) y cuando no se menciona el color, suele ser "negra" (verde oscuro). También es frecuente aludir al color de la carne (de rojo intenso a rosado) y su sabor (más o menos dulce) para su descripción, aunque no para denominar la variedad. El nombre de sandía "antigua" se refiere a variedades tradicionales que se cultivan y conservan desde hace mucho tiempo, a diferencia de las comerciales o "modernas". Hay un tipo de sandías que requieren poca agua para su cultivo, se denominan "de secano", es necesario conocer ciertas técnicas de manejo para poder cultivarlas exitosamente con muy poca agua.

Variedades locales

1. Sandía "de secano", sandía larga

Descripción. Planta que da frutos alargados, ovalados, no esféricos, con piel decolor verde oscuro y rayas más claras verde-amarillentas. Las semillas son de tamaño grande (long > 1 cm) Pertenece al grupo de sandías llamadas "largas" y *"rayás"*, también se conocen sandías "de secano" de color verde oscuro, sin rayas ("negra larga").

Origen y muestras obtenidas. Recientes de Nieles y Cádiar. Anteriores de Cádiar y Mairena.

Observaciones. La descripción procede de la información aportada por las personas que entregaron las semillas, no se ha observado. Parece tratarse de las sandías más "antiguas" de la zona, y eran cultivadas antes de la llegada de otras variedades introducidas posteriormente, como la sandía "redonda negra". Se cultiva en secano, ayudada generalmente por un primer riego, a veces también otros dos o tres más hasta que florece. Suelen cultivarse cerca de la huerta pero en lugares donde no se riega normalmente, aprovechando balates o zonas improductivas.

Semillas de la sandía "de secano".

2. Sandía "negra" o "negra redonda"

Descripción. Da frutos de piel verde muy oscura ("negra") uniforme y forma esférica, con la carne rojo intenso (descripción de informante).

Origen y muestras obtenidas. Recientes de Capileira. Anteriores de Júbar y Mairena.

Observaciones. Existen muchas variedades comerciales de este tipo. Es considerada variedad local por los que la cultivan y conservan sus semillas. Las variedades comerciales más cultivadas actualmente (triploides) no suelen producir semillas o no son viables.

Sandía redonda "negra". Cultivo.

3. Sandía "blanca redonda"

Descripción. Planta que da frutos esféricos, de tamaño medio, con piel verde claro tirando a blanquecina con pintas o zonas más claras. Carne rojo pálido, con muchas semillas. Muy sabrosa y dulce según informantes. Se cultiva en regadío.

Origen y muestras obtenidas. Anteriores de Mairena.

Observaciones. La descripción ha sido facilitada por la persona que las cultivó, no se ha observado.

4. Sandía "rayá"

Descripción. Planta con frutos esféricos, de tamaño medio (10-12 cm de diámetro) para las sandías modernas, con piel de fondo verde claro con rayas más oscuras. La carne tiene un color rojo pálido. Muy sabrosa y dulce. Considerada una variedad "antigua" en la Alpujarra.

Observaciones. También hay variedades alargadas de sandía rayada.

Origen y muestras obtenidas. Capileira.

Sandía "rayá redonda" (Capileira).

Sandías rayadas, "larga" y "redonda". (Finca Los Morales).

Otras variedades

Es frecuente comprar las plantas en tiendas y almacenes agrícolas y cultivar muchas variedades comerciales, híbridas. Algunas producen semillas (son diploides) y otras, cada vez más cultivadas, no las producen (híbridos triploides). Entre las más frecuentes podemos nombrar: "sugar baby" (tipo "redonda negra"), "crimson sweet" (redonda rayada), "klondike"(rayada larga), "reina de corazones" (redonda rayada), "fashion" (redonda negra), etc.,

Las sandías sin semillas son fruto de plantas triploides, surgidas a partir de los años 1980 (Reche Mármol, 2000). Estas plantas comerciales suelen cultivarse en invernadero y requerir de abejas o abejorros para su polinización.

Género *Cucumis*

Hierbas anuales o perennes, monoicas o dioicas, a veces con flores perfectas. Tallos postrados o trepadores, con zarcillos (ausentes en algunas especies), en general uno en cada nudo. Hojas de contorno orbicular, con bases cordadas o hastado-sagitada, enteras o 3-7-palmatipartidas. Flores pequeñas o medianas, las masculinas solitarias o en monocasios, con segmentos del cáliz subulados y corola amarilla, con los 5 segmentos triangulares de ápice agudo, unidos cerca de la base. Flores masculinas con 5 estambres (2+2+1) cortos con los filamentos unidos al tubo del receptáculo. Las flores femeninas solitarias, en general, con perianto similar y frecuentemente con 3 estaminodios. Ovario liso y densamente pubescente, a veces con setas, tubérculos o acúleos. Fruto indehiscente (pepónide), de cilíndrico a subgloboso, de liso y pubescente a glabro, reticulado-tuberculado o con tubérculos, pústulas o espinas. Epicarpo endurecido externamente, en general amarillo en la maduración o verde y rayada longitudinalmente. Semillas lisas, blancas o amarillentas, aplanadas, ovadas a elípticas. El género comprende unas 30 especies de distribución paleotropical, la mayoría africanas y algunas del sureste asiático. Se cultivan desde antiguo el melón (*C. melo* L.) y el pepino (*C. sativus* L.), y algunas otras especies se han extendido como hierbas invasoras. Otras especies como el kiwano (*C. metuliferus* E. Mey) se han incorporado recientemente como fruto exótico.

Cucumis melo L. **Melón**

Planta herbácea anual, rastrera o trepadora con zarcillos. Hojas vilosas a híspidas, con pecíolo de tamaño muy variable, orbiculares y de base cordada, a veces con tres lóbulos escasamente marcados y nerviación prominente. Frutos grandes, de hasta varios kilos de peso, de contorno circular a ovalado, de cáscara (epicarpo) lisa o reticulada en función de las variedades, y de color variable. La pulpa puede ser blanca, amarilla, cremosa, anaranjada, asalmonada o verdosa. Semillas oblongas, amarillentas

Origen. El origen geográfico y de domesticación del melón ha sido dudoso, con África y Oriente Medio como zonas más probables. Las revisiones recientes señalan más probablemente África tropical o subtropical, donde existen diversos parientes silvestres, y apuntan a un proceso de domesticación, cultivo e hibridación de especies silvestres en la naturaleza en esta zona (Kerje & Grum, 2000), aunque también las hay en Asia y Australia.

Manejo. Cultivado en zonas de clima relativamente cálido con escasa humedad. Sensible a las heladas primaverales, suele detener el crecimiento por debajo de los 12 grados (Japón Quintero, 1981). En la Alpujarra se siembra generalmente a primeros de mayo en las zonas bajas, algo más tardío en las altas, en hoyos previamente abonados y regados, echando 3 o 4 semillas por hoyo. Algunos lo siembran "a golpe de trueno", echando sobre el hoyo regado tierra seca (Romero *et al.*, 2008) para que suba ligeramente la temperatura. Los hoyos se separan entre el metro y metro y medio. También se siembran en caballones, espaciando los hoyos algo menos y sobre todo, dejando una buena distancia entre caballones. Los frutos no deben estar en contacto con el agua (parte inundable del surco) y a veces se elevan sobre piedras o cartones. Además del desherbado a mancaje o azadilla, hay quien realiza despuntes de las ramas para evitar el desarrollo apical de la misma y favorecer el engrosado de los frutos. Se recolectan desde agosto a septiembre, una vez que el agricultor estima, mediante métodos diversos, como palpar la parte basal del fruto, oír el sonido del interior al golpearlo suavemente, o según la consistencia del pedúnculo.

Para guardar semillas, se selecciona un melón que tenga, sobre todo, buen sabor, además de tamaño y otras características morfológicas adecuadas. Las semillas se separan, lavan, secan y almacenan para volver a sembrarlas más adelante.

Sobre plagas y enfermedades. Susceptible de ser afectada por plagas como araña roja (*Tetranychus urticae*) y pulgones (*Aphididae*), así como enfermedades fúngicas como mildiu (*Pyhtophtotora spp.*) y las producidas por *Verticillium spp.* o *Fusarium spp.* La enfermedad más común en todas las cucurbitáceas es el oidio o "ceniza" (*Erysiphe cichoracearum, Podosphaera xanthii*), que suele aparecer desde mediados de agosto en adelante y suele tratarse con azufre en polvo. También existen virus que les afectan. En las huertas tradicionales, en general, no se considera un cultivo delicado.

Diversidad. Las variedades de melón se pueden clasificar de diferentes formas, una de ellas (Serrano Cermeño, 1977), propone cinco grandes grupos:

a. cantalupo

b. bordados o reticulados (tipo "piel de sapo")

c. azucarados

d. de invierno

e. híbridos

Desde el punto de vista botánico se distinguen 3 variedades (Condés y Hoyos, 2008) que dan lugar a diferentes tipos varietales:

Variedad de *Cucumis melo* L.	Tipos varietales	Forma del fruto
var. *cantalupensis*	*Cantalupo* *Coca* *Galia*	Globosos, esféricos
var. *saccharinus*	*Piel de sapo* *Tendral (de invierno)* *Amarillo* *Rochet*	Ovales a elípticos
var. *flexuosus*	*Alficoz*	Muy alargados (serpentiformes)

Los tipos de "piel de sapo", "tendral" y "rochet" se consideran un grupo conocido como "melón español".

Los principales criterios de selección, por parte de quienes los cultivan y consumen son el sabor y dulzor de la carne del fruto, su color y textura, el color, aspecto y grosor de la piel, la forma del fruto, el tamaño o peso, así como aspectos agronómicos como la precocidad, o la resistencia a plagas y enfermedades. Para denominar las variedades, se usan criterios como el color y la forma; p. ej. "redondo amarillo", otras veces se recurre a tipos da amplia distribución como "piel de sapo" o, a veces, por sus características, como el melón "de invierno", que aguanta mucho tiempo sin pudrirse. Como en otros cultivos, se utiliza el término "antiguo" o "del terreno" para aludir a que se llevan cultivando mucho tiempo en el territorio y diferenciarlos de las variedades "modernas", de reciente introducción. Por otra parte, muchas veces las muestras son conservadas con el nombre de "melón" sin añadir tipo o nombre varietal.

En cuanto a los criterios para la descripción de los frutos se usan generalmente: la forma, tamaño, color, rugosidad, y color de la carne. El "escriturado" hace referencia a la presencia de pequeñas estrías superficiales que se distribuyen por la piel formando un patrón más o menos regular. El término "escrito" también se usa informalmente para hacer referencia al patrón de color, presentando, por ejemplo, manchas verdes oscuras sobre fondo verde claro o amarillento. Salvo mención expresa, usaremos el término con la primera acepción.

Semillas de melón "piel de sapo".

Variedades locales

1. Melón "coca", "coca amarilla", "amarillo redondo" o "calabacilla"

Descripción. Frutos globosos, casi esféricos, de tamaño pequeño (hasta unos 12-15 (20) cm de largo) y de piel verdosa - amarilla dorada característica, lisa (o muy poco rugosa), con escriturado medio e irregular. Carne blanquecina y sabor muy dulce. Olorosos. En algunas localidades recibe el nombre de "calabacilla" (Yégen), sobre todo cuando presentan escriturado.

Consumo. Como otras frutas, normalmente de postre.

Observaciones. Existe una gran variabilidad de este grupo de melones en otras zonas de la provincia (Benítez *et al.*, 2010), sobre todo atendiendo a la rugosidad de la piel, si están más o menos escriturados ("calabacilla") y al contorno, más esféricos o algo alargados.

Origen y muestras obtenidas. Capileira, Pampaneira, Lanjarón, Yégen.

Melón "coca" o "amarillo redondo" (Capileira).

2. Melón "escrito"

Descripción. Frutos de ovalados a elípticos, de piel verde oscura con algunas manchas de color verde claro amarillento, escriturado muy abundante con patrón reticular. La carne es blanquecina o ligeramente amarillenta y el sabor es muy dulce.

Consumo. Como otras frutas, normalmente postre.

Observaciones. Dentro de los melones "escritos", existe variabilidad en la forma (más o menos elíptica).

Origen y muestras obtenidas. Recientes de Capileira. Anteriores de Mairena.

Melón "escrito".

Melón "escrito".

3. Melón "de invierno", "melón arrugao"

Descripción. Frutos alargados, con forma oval a elíptica con piel verde oscura muy rugosa, no escriturado. Corteza gruesa y dura. Carne amarillenta o blancuzca. Sabor bastante dulce. Tipo "tendral".

Consumo. Como otras frutas, generalmente de postre.

Origen y muestras obtenidas. Anteriores de Laroles.

Observaciones. Melones que se conservan bien. Se guardan en alacena o en la cámara, en lugares secos y sombríos o en cajas con paja y se reservan para su consumo en invierno. Aguantan varios meses, hasta Navidad o incluso hasta primavera, cuando se pueden volver a sembrar. Se han cultivado y multiplicado las semillas (recogidas en 2007), tanto en la finca experimental Los Morales, como por parte de agricultores alpujarreños a los que se les entregaron.

Melón de invierno, cultivo (finca Los Morales).

Melón de invierno (Capileira).

4. Melón "piel de sapo"

Descripción. Frutos alargados, elípticos u ovales, de color verde claro, con manchas irregulares de color verde oscuro. Piel lisa o poco rugosa, corteza delgada no acostillada y escriturado leve (o ausente). La carne también es blanquecina, más amarillenta hacia el centro.

Consumo. Como otras frutas, habitualmente como postre.

Observaciones. Es uno de los tipos varietales más comunes apreciados y ampliamente cultivados. Tanto en la Alpujarra como en otros territorios. Existen variantes dentro de los melones "piel de sapo" (diferentes patrones de color, escriturado, forma etc.). Se han repartido semillas de las muestras conservadas desde 2007, que han sido multiplicadas por agricultores de la Alpujarra. Las muestras cultivadas ofrecen heterogeneidad en los frutos, como ocurre con muchas variedades locales.

Origen y muestras obtenidas. Anteriores de Cádiar, Laroles y Mairena.

Melón "piel de sapo" (Capileira).

5. Melón "culo peseta", "de peseta"

Se caracteriza por presentar una cicatriz redondeada en el ápice del fruto. Es una de las variedades que se consideran más antiguas. Existe poca información sobre esta variedad, cuyo cultivo parece haberse perdido en la actualidad. Era bastante cultivado en el municipio de Alpujarra de la Sierra (zona de Mairena-Júbar).

Origen y muestras obtenidas. Anteriores de Mairena.

6. Melón "amarillo"

Se trata de un melón oval-elíptico, amarillo-verdoso, piel lisa o poco rugosa, no escriturado. Sabor dulce. Esta es la información que nos traslada la persona que los conserva y cultiva desde antiguo, en Cástaras.

Origen y muestras obtenidas. Recientes de Cástaras.

Otras variedades

Se cultivan otras variedades, procedentes de semillas o plantas que se comercializan habitualmente, sobre todo del tipo "piel de sapo", con nombres comerciales como "piñonet", "papiro", "torpedo" etc. También se comercializan y cultivan melones tipo "amarillo", "galia", "rochet", etc.

Cucumis sativus L. **Pepino**

Planta herbácea anual, rastrera, con zarcillos, de tallo anguloso y peloso. Hojas cordadas ovaladas, largamente pecioladas y de lámina con tres a cinco lóbulos ligeramente marcados, pilosas por ambas caras. Es una planta monoica, por lo que tiene flores masculinas y femeninas en el mismo pie, las primeras acampanadas, en fascículos, con 3 estambres y pétalos pilosos soldados en tubo de unos 2-3 cm de diámetro. Las femeninas son solitarias o en fascículos, con pedicelo de 2 cm y pétalos similares a las masculinas. Forman un fruto en baya (pepónide), oblongo, cilíndrico.

Origen. Del sur de Asia, probablemente domesticada en la India, donde se cultiva desde hace más de 3000 años. Desconocida por griegos y romanos seguramente llegó a Andalucía en el siglo IX (Paris *et al.*, 2012).

Manejo. Se cultiva de forma similar al melón, sembrando en mayo a golpes con 2 o 3 semillas en cada golpe y dejando éstos espaciados, 1 a 1,5 m aproximadamente. A veces se añade estiércol (compostado) en cada hoyo. También se cultivan en hileras, en caballones, más o menos con la misma separación. Pueden dejarse crecer rastreros, o hay quien los levanta sirviéndose de mallas o entutorándolos con cañas. En cultivos profesionales suele cultivarse entutorado para facilitar la recolección. Debe desherbarse como todo cultivo y también es importante que los frutos no toquen el suelo húmedo para evitar pudrición.

Para conservar las semillas suelen dejarse algunos, de los primeros que salen, que no se recolectan hasta que tornan a amarillo y engrosan mucho. Entonces se cortan y se secan al sol. Muchos agricultores guardan estos pepinos secos enteros de una temporada a otra, sin extraer las semillas hasta el momento de volver a sembrar. Si se extraen, se lavan, se secan y se guardan en lugar fresco y seco.

Sobre plagas y enfermedades. Es susceptible de tener sobre todo oídio (ceniza), aunque pueden también sufrir de araña roja, pulgones, mildiu y otros hongos. Suele tratarse con azufre para evitar estas afecciones.

Consumo. Generalmente en ensaladas o solos, normalmente aliñados.

Diversidad. Existen muchas variedades de cultivo, que pueden agruparse en tres categorías:

1. Pepino corto (tipo español), de pequeño tamaño (hasta de 15 cm), con piel verde con rayas de color amarillo o blanco que se consumen en fresco o encurtidos.

2. Pepino medio largo (tipo francés): con una longitud de 20 a 25 cm, subdividido en frutos con espinas y piel lisa.

3. Pepino largo (tipo holandés), que llegan a los 25 cm de longitud y su piel es lisa y más o menos surcada, con contorno no circular sino irregular.

Los pepinos de variedades locales, como ocurre con otras hortalizas, suelen denominarse haciendo referencia al tiempo que se llevan cultivando o a la característica "local" de la variedad. Se emplean nombres como "antiguos", "autóctonos", "de terreno" o "del abuelo". Normalmente encajan en el tipo "español"; más pequeños y algo más pinchosos que los de variedades "modernas" (más grandes y lisos, tipo "francés" u "holandés"). Es frecuente que los agricultores no empleen ningún calificativo llamándolos simplemente "pepino", aunque se estén refiriendo a variedades tradicionales. En la actual colección de semillas de la Universidad de Granada, existen 8 muestras de "pepino" en las que no se indica la variedad. Si suele distinguirse, cuando presentan alguna peculiaridad morfológica o de color ej. "pepino blanco" (color verde claro - amarillento blancuzco). A veces también se indica la localidad de procedencia para distinguirlo como "pepino de Cástaras".

Los caracteres morfológicos que se suelen tener en cuenta para describir o diferenciar pepinos son el tamaño, piel rugosa/lisa y si es más o menos pinchoso (presencia de espinas). Es frecuente que los frutos presenten heterogeneidad en los caracteres, incluso de la misma planta.

Semillas de pepino "del terreno" en Capileira.

Variedades locales

1. Pepino "del terreno", "autóctono", o "del abuelo"

Descripción. Los frutos son de forma alargada, grosor medio (16-18 (20) x 3-5 cm), con la piel verde clara, lisa con pinchos cortos al final de unas protuberancias muy marcadas al principio, y poco marcadas cuando el fruto engorda, de áspero al tacto y con carne blanquecina, verdosa.

Observaciones. Los pepinos tradicionales son muy apreciados y cultivados. Es llamativo que mantienen cierto amargor, algo que es bien valorado por muchos agricultores que lo prefieren a las variedades más modernas (incluso de tipo "español") que se han seleccionado al parecer para ser más dulces. Las personas que lo consumen aliñado en crudo valoran este ligero amargor.

Origen y muestras obtenidas. Capileira.

Pepino "del terreno" (Capileira).

Pepino "del abuelo" para semilla en Capileira.

2. Pepino "antiguo", "pinchoso", "de Cástaras", "corto"

Descripción. Del grupo "español" es una variedad antigua en la zona, de piel más rugosa y con pinchos más prominentes, frutos asurcados de sección no circular, carne blanca-verdosa y sabor ligeramente amargo. Los caracteres morfológicos se presentan de forma heterogénea en las muestras cultivadas, apareciendo en los frutos, distintos grados de acostillado, rugosidad y más o menos pinchosos.

Origen y muestras obtenidas. Recientes de Cástaras y Nieles. Anteriores de Cádiar, Cástaras, Laroles, Mairena y Nieles.

Observaciones. Es una de las variedades más comunes y apreciadas. Cultivada en Capileira y en la finca experimental a partir de semillas recogidas anteriormente (Romero *et al.*, 2008). Este tipo de pepinos se conservan en otros territorios, por ejemplo, en el *Altiplano de Granada* donde se le llama "del país" y es muy bien valorado. El nombre varietal "pepino corto" se emplea en este tipo de pepinos, normalmente de menor longitud.

Pepino "de Cástaras" cultivado en Capileira a partir de semillas recogidas en 2007.

3. Pepino "blanco"

Descripción. Se trata de un pepino de piel lisa en que predominan los colores claros (verde claro-amarillento).

Origen y muestras obtenidas. Anteriores de Alcútar.

Observaciones. Ha sido referido por parte de informantes en cortijos de la sierra de la Contraviesa, aunque no se han recogido semillas.

Pepino "blanco" (de Alcútar), cultivo (Finca los Morales).

Otras variedades

Pepino "verde", "Granada"

Descripción. Pepino verde y más ancho, bastante regular, de piel lisa, poco pinchoso, no acostillado. Tipo francés.

Observaciones. Apreciado por su sabor "dulce", que no amarga. Por la descripción, parece corresponderse con la variedad "Granada" muy frecuentemente comercializada en almacenes y tiendas de productos agrícolas.

Origen y muestras obtenidas. Recientes de Lobras.

Pepino "Granada", tipo "francés" (arriba) y "corto", tipo "español" (abajo).

Se cultivan otras variedades, sobre todo en explotaciones comerciales, además del mencionado "Granada", las variedades de pepino tipo "holandés", muy alargada y de piel lisa y asurcada. También se ha observado el cultivo del kiwano o pepino africano (*C. metuliferus*), que se ha incorporado recientemente a algunos huertos alpujarreños, sobre todo por población de origen extranjero.

Cucumis sativus L. *(Cucurbitaceae)*

FAMILIA LEGUMINOSAS (FABÁCEAS)
Leguminosae, Fabaceae

Phaseolus vulgaris L. (Fabaceae)

Árboles, arbustos o hierbas anuales o perennes, a veces trepadoras, con o sin espinas. Ramas alternas u opuestas, con o sin alas. Hojas alternas u opuestas, estipuladas o no, pecioladas o sésiles, simples o compuestas —desde unifolioladas hasta bipinnadas, siendo frecuentes las trifolioladas— a veces reducidas a filodios; estípulas, libres o soldadas entre sí, y al pecíolo, a veces en forma de vaina que abraza al tallo; raquis de la hoja a veces terminado en espina, mucrón o zarcillo. Inflorescencias en racimos o espigas, terminales o axilares, rara vez panículas, o flores solitarias o geminadas que nacen de las axilas de las hojas —rara vez de las de los tallos del año anterior—. Flores pentámeras, rara vez tetrámeras, actinomorfas o zigomorfas, con hipanto o sin él, con o sin néctar. Sépalos generalmente soldados, a veces libres. Pétalos libres, generalmente en disposición papilionada, es decir, pentámera, con un pétalo superior o estandarte que envuelve a dos pétalos laterales o alas —o es envuelto por ellos—, y éstas, a otros dos pétalos inferiores que en su conjunto forman la quilla —a veces es la quilla la que envuelve a las alas—, rara vez sin pétalos o con éstos soldados. Androceo, en general, con doble número de estambres que piezas de la corola, a veces —por reducción— con el mismo número o, por desdoblamiento, con estambres numerosos. Muchas de las especies con estambres monadelfos o diadelfos. Gineceo súpero, con un solo carpelo, rara vez con varios carpelos libres. Fruto; legumbre, a veces carnosa, con tabiques longitudinales, transversales, o sin tabiques, a veces articulada (lomento), rara vez alada; dehiscencia ventral y/o dorsal o, incluso, legumbre indehiscente. Semillas de 1 a numerosas, con o sin estrofíolo, con endospermo o sin él.

Constituye una de las mayores familias de angiospermas, con cerca de 800 géneros y 20.000 especies de distribución cosmopolita, aunque son más frecuentes en las regiones tropicales y subtropicales. La familia está constituida por tres subfamilias: *Mimosoideae*, *Caesalpinioideae* y *Papilionoideae*. Todas las especies son fijadoras de nitrógeno atmosférico gracias a unas bacterias simbiontes que viven en los nódulos de las raíces, lo que hace que los suelos donde habitan sean más fértiles. Tienen gran importancia, tanto ecológica (constituyendo paisajes típicos, favoreciendo el desarrollo de la vegetación, etc.) como económica: forestal, ornamental, forrajera, alimenticia (semillas o legumbres comestibles, aceites), obtención de tintes y principios activos medicinales.

Género *Phaseolus*

Hierbas anuales, plurianuales o perennes, trepadoras, postradas o erectas, a menudo cubiertas de pelos glandulares y uncinados (ganchudos). Hojas trifolioladas, grandes, con folíolos enteros o lobulados y con estípulas persistentes de triangulares a lanceoladas, a menudo pubescentes, no prolongadas debajo del punto de inserción. Pecíolos, en general, más largos que el raquis, ambos canaliculados. Inflorescencias en pseudoracimos axilares, pauci o multifloras insertados en los nudos, más o menos hinchados, con brácteas de ovadas a lanceoladas. Pedicelos generalmente más largos que el cáliz, arqueados en el fruto. Cáliz bilabiado, con los 2 dientes superiores parcialmente soldados, campanulado o algo tubuloso, con bracteolas a veces mayores que el cáliz, o sin ellas. Corola de color azul, púrpura, violeta, amarillo o blanco, con quilla linear u obovada, enrollada. Estambres 10, diadelfos. Ovario con disco nectarífero en la base y 1 a 20 primordios seminales. Estilo engrosado la porción distal y enrollado. Legumbre de 1 a pluriseminada, de linear a oblonga, comprimida o cilíndrica, más o menos dehiscente, con valvas finas o subcoriáceas. Semillas de oblongas a reniformes, lisas o tuberculadas, variables en color, con estrofiolo.

Género de distribución americana, del sur de Estados Unidos hasta Argentina, algunas de sus especies se cultivan extensamente por el consumo de frutos y semillas, destacando *P. vulgaris* (fríjoles, habichuelas, alubias).

Phaseolus vulgaris L. **Habichuela, judía, alubia, habilla, habillón**

Plantas herbáceas, a menudo con tallos volubles, altos (crecimiento indeterminado); o bien de porte bajo y erecto (crecimiento determinado), con pelos rectos, glandulares y uncinados. Hojas opuestas y simples en el segundo nudo del tallo, el resto de hojas son alternas y trifoliadas, con pequeñas estípulas en la base del pecíolo; pecíolos generalmente más largos que el raquis; foliolos de redondeados a truncados en la base, el terminal ligeramente más largo que los laterales. Inflorescencias en pseudorracimos axilares insertados en los nudos. Dos a seis nudos bifloros a lo largo del eje. Cáliz bilabiado. Corola de color blanco o lila más o menos intenso; estandarte emarginado; alas en parte enrolladas y plegadas, quilla con los pétalos enrollados en espiral. Estambres diadelfos. Ovario con estilo largo, enrollado y con el estigma peludo. Legumbre de forma, color y consistencia muy variable. Su longitud varía con la cantidad y la separación de las semillas (de 6 a 25 cm.). En estado inmaduro pueden tener una sección plana, oval, redonda, o redondo-aplanada, y de color amarillo claro, verde, verde con estrías rojas, verde con estrías violeta, rojizo o violeta. Semillas arriñonadas, cilíndricas u ovoideas redondeadas, de color variable (negro, violeta, rojo, marrón, blanco). El color puede ser uniforme, mezclado en grandes zonas, o abigarrado en forma de manchas irregulares o en arcos de círculo (Egea y Egea, 2013).

Origen. El género *Phaseolus* es nativo de la región Neotropical de América. Las especies silvestres se dispersaron tanto hacia el norte como hacia el sur para formar dos reservas genéticas geográficamente distintas en Centroamérica y el sur de los Andes. Cinco especies fueron domesticadas: *P. coccineus* L., en México; *P. vulgaris* L., tanto en Centroamérica como en Sudamérica, probablemente a partir de al menos dos domesticaciones independientes; *P. lunatus* L., que también parece haber sido domesticada independientemente en México y Perú; *P. acutifolius* A. Gray, en México y *P. polyanthus* Greenman (Koutsika-Sotiriou y Mavrona, 2008).

La mayor parte de las variedades que se encuentran en Europa, que son del tipo andino de semillas más grandes, probablemente llegaron a Europa a través de la Península Ibérica a principios del siglo XVI, en 1534 para *P. vulgaris* y 1550 para *P. coccine*us). En Europa, las judías verdes se extendieron rápidamente en los siglos XVI y XVII, llegando a Inglaterra en 1594. Después de 1500, Phaseolus se extendió hacia el este por la cuenca mediterránea de Europa y hacia Europa central. En el siglo XVII, las judías se cultivaban en toda Italia, Grecia, Turquía e Irán (Koutsika-Sotiriou y Mavrona, 2008).

Desde entonces se han desarrollado gran cantidad de variedades locales adaptadas tanto al clima y suelo del lugar, como a los gustos y necesidades de las personas que las consumen.

La judía o habichuela es un cultivo originario de Centro y Sudamérica, donde se viene cultivando desde hace más de 6000 años. En el siglo XVI, fue traída a Europa por los españoles y su cultivo se extendió de forma que llegó a desplazar casi por completo a las habichuelas que se cultivaban hasta entonces en el "viejo mundo" (*Vigna* spp.).

Hemos considerado variedades locales las que, según el registro oral de los informantes, llevan al menos una o dos generaciones siendo cultivadas en la comarca. Algunas de ellas también están presentes en otras zonas de España, donde también se han considerado variedades locales con este criterio (Lázaro *et al.*, 2016; Navalón Fernández, 2015).

Manejo. De forma general se realiza siembra directa en suelo, a finales del mes de mayo, según recoge el dicho local: "*se siembra en mayo, pero que no lo vea*", aunque se pueden realizar varias siembras; desde una primera siembra "temprana" a final de marzo y abril, hasta "las tardías" a principio de julio. Este calendario escalonado de siembra obedece a varios factores; altitud (microclima) de la finca, precocidad de la variedad (hay variedades de ciclo más lento que otras) y destino del fruto (para verdeo se necesita menos tiempo que para secas). Si parece existir consenso en evitar la siembra en mayo, excepto, como comentan "si *no lo ven*". El suelo se riega con anterioridad para que esté húmedo al momento de la siembra (*que tenga jugo*). La siembra se hace "a golpes", enterrando en hoyos poco profundos (*golpe de mancaje*) 3 o 4 granos y separando los hoyos entre 30 y 50 cm en cada línea. Generalmente no se riega hasta que han nacido, para no apelmazar la tierra. Si el suelo tiene "buen jugo", suele ser suficiente para que nazcan. Tardan unos diez días, si se observa que tardan más, conviene regar y posteriormente romper la costra rastrillando, en caso de que se forme.

Una vez han nacido, se deshierban con el mancaje y, si son de mata alta, se preparan las cañas o tutores. En las fincas profesionales hay estructuras de metal o madera preparadas al efecto, similares a invernaderos pero con malla y no con plástico, con traviesas y alambres horizontales de los que cuelgan cuerdas para el entutorado de las plantas. Tradicionalmente suelen usarse cañas, y el método es variable; hay quien coloca las cañas en líneas, atando travesaños a lo largo de un líneo de cultivo (como suele hacerse con los tomates), pero es más común hacer estructuras piramidales o *castillos*, atando en la parte superior cada 3 o 4 cañas, dependiendo del marco de siembra. También hay quien mantiene la costumbre, de origen mesoamericano, de cultivarlas junto al maíz para usar la caña de éste como tutor, esto suele hacerse cuando el destino es su uso en seco y no tanto para verdeo.

Dependiendo de las lluvias y la temperatura, se riegan más o menos entre una vez a la semana y dejando un espacio de hasta 10 días entre riegos; si es por goteo, los riegos son más frecuentes. Las variedades de "verdeo" se pueden empezar a recolectar a partir del mes y medio o dos meses desde la siembra, recogiéndose las vainas tiernas que ya tienen un tamaño adecuado. Si el destino es "para grano" suelen recolectarse en un solo momento, una vez que la mata empieza a secarse y tirar hojas, cuando las vainas y los granos están bien maduros. Se arrancan y se atan en manojos o *gavillas*, que se dejan secar unos días antes de sacar las semillas; antiguamente se llevaban a la era, donde se apaleaban o se trillaban con ayuda de animales de tiro para partir las vainas y permitir que salieran los granos. Luego se aventaban para separar grano de paja. Hoy en día se trata de cantidades menores, se suele envolver las matas secas en un fardo, que se apalea y se pisa para romper las vainas. Algunas habichuelas se recogen a media maduración, con semillas ya marcadas, pero vainas aun tiernas, en este caso, se pueden enristrar y dejar que se sequen para ir gastando durante todo el año. Las variedades de "de manteca" y "habillones" son apropiadas para este uso.

Para guardar semilla, si son para uso *seco*, se pueden escoger vainas (las mejores) antes de arrancar las plantas; o, cuando se están limpiando, seleccionar los granos de mayor tamaño con ayuda de una criba. En el caso de las variedades *de verdeo* hay que dejar unas cuantas matas para semilla, sin verdear. Las semillas seleccionadas, se guardan en talegas (bolsas de tela) o recipientes de vidrio o metal (latas), normalmente son envases de uso doméstico que se reutilizan para este fin. Se le pone un papel con el nombre y el año. Es conocido el hecho de que, si se añaden hojas secas de laurel, el gorgojo (*Acanthoscelides obtectus*), afectará menos y se conservarán mejor. También existe la creencia de que el mismo efecto se da si se mete un trozo de hierro o metal, como una herradura de caballo o clavos, aunque esto seguramente se hace para reducir la humedad (al oxidarse), de la misma forma que se introducen bolas de arcilla o trozos de tiza. La capacidad de germinación de las semillas de habichuela, merma mucho con la antigüedad de la semilla, esto puede ser una de las causas que parece haber contribuido a la desaparición de algunas variedades antiguas. Otra puede haber sido una mala selección de los granos para simiente, granos no del todo maduros o procedentes de matas que se han *"verdeao"* previamente. Existía la costumbre de guardar el doble de lo que se iba a sembrar, por si fallaba la semilla o para intercambiar (Romero *et al.*, 2008).

Sobre plagas y enfermedades. Las habichuelas son bastante susceptibles a plagas y enfermedades. Le afectan sobre todo: pulgón, trips y mosca blanca (en zonas más cálidas). Pero la más grave es la araña roja (*Tetranychus urticae*), que se ve favorecida por tiempo seco y altas temperaturas. Se suele usar azufre para controlarla, pero, sin embargo, no es recomendable usarlo con temperaturas altas ya que pierde efectividad. También se usa aceite de neem y en control biológico, otros ácaros depredadores. Estos tratamientos están autorizados en cultivo ecológico. En cuanto a enfermedades, pueden sufrir afecciones fúngicas como la roya (*Uromyces phaseoli*), o la atracnosis de la judía (*Colletotrichum lindemuthaianum*), y algunos virus como el del mosaico de la judía. Las enfermedades fúngicas y bacterianas se tratan en ecológico con sales de cobre, caldo sulfocálcico, o azufre. También es muy eficaz el suero de leche, producto que normalmente se deshecha en el proceso de elaboración del queso.

Consumo. La modalidad de consumo preferente es un carácter diferencial que sirve para describir o clasificar variedades. Hay dos principales: para consumo *en verde* (vainas inmaduras) o para consumo de las habichuelas "secas"; semillas bien formadas, sueltas, sin vaina. Hay variedades que se consumen de ambas formas. Además de estas dos formas principales de consumo hay otras como las que se *ensartan* en estado semi-maduro, se hacen ristras y se van consumiendo durante todo el año. Por último los llamados *cascarones* son habichuelas que se consumen secas incluyendo las vainas, en pucheros, potajes, etc.

Diversidad. La denominación y clasificación varietal es complicada, existen muchas variedades, muy parecidas entre ellas y frecuentemente mezcladas. Las denominaciones, a veces, son idénticas o similares para variedades distintas y es habitual que una misma variedad pueda recibir diferentes nombres. En la Alpujarra es el cultivo que presenta mayor cantidad de variedades, muchas de ellas locales, otras foráneas (aunque tradicionales) y otras comerciales, que en algunos casos se llevan cultivando mucho tiempo y sus semillas se guardan y conservan como las de variedades más antiguas.

La primera forma de diferenciación de tipos, es según el crecimiento, determinado como en los casos de las habichuelas *de mata baja*, *mochas*, *sin rastra* o de crecimiento indeterminado: habichuelas *de mata alta*, *de enrame*, *de rastra*, en estos casos necesitan entutorado, pero su recolección es más cómoda que las de mata baja. Otro carácter diferencial importante es, como se ha indicado, la modalidad de consumo, si son para *verde* o *en seco*.

Respecto a la forma de nombrar las variedades, se usan distintos criterios; además de los referidos anteriormente, que aportan denominaciones como, "mocha" (sin rastra) o "de verdeo", otro es el aspecto (de vaina o semilla), morfología o color con nombres como "semicorta", "bolillo" (forma redondeada) o "negra". Otro criterio empleado alude a la procedencia, con denominaciones como "marqueseña" (zona del Marquesado, al norte de Sierra Nevada), "Guajeña" (parece proceder de Güejar) o "mallorquina". A veces se hace referencia a la duración del ciclo: "de 40 días" o "tresmesina", otras veces a método de cultivo: "del maíz", "de enganche"(mata alta) y en otras ocasiones lleva el nombre o apodo de quien la trajo, como las de "Pepe Veguilla" en Lobras. También es frecuente la combinación de criterios en la nomenclatura como "bolillo sin rastra". Las variedades comerciales se denominan adaptando su nombre al habla local por ejemplo, "Strike" se denomina "triki" o "estriqui".

Origen y muestras obtenidas. Se han obtenido 131 muestras recientes de Altalbeitar, Bérchules, Bubión, Bubión, Busquístar, Cádiar, Capileira, Caratáunas, Cástaras, La Plantonada, Juviles, Lanjarón, Lobras, Mecina Bombarón, Narila, Nieles, Notáez, Órgiva, Pórtugos y Trevélez, con las siguientes denominaciones:

Amarilla	*De verdeo*	*Lacia*
Amaunas	*De verdeo (estilo perona)*	*Lamparica*
Americana	*Escritilla*	*Mantecosa*
Arbolillo	*Francesa*	*Martillosa*
Blanca	*Ganché*	*Mocha blanca*
Blanca de manteca	*Garbancilla de pinta*	*Mocha colorá*
Blanca de pinta	*Garbancilla de pinta colorada*	*Negra*
Blanca de verdeo	*Garbancilla de pinta negra*	*Negra de Tudela*
Bolillo	*Garbancilla de pinta roja*	*Perona*
Bolillo con pinta o "Garbanza con pinta	*Garbanza*	*Perona (mezclada)*
Bolillo de rastra	*Garbanza de pinta marrón*	*Perona roja*
Bolillo sin pinta o "Garbanza sin pinta	*Garbanza de pinta negra*	*Pilarica*
	Garbanza de pinta roja	*Pinta o de pinta*
Brasileña	*Garbanza de pinta rosada*	*Rastra*
Cabritilla	*Garbanza gorda de pinta*	*Rastra Sansuma*
Cora	*Garbanza pinta marroncita*	*Roja de pinta (catalana)*
De Capileira	*Garbanza roja*	*Romano*
De comer en grano	*Garrafal de oro*	*Sansuma*
De gancho	*Gerga*	*Semilarga*
De ganxet	*Gorda*	*Semilarga blanca*
De los 40 días	*Gordilla*	*Strique*
De Pepe Veguilla	*Habillón de pinta*	*Tresmesina*
De pinta	*Habillones*	*Vaina colorada*
De racimo	*Habillones caretos*	*Vaina blanca*
De tenderete	*Jayena*	*Valenciana*
	Kora	

114 accesiones anteriores de Alcútar, Almegíjar, Bérchules, Busquistar, Cádiar, Capileira, Capilerilla, Cástaras, Cástaras, Júbar, Juviles, Laroles, Lobras, Mairena, Mecina Bombarón, Nieles, Notáez, Pampaneira, Pitres, y Pórtugos con las denominaciones de:

Blanca	*De pinta amarilla*	*Guajeña*
Bolico	*De pinta colorá*	*Habichuela faba*
Bolillo	*De verdeo*	*Habichuela larga*
Bolillo negro	*Del maíz*	*Habillones*
Bolillo tresmesino	*Estriqui*	*Hayena*
Colorá	*Estriqui negra.*	*Mantecosa*
Cora	*Garbanza*	*Martillera*
De arbolillo	*Garbanza de pinta*	*Martillosa*
De enganche	*Garbanza sin pinta*	*Mataró*
De pinta	*Garrafal oro*	*Mallorquina*

Menudilla	*Perona*	*Semicorta*
Mocha blanca	*Perona de vaina roja*	*Tremencina*
Mocha colorá	*Perona roja*	*Triki*
Negra	*Racimal*	*Uña de gato*

Observaciones. Es un cultivo muy frecuente en La Alpujarra, tanto a nivel familiar, como uno de los más importantes a nivel comercial, ya sea al aire libre, o bajo malla. Tiene especial relevancia en las sierras de Mecina Bombarón y Bérchules.En la Oficina Comarcal Agraria (OCA) de Órgiva se recopiló una colección de 33 muestras de semillas de habichuelas que fueron conseguidas por su antiguo director, para ser llevadas a un banco de germoplasma nacional (Centro de recursos fitogenéticos) en los años 80. Conservó una pequeña representación de cada accesión en la oficina, que nos han cedido y hemos podido estudiar. La cesión de este material, pese a que la información asociada a cada muestra es básicamente su nombre local y muchas de ellas corresponden a variedades recién introducidas en aquel momento, permite confirmar que algunas de las variedades siguen en cultivo hoy en día. Se trata de muestras que probablemente hayan perdido la capacidad de germinación, por lo que, en principio, es difícil multiplicarlas y profundizar en su conocimiento mediante el cultivo.

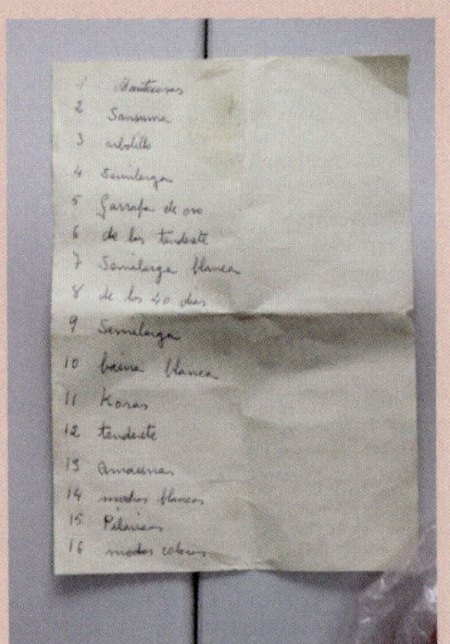

Colección de semillas de habichuelas de la OCA de Órgiva.

Variedades locales

Para la descripción de las variedades locales que se han cultivado de forma experimental en la finca Los Morales, se ha elaborado una hoja descriptiva que incluye una serie de descriptores seleccionados entre los recogidos por el IBPGR (International Board for Plant Genetic Resources):

Descriptores de la planta:

Crecimiento de la planta. 1. Determinado. 2. Indeterminado. 3 Semideterminado.
Forma de la planta (solo para variedades de enrame).
Tipo de crecimiento (solo para variedades de mata baja).
Diámetro del tallo o pie (10 plantas al azar).
Forma de la hoja. 1. Triangular. 2. Cuadrangular. 3. Redondeada.
Longitud de la hoja: (10 hojas maduras de 10 plantas al azar, cm).

Anchura de la hoja: (las mismas 10 hojas, cm).

Color de la hoja. 3. Verde pálido. 5. Verde. 7. Verde oscuro.

Antocianina. 0. Ausente. 1. Presente.

Persistencia de hoja (90% vainas maduras). 3. Todas caídas. 5. Intermedio. 7. Todas persistentes.

Descriptores de la flor:

Color de la flor en botón. 1. Blanco. 2. Amarillo. 3. Rojo. 4. Púrpura.

Color del estandarte. 1. Blanco. 2. Verde. 3. Lila. 4. Blanco con borde lila. 5. Blanco con franjas rojas. 6. Lila oscuro con borde morado. 7. Lila oscuro con puntos morados. 8. Rojo carmín. 9. Otro:

Color de las alas. 1. Blanco. 2. Verde. 3. Lila. 4. Blanco con franjas rojas. 5. Venado en rojo o morado. 6. Rojo a lila. 7. Lila con venas lilas oscuras. 8. Púrpura. 9. Otro:

Datos del fruto (vaina):

Color de la vaina inmadura. 1. Purpura oscuro. 2. Rojo carmín. 3. Verde con venas púrpura. 4. Verde venas rojas. 5. Verde venas rojo claro. 6. Rosa oscuro. 7. Verde. 8. Verde brillante. 9. Verde apagado a gris plateado. 10. Dorado a amarillo oscuro. 11. Amarillo claro a blanco. 12. Otro:

Color de la vaina madura. 1. Púrpura oscuro. 2. Rojo. 3. Rosa. 4. Amarillo. 5. Amarillo claro con motas o venas. 6. Verde persistente.

Longitud de la vaina. Se miden 10 vainas maduras de diez plantas diferentes, la más larga de cada planta (mm)

Anchura de la vaina: Se miden las mismas vainas (mm)

Grosor de la vaina (Se miden las mismas vainas)

Forma de la curvatura (Fig. 2). 3. Recta. 5. Poco curvada. 7. Curvada. 9. Recurvada.

Forma sección transversal (Fig.1). 1. Muy plana. 2. Forma de pera. 3. Redondeada a elíptica. 4. Forma en 8.

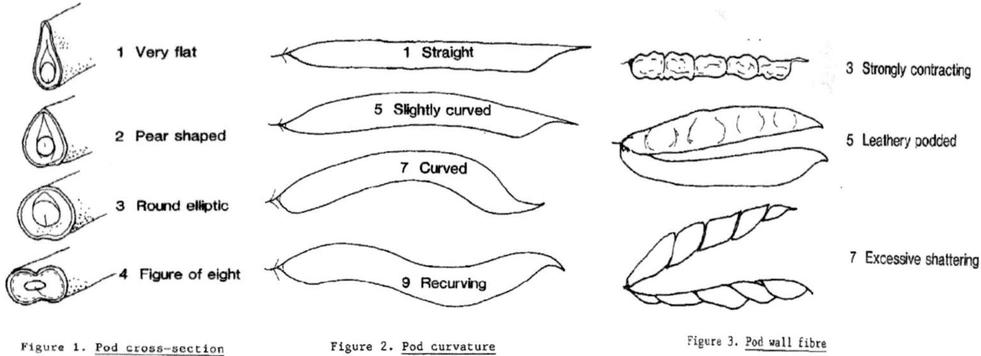

Figure 1. Pod cross-section

Figure 2. Pod curvature

Figure 3. Pod wall fibre

Fibras de la vaina y forma vaina (Fig.3): 3. Muy contraídas (toruloso). 5. Coriácea. 7. Desmenuzable.

Posición del pico. 1. Central. 2. Marginal.

Orientación del pico (Fig.7). 3. Hacia arriba. 5. Recto. 7. Hacia abajo.

Número de semillas maduras por vaina.

Sutura o hilo de la vaina

Número de lóculos por vaina.

Número de vainas por planta.

Datos de la semilla:
Forma (Fig. 5). 1. Redondeada. 2. Oval. 3. Cúbica. 4. Reniforme. 5. Fastigiado truncado
Forma del dibujo (Fig. 4). 0. Ausente. 1. Moteado constante. 2. Rayado. 3. Punteado rómbico.
4. Moteado. 5. Moteado circular (anillo). 6. Marginado. 7. Rayado ancho (cebrado). 8. Bicolor.
9. Punteado bicolor. 10. Patrón alrededor del hilo (ojo). 11. Otro:
Color de la parte oscura: 1. Negro.2. Marrón (claro u oscuro). 3. Granate. 4. Gris. 5. Amarillo a
verde amarillento. 6. Crema pálido. 7. Blanco. 8. Blanquecino. 9. Blanco tonos purpura. 10.
Verde clorofila. 11. Verde a oliva. 12. Rojo. 13. Rosa. 14. Purpura. 15. Otro:
Color de la parte clara. (mismos):
Brillo. 3. Mate. 5. Medio. 7. Brillante.

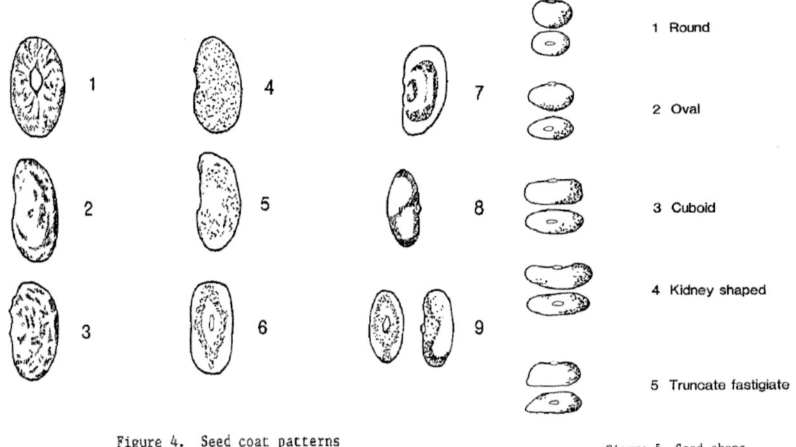

Figure 4. Seed coat patterns

Figure 5. Seed shape

Longitud. (10 semillas al azar, mm)
Anchura. (mismas 10 semillas, mm)
Grosor. (mismas 10 semillas, mm)
Peso de 100 semillas. (g).

Además de estos descriptores, en ocasiones se han añadido otros que hemos considerado importantes para la descripción de los cultivos observados.

No siempre ha sido posible medir u observar todos los descriptores seleccionados, por lo que existen algunas diferencias en las descripciones de las distintas variedades.

En las medidas, se expresa el valor medio y el rango entre paréntesis.

Tipos principales y sinonimias: En general, las principales variedades locales pertenecen a los siguientes tipos:

1. **"Bolillos"** las semillas son redondeadas y de color blanco, hay de mata baja, también llamada "de arbolillo" (se considera más antigua) y de mata alta. Se usa como sinónimo "garbanza sin pinta".

2. **"Garbanzas", habichuelas "de pinta"**. Presentan grano de tamaño grande, generalmente mata alta y para consumo preferentemente seco. En el grupo se incluyen "sin pinta"

(blancas) y con pinta, patrón de color alrededor del hilo (ojo) que se caracteriza por ser nítido y mas o menos regular. Los diferentes tipos se denominan según el color: "pinta negra", "roja", "amarilla", y el tamaño de la pinta "de pinta chica" o "de pinta gorda". Se distinguen dos tipos en cuanto a tamaño de grano, unas de mayor tamaño ("gordas") que se denominan propiamente "garbanzas" y son de pinta negra y las otras de menor tamaño, a las que llaman "garbancillas" (aunque no siempre se usa el diminutivo) las "garbancillas" se acompañan del color de su pinta como "garbancilla de pinta colorada". En algunos casos también se les llama "habillones", "habillones de pinta".

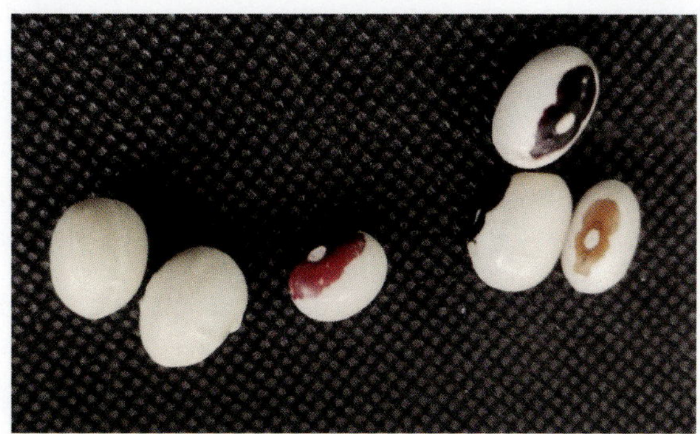

Garbanzas. De izq a dcha. Sin pinta (=bolillo), de pinta; roja, negra y amarilla.

3. **"Mochas".** Son de mata baja. Hay "blanca" y "colorá" (o roja).

Existen otras variedades locales, como "cascarones" o "martillosa", que no pertenecen a ninguno de estos tipos principales y que se mencionan posteriormente.

Tipo I. Bolillos

Se describe con más detalle la variedad más representativa y, de forma escueta, otras que presentan gran similitud en cuanto a uso y otros aspectos.

1. "Bolillos", "bolicos", "de arbolillo", "garbanza sin pinta"

Descripción. Planta de crecimiento determinado, de unos 60 cm de altura, algunas plantas presentan rastra, pero no son demasiado largas y no es necesario tutor, se enredan trenzándose entre ellas. El tallo tiene un diámetro de unos 10 (9-11) mm.

Las hojas tienen forma más o menos triangular con una longitud de 30 (27-33) cm y una anchura de 16 (14-19) cm. De color verde y sin antocianina (color morado). Son hojas con persistencia intermedia (no todas se caen al madurar las vainas).

Flores. El botón floral es de color amarillento, se va blanqueando al avanzar la apertura de la flor. En la corola madura, el estandarte es de color blanco con tonos verdosos-amarillentos en la base y las alas blancas.

Las legumbres son verdes cuando están inmaduras y amarillas al madurar. Tienen una longitud de 12 (11-12,5) cm, anchura de 1,5 (1,3-1,7) cm y un grosor de 10 (8-11) mm. Recta o curvatura muy leve.

La sección transversal es plana, que se va abombando conforme engordan las semillas. Las fibras de la vaina son de tipo coriáceo. El pico de la vaina está en posición marginal y se orienta hacia arriba. Presenta entre 5 (4-6) semillas por vaina y generalmente mismo número de lóculos aunque en algún caso aparece un lóculo vacío.

Las semillas no presentan dibujo, son blancas con brillo. Tienen una longitud de 12 (11-13) mm, anchura de 9 (8,5-10) y grosor de 8 (7-9) mm. 100 semillas pesan 59 g.

Consumo. Es más frecuente su consumo en seco porque se considera *mantecosa* (espesa el caldo) y tierna, se hace pronto sin mucho gasto de gas o tiempo. Es una de las variedades más apreciadas para este uso en guisos, pucheros y potajes. También se consume en verde, dado que la vaina tiene poca hebra. Forma parte de la gastronomía local en diversas recetas como el potaje de coles, o el puchero de bolillos.

Origen y muestras obtenidas. Recientes de Bérchules, Cádiar, Capileira, Nieles, y Pórtugos. Anteriores de Alcútar, Bérchules, Cádiar, Capileira, Cástaras, Juviles, Laroles, Mairena.

Observaciones. La denominación "de arbolillo", se debe a su porte, bien porque se ensancha en la parte superior al ramificarse o bien por el crecimiento de algunas rastras que se trenzan entre ellas y crecen hacia arriba. También existe la denominación de "bolillo tresmesino" en alusión a la duración del ciclo de cultivo.

"Bolillo" en campo.

"Bolillo", flor (madura, blanca. Aún inmadura, amarilla).

"Bolillo". vainas, hojas, flores y semillas inmaduras.

"Bolico". Legumbres inmaduras y semillas.

2. "Bolillo de mata alta", "garbanza sin pinta"

Descripción. Variedad con la semilla similar a la descrita anteriormente, pero que presenta crecimiento indeterminado, es trepadora y necesita entutorado. En ocasiones se les llama también "garbanza sin pinta", puesto que las "garbanzas" generalmente son de mata alta, es posible que "garbanza sin pinta" sea la misma variedad que "bolillo de mata alta". Consideramos sinónimas ambas denominaciones.

"Bolillo de mata alta". Cultivo. Semillas (arriba). Legumbres y hojas (abajo).

3. "Bolillo negro"

Descripción. De mata alta y semilla redondeada, similar a las anteriores, pero de color negro brillante.

Origen y muestras obtenidas. Accesiones anteriores de Alcútar y Mairena.

"Bolillo negro".

Tipo II. "Garbanzas", "garbanceras", "garbancillas de pinta", "garbanceras de pinta", habillas o habichuelas "de pinta"

Dentro de este tipo, se pueden diferenciar 3 clases en cuanto a la morfología y colores que presentan las semillas:

1. Con semillas mayores que en el resto de variedades (14-17 mm), algo angulosas y dibujo de contorno irregular y color uniforme negro entorno al hilo. Se denomina "garbanza de pinta gorda", "garbanza".

2. Semillas con formas ovaladas y dibujo o pinta nítida, de colores más o menos homogeneos (rojo, marrón, amarillo o negro, a veces con motas más oscuras), que se dispone alrededor del hilo y cubre menos de 1/3 de la semilla. Se nombran **"de pinta"** seguido del color de la pinta.

3. Semillas con forma ovalada-redondeada y dibujo de contorno irregular, con pintas más oscuras sin patrón definido, que ocupa en torno a la mitad de la semilla y la otra mitad blanca. Son, en algunos casos, de cultivo más reciente y han adoptado la nomenclatura de las anteriores aunque a veces se denominan "pinta" seguida del color del dibujo, en lugar de "de pinta" que parece aludir a un dibujo menos disperso y más pequeño. También se emplea el término "careta/o"; habichuela o "judía careta" o "habillón careto".

Se describen con más detalle algunas variedades y de forma más escueta o solo se nombran otras, similares a las descritas.

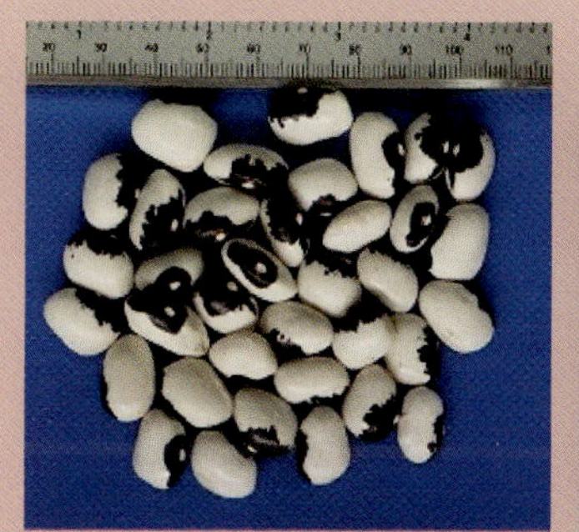

1. "Garbanza", "pinta gorda".

2. "De pinta".

3. "Pinta", "careta".

4. "Garbanza de pinta", "garbanza de pinta gorda"

Se ha cultivado y se describe a continuación una muestra de "garbanza de pinta gorda", originaria de Notáez.

Descripción. Planta de crecimiento indeterminado, trepadora que puede superar 3 m de altura, vigorosa y con alta densidad foliar. El tallo tiene un diámetro de unos 7 (5-9) mm.

Las hojas tienen forma triangular-redondeada con una longitud de 27 (24-32) cm y una anchura de 20 (18,5-23) cm. De color verde y sin antocianina (color morado). Son hojas con persistencia intermedia-alta (no se caen la mayoría al madurar las vainas).

Flores que en estado de botón son de color blanco verdoso. Una vez abierta la corola (de un tamaño aproximado de 1,5 cm), el estandarte es de color blanco con tonos verdosos en la base, las alas son de color blanco.

Las legumbres inmaduras son de color verde y amarillo en la madurez. Con una longitud de 13 (11,5-14,5) cm, anchura de 1,6 (1,4-1,8) cm y grosor de 12 (10-14) mm. Presenta forma poco curvada (a veces recta) y la sección transversal tiene forma entre plana y de pera, con fibras tipo coriáceo. Pico de la vaina en posición marginal, orientado hacia arriba. Las vainas contienen 5 (5-6) semillas y presentan el mismo número de lóculos.

Las semillas son algo angulosas, de tipo fastigado-truncado, de color blanco brillante, con dibujo alrededor del hilo de color negro. Miden 16 (14-17 mm) de largo, 12 (10-14) mm de ancho y 8 (7-9) mm de grosor. 100 semillas pesan 97 g.

Consumo. Preferentemente secas, en pucheros, potajes, guisos, etc. También se usa en verde en platos típicos como la "olla gitana" (Navarro, 2002).

Origen y muestras obtenidas. Recientes de: Cádiar, Capileira, Cástaras, Yegen y Nieles. Anteriores de Cástaras, Juviles, Lobras, Nieles y Notáez.

Observaciones. Existen variantes con grano de menor tamaño y de forma más redondeada a las que también se llaman "habillones". Es un tipo de habichuela muy bien valorada "la más gustosa de todas" (Navarro, 2002).

Habichuelas de "pinta gorda" en campo (finca Los Morales).

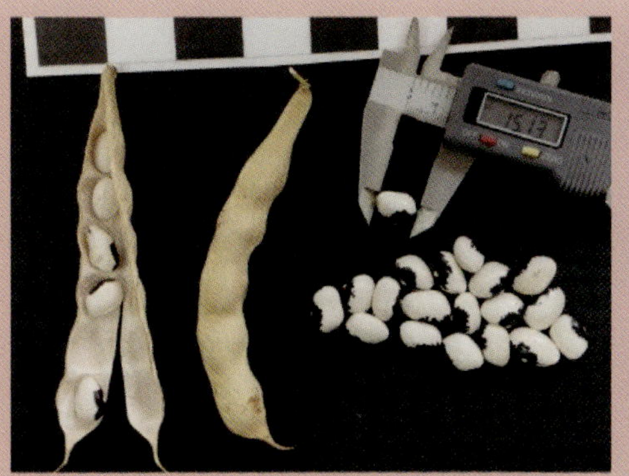 

"Garbanza de pinta gorda". Legumbres maduras y semillas.

5. "Garbanza de pinta amarilla", "garbancilla de pinta amarilla"

La siguiente descripción corresponde a la muestra "garbancilla de pinta amarilla", originaria de Yátor. También se ha cultivado otra muestra que provenía de Lobras, recogida en 2007 que se conservó en el Departamento de Botánica y en 2022 se cultivó para su multiplicación y estudio.

Descripción. Planta trepadora de crecimiento indeterminado que supera 3 m de altura, es vigorosa y con densidad foliar media-alta. El tallo tiene un diámetro de unos 10 (6-14) mm.

Las hojas tienen forma triangular-deltoidea con una longitud de 27 (24-32) cm y una anchura de 20 (17-25) cm. De color verde y sin antocianina (color morado). Son hojas con persistencia baja (se caen la mayoría al madurar las vainas).

Flores que en estado de botón son de color blanco verdoso. Una vez abierta la corola (con un tamaño aprox. de 1,.5 cm), el estandarte es de color blanco, las alas son blancas también.

Las legumbres inmaduras son de color verde, cuando maduran son amarillas y algunas presentan moteado de color rojo granate. Con una longitud de 13 (11-14,5) cm, anchura de 1,6 (1,4-1,8) cm y grosor de 10 (9-11) mm. Presenta una forma poco curvada (a veces recta) y la sección transversal es plana, que engrosa al madurar las semillas, tiene fibras tipo coriáceo. Pico de la vaina en posición marginal, orientado hacia abajo. Las vainas contienen 5 (4-6) semillas y presentan el mismo número de lóculos. En alguna ocasión, el primer lóculo está vacío.

Las semillas son de forma ovalada, de color blanco brillante, con dibujo nítido (pinta) alrededor del hilo de color amarillo-pardo. Miden 11 (10-13) mm de largo, 8 (7-9) mm de ancho y 7 (6-8) mm de grosor. 100 semillas pesan 49 g.

Consumo. De forma similar a la anterior, más común en pucheros, potajes, guisos, etc. También se usa en verde en el puchero.

Origen y muestras obtenidas. (se incluye todas las de pinta): Recientes de Cádiar, Capileira, Narila, Órgiva, Pórtugos. Anteriores de Alcútar, Almegíjar, Bérchules, Cástaras, Juviles, Lobras y Nieles.

Observaciones. Muy apreciada actualmente en la zona de Cádiar donde un pequeño productor de Yátor la comercializa a pequeña escala de forma exitosa.

"Garbancilla de pinta amarilla". Cultivo.

"Garbanza de pinta amarilla". Vainas y semillas.

"Garbanza de pinta amarilla". Legumbres en planta defoliada, finalizando el ciclo.

6. "Garbanza pinta marroncilla", "garbancera", "garbancilla"

Se ha cultivado y se describe a continuación, la "garbanza pinta marroncilla" procedente de Juviles.

Descripción. Planta de crecimiento indeterminado, trepadora. Puede superar 3 m de altura, es vigorosa y con densidad foliar alta. El tallo tiene un diámetro de unos 9 (8-10) mm.

Las hojas tienen forma entre triangular y cuadrangular con foliolos de forma deltoide. Miden, de largo unos 27 (15-34) cm y tiene una anchura de 17 (16-25) cm. De color verde y sin antocianina (color morado). Son hojas con persistencia media (se caen al madurar las vainas, pero no todas).

Flores que en estado de botón son de color verde-amarillento. Una vez abierta la corola (de un tamaño aproximado de 1,5 cm), el estandarte es de color entre blanco y rosa pálido con matices verdosos en la base, las alas son blancas.

Las legumbres inmaduras son de color verde, cuando maduran son amarillas. Con una longitud de 12,5 (11,5-12,2) cm, anchura de 1,4 (1,4-1,5) cm y grosor de 9 (8,5-11) mm. Presenta una forma poco curvada y la sección transversal es plana, que engrosa al madurar las semillas, tiene fibras tipo coriáceo. Pico de la vaina en posición marginal, orientado hacia abajo. Las vainas contienen 6 (5-7) semillas y presentan el mismo número de lóculos.

Las semillas son de forma ovalada, brillantes, con dibujo punteado bicolor de color marrón-rojizo con pintas más oscuras que no siguen un patrón concreto, el dibujo se sitúa alrededor del hilo y se extiende ocupando la mitad (aprox.) de la semilla, los bordes son irregulares, la otra mitad de la semilla es blanca. Miden 12 (11-14) mm de largo, 8,5 (8-9) mm de ancho y 7 (6-8) mm de grosor. 100 semillas pesan 52 g.

Consumo. Preferentemente en seco (pucheros, potajes…) como las anteriores del mismo tipo.

Origen y muestras obtenidas. Incluidas con las anteriores.

Observaciones. Existen otras similares con el dibujo de color rojo, rosado, anaranjado. La persona que nos cede esta muestra cree que es de introducción más reciente que las anteriores, aunque lleva muchos años cultivándola y es bastante apreciada.

"Garbanza de pinta marroncilla". Cultivo.

"Garbanza pinta marroncilla". Legumbres y flores.

"Garbanza pinta marroncilla". Vainas inmaduras y semillas.

Otras habichuelas de pinta

A continuación se enumeran otras variedades, en general, similares a las descritas.

7. "De pinta chica" (Juviles)

8. "De pinta negra. Habillones" (Nieles)

9. **"Garbancilla de pinta colorá". "Pilarica" (OCA, Órgiva)**

10. **"Blanca de pinta" (Pórtugos)**

11. **"Garbancilla pinta" (Narila)**

12. **"Pinta colorá" (Cádiar)**

13. **"Habillones caretos" (Trevélez)**

14. **"Cabritilla" (OCA- Órgiva)**

Tipo III. Mochas

15. "Mocha blanca", "mocha de Castell", judía "del águila"

Se ha cultivado una muestra de semillas procedentes de Busquístar que se describe a continuación.

Descripción. Planta de crecimiento determinado, de unos 40-50 (65) cm de altura, de porte erecto, se va ramificando y ensanchando desde la base hacia arriba. El tallo tiene un diámetro de unos 10 (8-12) mm. A veces emiten rastra, no muy larga.

Las hojas tienen forma triangular-redondeada. Miden unos 25 (20-27) cm de largo y tiene una anchura de unos 21 (17-22) cm. De color verde y sin antocianina (color morado). Son hojas con persistencia intermedia (se caen aunque no todas, al madurar los frutos).

Flores que en estado de botón son de color verde-blanquecino. Una vez abierta la corola, (que mide aproximadamente 1,5 cm), el estandarte es de color blanco con tonos verdosos en la base, las alas son blancas.

Las legumbres inmaduras son de color verde, cuando maduran, amarillas. Con una longitud de unos 18 (16-21) cm, anchura de 1,2 (0,9-1,4) cm y grosor de 12 (8-14) mm. Presenta una forma curvada y la sección transversal es plana cuando está inmadura y redondeada-elíptica en la madurez, tiene fibras tipo coriáceo. Pico de la vaina en posición marginal, orientado hacia normalmente hacia abajo. Las vainas contienen 6 semillas y presentan 7 (6-7) lóculos.

Las semillas son de morfología reniforme-ovalada, blancas, brillantes, con dibujo que sigue un patrón alrededor del hilo, en forma de pinta de color rojizo-granate, que no rodea todo el hilo quedando a modo de "bigote" o de "águila" (Sánz, 1978). Miden 15 (14-17) mm de largo, 9 (8-10) mm de ancho y 7 (6-8) mm de grosor. 100 semillas pesan 63 g.

Consumo. Muy valoradas para consumo en verde, aunque también pueden consumirse secas.

Origen y muestras obtenidas. Recientes de Bérchules y Capileira. Anteriores de Laroles y Bérchules.

Observaciones. Esta habichuela se denomina también mocha de Castell porque se cultivó a gran escala por primera vez en Castell de Ferro (Granada), en 1970 (Sanz Rodríguez, 1978). Es posible que "bajara" de la Alpujarra a Castell de Ferro, ya que en la Alpujarra se producía la semilla que luego se cultivaba en la costa, sobre todo la "mocha colorá", o, por el contrario que de la costa se subiera a la Alpujarra, como ha ocurrido con otras variedades.

"Mocha blanca en cultivo". planta y flor.

"Mocha blanca". Vainas y semillas.

"Mocha blanca". Semillas.

16. "Mocha colorá", "mocha roja"

La descripción corresponde a una muestra de semillas originarias de Mecina bombarón que fue recogida en 2007 y multiplicada en 2022, en la Finca Los Morales.

Descripción. Planta de crecimiento determinado, de unos 40-50 cm de altura. El tallo tiene un diámetro de unos 13 (11-20) mm.

Las hojas tienen forma triangular-redondeada. Miden unos 23 (17-33) cm de largo y tiene una anchura de unos 15 (11-20) cm. De color verde y sin antocianina (color morado). Son hojas con persistencia intermedia-alta (no caen demasiadas, al madurar los frutos).

Flores que en estado de botón son de color blanco. Una vez abierta la corola (con un tamaño aproximado de 1,5 cm), el estandarte es de color lila o rosado pálido, las alas son lila-rosado pálido, casi blanco.

Las legumbres inmaduras son de color verde, cuando maduran son amarillas. Con una longitud de unos 17 (16-20) cm, anchura de 1,4 (1,2-1,6) cm y grosor de 11 (10-13) mm. Presenta una forma curvada y la sección transversal es plana cuando está inmadura y redondeada-elíptica en la madurez, tiene fibras tipo coriáceo. Pico de la vaina en posición marginal, recto u orientado ligeramente hacia abajo. Las vainas contienen 7 semillas (5-8) y presentan 8 (7-9) lóculos.

Las semillas son de morfología reniforme-ovalada, de color rojo, más claras cuando están recién recolectadas (rosado oscuro) se oscurecen al envejecer (llegando a rojo carmesí), el ojo (hilo) es de color blanco. Miden 14 (13-15) mm de largo, 8 (6.5-9) mm de ancho y 7 (6.5-8) mm de grosor. 100 semillas pesan 51 g.

Consumo. Muy valoradas para consumo en verde, se dice que son las mejores para este fin. También puede consumirse en seco y es muy buena, pero al parecer tiñe los pucheros de forma no deseada.

Origen y muestras obtenidas. Recientes de Bérchules, Cádiar, Capileira, Mecina Bombarón y Yegen. Anteriores de Alcútar, Mecina Bombarón, Mairena y Pitres.

Observaciones. Esta habichuela se sigue cultivando para consumo familiar, aunque ahora no es demasiado frecuente. Era muy cultivada y apreciada, de hecho para valorar otras variedades se usa como referencia. En la Alpujarra se cultivaban de forma profesional para la producción y comercialización de semilla, que luego se sembraba en cotas bajas, cercanas a la costa de Almería y Granada. La normativa actual sobre semillas dificulta enormemente la utilización de este recurso, al tiempo que los mercados demandan otras variedades. Por otra parte, en la agricultura profesional para judía de verdeo se prefiere variedades de enrame por el menor coste para su recolección. Además, las mochas, tanto la colorá como la blanca, son delicadas para el cultivo; "fallan golpes", les afectan plagas y enfermedades, hay que regarlas adecuadamente, etc. Todos estos factores hacen que no se cultiven demasiado, sobre todo la blanca que hoy en día la conservan muy pocas personas, aunque existe interés y demanda por ellas.

"Mocha colorá". Legumbres, plantas y flor.

"Mocha colorá". Vainas, hoja y semillas.

17. "Habillón blanco", "cascarones, "habichuela garrapata", "blanca de manteca"

La siguiente descripción corresponde a una muestra obtenida en Juviles en 2007, que se conservó en el Departamento de Botánica y que se ha cultivado para su renovación, multiplicación y estudio.

Descripción. Planta de crecimiento indeterminado, trepadora que supera ampliamente 3 m de altura, es vigorosa y con densidad foliar media. El tallo tiene un diámetro de unos 6 (5-8) mm.

Las hojas tienen forma triangular, con una longitud de 27 (15-34) cm y tiene una anchura de 17 (16-25) cm. De color verde y sin antocianina (color morado). Son hojas con persistencia media-baja (se caen al madurar las vainas, pero no todas).

Flores que en estado de botón son de color blanco-verdoso. En la corola, el estandarte es de color blanco con tono rosado más patente en la cara interna y matices verdosos en la base, sobre todo en la cara externa. Las alas son blancas con tono rosado.

Las legumbres inmaduras son de color verde, cuando maduran son de color amarillo claro con motas de color rojizo o púrpura. Tienen una longitud de unos 13 (11-14) cm, anchura de 1,8 (1,7-2) cm y grosor de 11 (10-12) mm. Presenta una forma poco curvada y la sección transversal aperada, que engrosa al madurar las semillas. Tiene fibras tipo coriáceo. Pico de la vaina en posición marginal, orientado hacia abajo. Las vainas contienen 6 (5-8) semillas y presentan el mismo número de lóculos.

Las semillas son de forma ovalada, sin dibujo, de color marrón-grisáceo que se oscurece alrededor del ojuelo (hilo), de color blanco. Miden 12 (11-12) mm de largo, 9 (8,5-10) mm de ancho y 7 (6-8) mm de grosor. 100 semillas pesan 51 g.

Consumo. Se consume preferentemente en seco, se guardan con las vainas, que también se incorporan al puchero y se comen. También se pueden coger en estado semi-maduro (semillas marcadas, pero aún tiernas), y enristrar para que se sequen e ir gastándolas durante el invierno. También se consume en verde, no tiene hebra.

Origen y muestras obtenidas. Recientes de Pórtugos. Anteriores de Cástaras y Juviles.

Observaciones. El nombre de "habillón blanco" parece deberse a la vaina, que es de color claro, especialmente las caras internas y más aún una vez incorporadas a los pucheros. Según nos cuentan, se asemeja al tocino o manteca de cerdo. "Cascarones" se llaman a las que se utilizan con la vaina en los pucheros.

"Habillones". Legumbres.

"Habillones". Vainas, semillas y hoja.

"Habillones". Cultivo.

Otros "cascarones" y "habillones"

Según Navarro (2002), los "cascarones" son todo un grupo de habichuelas que comparten la citada peculiaridad de que se almacenan y secan con la vaina, que también se incorpora y consume en los pucheros y potajes. En este grupo hay una gran variedad, de diferentes colores y presentando diferentes dibujos, a veces muy llamativos. Esta descripción coincide con la de las habichuelas de pinta, por lo que es posible que se trate de sinonimias y el mencionado aprovechamiento de la vaina haya quedado en desuso. La única variedad que nos consta con este uso actualmente es la descrita anteriormente. Los cascarones, son adecuados para sembrar junto al maíz y que trepe por él. Por este motivo también podían recibir el nombre "del maíz". Por otra parte, el término "habillón", (con diferentes atributos) se usa como genérico para diferentes habichuelas, pero cuando no se adjetiva suele hacer referencia a lo que hemos descrito como "de pinta negra".

18. "Colorada de rastro"

Descripción. Planta de mata alta, trepadora, vigorosa, con densidad foliar media. Supera 3m de altura. Hojas de color verde, sin antocianina (color morado).

En la flor, el estandarte es de color rosa-lila por la cara interna y blanco-rosado por la externa. Las alas son de color rosa-lila, más claras en la zona proximal.

Las legumbres en estado inmaduros son verdes con tonos rosados o rojizos. Cuando maduran son de color amarillo rojizo y con moteado de color morado que se oscurece al avanzar la maduración. Tienen una longitud de 13 (11,5-14) cm, anchura de 1,2 cm y grosor de 8,7 (8-10) mm. Las vainas son de tipo coriáceo. Las semillas son ovaladas a redondeadas, negras poco brillantes con moteado constante de color marrón-rojizo.

Origen y muestras obtenidas. Muestra procedente del CRF, recogida en Pórtugos en 1984. En cultivo, de momento no tenemos más datos.

Consumo. En verde tiene buen sabor y es bastante carnosa, sin hebra.

"Colorada de rastro". Flores y legumbres.

"Colorá de rastro". Cultivo.

"Colorada de rastro". Legumbres inmaduras.

"Colorada de rastro". Legumbres y semillas.

19. "Mantecosa"

Descripción. Semillas ovoideas irregulares, aplanadas a semicilíndricas, blancas, de ojuelo (hilo) poco marcado (12,2-15,5 x 8-9,8 mm).

Consumo. Preferentemente en seco.

Observaciones. Ha sido mencionada varias veces en las entrevistas como variedad antigua muy apreciada, pero prácticamente perdida. Sin embargo, este nombre no se usa para una sola variedad, las habichuelas "mantecosas", o "de manteca" se caracterizan por aportar a los potajes una textura untuosa, bien valorada. Este nombre es de uso generalizado, no solo en la Alpujarra (donde tampoco es demasiado frecuente). Hay diferentes tipos de habichuelas con esta característica aunque se pueden nombrar siguiendo otro criterio (ej." bolillo"). Esta muestra pertenece a la colección de la OCA de Órgiva recogida en los años 80, no se conoce su origen ni ningún otro dato.

"Mantecosa".

20. "Mantecosa de Pitres", habichuela "Pepe veguilla" (Lobras)

Descripción. Planta de mata baja, de unos 50 cm de altura. Muy productiva. Semillas alargadas, de forma arriñonada-cilíndrica, de color crema, sin dibujo. Mide (16-19 x 5,8-6,3) mm.

Consumo. En seco principalmente (potajes, pucheros…)

Origen y muestras obtenidas. Accesiones anteriores de Pitres y de Lobras. Estas última, las de "Pepe veguilla" son donaciones de Federico, agricultor de 92 años que las sigue conservando en la actualidad.

Observaciones. Muestra originaria de Pitres (recogida en 2007) añadimos la localidad al nombre para distinguirla de la anterior. La conocida en Lobras como de "Pepe veguilla" tienen unas semillas muy similares a la mantecosa de Pitres, aunque algo más heterogéneas en cuanto a su forma.

"Mantecosa de Pitres".

"Pepe veguilla" (Lobras).

21. "Martillosa", "martillera"

Descripción. Granos de color blanco, semicilíndricos, alargados, poco curvados. El ojuelo (hilo) blanco poco conspicuo, mide (13,2-15,5 x 6,5-8,2 mm). Esta descripción corresponde a la muestra de la colección de la OCA (foto a la derecha). En otra muestra (Mecina Bombarón) con el mismo nombre, los granos son algo más curvados, incluso reniformes.

"Martillosa". De Mecina Bombarón (izq.) y de la OCA Órgiva (dcha.).

Consumo. Principalmente en seco.

Origen y muestras obtenidas. Recientes de Órgiva. Anteriores de Capileira, Mairena y Mecina Bombarón. Una de ellas con el nombre "martillera".

Observaciones. Es una variedad que se introdujo desde Argentina hace unos 130 años, según recoge Navarro (2002) que incluso menciona el nombre y apodo de quien la trajo. Existen otras de mayor tamaño, sin curvatura, y cuadrangulares, que son similares a las que se mencionan con las siguientes por la similitud en su descripción.

22. "Lamparica"

Habichuelas blancas, grandes, de tipo cuadrangular (casi rectangulares, aunque en algunas los bordes son ligeramente redondeados). Poco reniformes, de 21-26 x 9,4-10 mm.

Consumo. En seco principalmente (potajes, pucheros…).

Observaciones. La morfología de la semilla, presenta gran similitud con una muestra llamada "martillosa", de Mairena, recogida en 2007 (ver imagen).

"Lamparica" (Capileira) a la izquierda, "martillosa" (Mairena) a la derecha.

23. "Negra"

Descripción. Planta de mata alta. Granos de color negro brillante uniforme, de semicilíndricos a ligeramente reniformes, algo aplanados, de hilo blanco pequeño y conspicuo, 11-14 x 5,5-7,5 mm.

Consumo. En grano seco.

Origen y muestras obtenidas. Recientes de Cádiar y Capileira. Anteriores de Lobras, Cástaras y Mairena.

Observaciones. Se ha recogido otra habichuela similar, con el nombre de "Negra de Tudela", con granos semicilíndricos a semiesferoidales (11-13 x 8- 9,5 mm), negros, con ojuelo blanco estrecho, similar al "bolillo negro". No es apreciada en la zona porque "pone el caldo muy oscuro, aunque muy rico". Puede tratarse de la variedad comercializada como "negra de Tolosa".

Habichuela "negra".

24. "De verdeo"

Descripción. Habichuelas de color blanco. De semicilíndricas a ligeramente reniformes, algo aplanadas, de hilo poco conspicuo, 15-17 x 8,5-8,8 mm. Estas medidas corresponden a la muestra de Capileira.

Consumo. En verde, como indica su nombre.

Habichuelas "de verdeo", de Capileira (izq.) y Bérchules (dcha.).

Observaciones. El nombre "de verdeo" se utiliza para diferentes variedades de judías cuyo uso principal es el consumo en verde. En ocasiones se trata de variedades, incluso comerciales (como las que se mencionan más adelante) que tienen otro nombre y es sustituido por este, que aporta información sobre su uso.

Otras variedades locales

Existen otras variedades recogidas en el estudio previo (Romero *et al.*, 2008), de las que no se ha encontrado información en la actualidad. A continuación enumeramos alguna de ellas:

25. "Guajeña". De color blanco, sin pinta, parecida a las *de bolillo* pero más menuda. Parece provenir de Güejar-Sierra, en la otra cara de Sierra Nevada.

26. "Menudilla". Es similar a la "guajeña" pero más aplastada, parece provenir de la comarca del Marquesado, la llamaban también "marqueseña". Es sabido que existía intercambio de semillas y mercancías entre ambas partes de la sierra, también con la zona del Marquesado (cara norte). Fue un trueque llevado a cabo por arrieros, pastores, carboneros, estraperlistas, etc.que que beneficiaba a ambos territorios.

27. "Del maíz". Es blanca no muy grande y ligeramente aplanada, se siembra entre el maíz para que trepe por las cañas. Se consume seca, para los pucheros. De estas cuentan que había muchas clases, de distintos colores les llamaban "cascarones", porque en el puchero se echa también la vaina. También se sembraban en el trigo.

"Del maíz".

Otras variedades

Se incluyen a continuación variedades procedentes de otros territorios, traídas hace no demasiado tiempo y variedades comerciales, algunas de las cuales llevan cultivándose unos 40 años. De estas variedades (perona, helda, strike, etc.) apenas se han recogido algunas muestras, no se encuentran amenazadas y se pueden comprar sin mayor dificultad.

28. "Ganché", "ganxet", "de gancho"

Descripción. Habichuelas de color blanco. Reniformes, muy curvadas, aplanadas, de hilo blanco pequeño y poco conspicuo, 14,5-17,5 x 6,5-8 x 4,5-5,5 mm. Vainas verdes y mata alta.

Consumo. Apreciada para consumo en seco, potaje o puchero.

Origen y muestras obtenidas. Recientes de Cádiar, Válor, Capileira, Cástaras.

Observaciones. Variedad tradicional originaria de Cataluña. La emigración de personas de la Alpujarra a lugares como Navarra, Baleares y en este caso, Cataluña, ha enriquecido la diversidad de variedades que se cultivan. La gantxet, conocida y bien valorada en distintas localidades alpujarreñas, se da bien en altitud y es productiva. La muestra "de gancho" (Capileira) es menos aplanada que las "ganxet" típicas.

Existe otra variedad tradicional muy diferente llamada "gancho romana" cuyo cultivo era bastante extendido en las sierras de Granada y Jaén incluyendo la Alpujarra, de donde parece haber desaparecido.

Habichuela "de gancho" (Capileira).

"Ganche" (Mecina Bombarón-Yegen).

29. "Brasileña", "lacia"

Descripción. De mata alta. Grano de color marrón, pequeño y sin dibujo. Según Sanz Rodríguez (1978), "las vainas son largas, algo estrechas, de sección elíptica aplanada, carnosas y de color verde oscuro. Tienen hilo. Aguanta bien el transporte. Longitud: 18-20 cm; anchura: 1,3-1,5 cm; grueso: 7-8 mm; peso de la vaina: 13-14 g"

Consumo. En verde.

Origen y muestras obtenidas. Reciente de Bérchules.

Observaciones. Variedad comercial ya conocida en los años 70 (Sanz, 1978). Según nos informan en otras zonas se les llama "lacia", por la forma de la vaina. La habichuela "lacia" es bastante cultivada en otras localidades de Sierra Nevada, como Güejar-Sierra, Quéntar o Monachil. En Madrid a variedades similares se les denomina "judiíllos" (Lázaro *et al.*, 2019).

Habichuela "brasileña". Semillas.

30. "Garrafal oro"

Descripción. Planta de porte medio. Hoja de tamaño normal y color verde con tonalidad de media a oscura. Color de la flor: lila claro. Características de la vaina. No tiene hebra. Su calidad es excelente. Dimensiones: Longitud: 17-20 cm; anchura: 1,7-1,9 cm; grosor: 7,8 mm; peso de la vaina: 14-15 g. Grano maduro: Oblongo, lleno, de color cárneo-rosado. Número de semillas en 100 g: 130-140. (Sanz, 1978).

Consumo. En verde.

Origen y muestras obtenidas. Reciente de Órgiva (OCA). Anteriores de Bérchules y Laroles.

Observaciones. Variedad comercial (años 70). Existe otra variedad parecida, la "garrafal encarnada" o "valenciana" que se presta a confusión, aunque esta tiene los granos de color rojizo que oscurecen al envejecer (Sanz, 1978). Una variedad con este nombre, "valenciana" se cultiva de forma puntual actualmente (Bérchules). La garrafal oro es una variedad de cultivo bastante extendido.

Grrafal oro, semillas.

31. "Kora", "cora", "corillas"

Descripción. Planta de mata baja. Semillas de color blanco ovoides, de ojuelo (hilo) blanco poco marcado, pequeñas (8-12 x 4-6 mm). Vainas cilíndricas muy carnosas.

Consumo. En verde.

Origen y muestras obtenidas. Accesiones recientes de Caratáunas, Pórtugos, Yégen y Cádiar, además de una accesión en la colección de la OCA (OCA11). Anteriores de Bérchules, Juviles, Laroles, Mairena y Cástaras.

Observaciones. Variedad comercial (años 70). Fue muy cultivada comercialmente en Los Bérchules y alrededores hace unos 20-30 años. Hoy en desuso. Muy bien valorada, se sigue cultivando para uso familiar.

"Kora". Legumbres y semillas.

32. "Perona", "Buenos Aires", "perona roja", "escritilla"

Descripción. De mata alta o enrame, de flor blanca. Semillas marrones rayadas de negro o marrón más oscuro. Sanz (1974), describe: "Las vainas son anchas, no muy largas, rectas o ligeramente arqueadas, de sección aplanada. Los granos se señalan. Color verde de intensidad media. Muy carnosa, no tiene hilo ni pergamino. De excelente calidad. Resiste muy bien el transporte. *Dimensiones:* Longitud: 16-18 cm; anchura: 2,3-2,6 cm; grosor: 9-12 mm; peso de la vaina: 16-18 g. *Grano maduro:* Elíptico, lleno, con fondo de color cárneo rosado y vetas acebradas. Número de semillas en 100 g: 115-125."

La variante "perona roja" se llama así por el color de sus vainas. También se conoce una "perona larga", con vainas de mayor longitud. Las diferentes variantes de "perona" tienen granos con diferentes tonalidades (más o menos oscuras) y dibujo similar.

Consumo. En verde preferentemente.

Origen y muestras obtenidas. Recientes de Nieles, Cádiar, Bérchules.

Observaciones. El nombre de "perona", se debe a que esta variedad fue promocionada por Eva Perón durante los años de la posguerra, cuando la población española sufría terribles hambrunas.

Existen diferentes variantes y nombres como "escritilla" o "de la olla gitana" (por ser usada para este plato) y en la actualidad se siguen obteniendo a partir de ella, variedades nuevas como la "Roma", "Roma II", etc. Son unas de las variedades más sembradas en cultivos profesionales intensivos. Se comercializan con nombres diversos según casa de semillas que las proporcione.

"Perona." Semillas (OCA21).

"Escritilla" (Capileira).

"Perona Roja". Semillas y vaina.

33. Strike, "triki", "estriqui"

Descripción. Planta de mata baja. Granos de color blanco, forma cilíndrica, alargados, tamaño medio (12-13,5 x 5-5,5 mm). Vaina se color verde cilíndricas.

Consumo. En verde.

Origen y muestras obtenidas. Recientes de Órgiva, colección OCA. Anteriores de Bérchules, Cádiar, Juviles, Mairena y Mecina Bombarón.

Observaciones. Variedad comercial que fue muy cultivada en los Bérchules y alrededores hace unos 20-30 años.

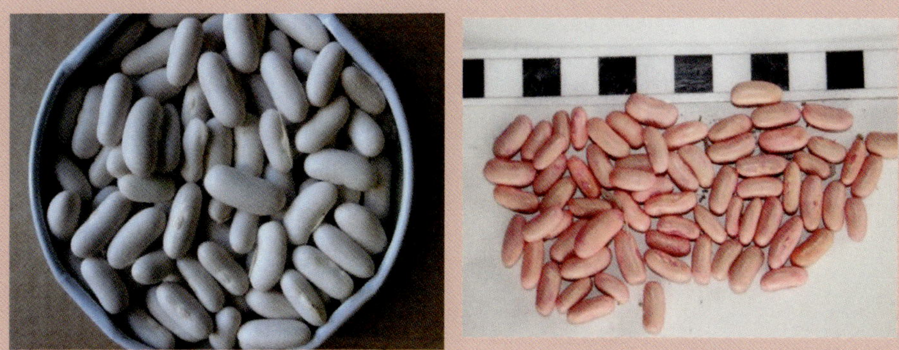

"Triki". Semillas. A la derecha, tratadas químicamente para su conservación.

Se conocen muchas otras variedades introducidas desde los años 80 como la "Helda" (aún se cultiva y se comercializa), la "Satsuma" o la "Romano", además de la "nuevas" que se introducen continuamente.

Helda (semillas).   Satsuma (semillas).

Género *Vigna*

Hierbas anuales, perennes o subarbustos, trepadoras, rastreras o erectas, sin pelos uncinados. Hojas trifolioladas, raramente unifolioladas; estípulas de triangulares a lanceoladas, truncadas en la base, en general prolongadas debajo del punto de inserción. Pecíolos generalmente más largos que el raquis, ambos canaliculados. Folíolos enteros o lobados, de redondeados a truncados en la base, mucronados en el ápice, el terminal algo más largo que los laterales, glabros. Inflorescencias en pseudorracimos axilares o subumbeladas, generalmente paucifloras, con protuberancias nectaríferas en los nudos; brácteas de ovadas a lanceoladas; pedicelos en general más cortos que el cáliz, arqueados, curvos o erectos en el fruto. Cáliz campanulado, con 5 dientes, los 2 superiores ± soldados, los 3 inferiores más largos. Corola de color amarillento o blanco, a veces de purpúreo a violeta; quilla con el ápice —rostro—, sigmoideo o enrollado en una o varias espiras. Androceo diadelfo. Ovario con un disco nectarífero en la base, en general con más de 6 primordios seminales; estilo engrosado en la porción distal, y con una brocha polínica, con frecuencia el estilo se extiende por encima del estigma en forma de pico, gancho o caperuza. Legumbres pluriseminadas, de lineares a oblongas, péndulas, patentes o erectas, rectas o falcadas, comprimidas o cilíndricas, dehiscentes, valvas finas o coriáceas, que a veces, ennegrecen al madurar. Semillas de reniformes a cilíndricas, lisas, de color variable; hilo generalmente alargado, a veces con un arilo bien desarrollado.

Genero con unas 120 especies aceptadas y con unas 40 descripciones intraespecíficas. De distribución cosmopolita, fundamentalmente en zonas tropicales. Destaca especialmente el frigüelo, *Vigna unguiculata*.

Vigna unguiculata (L.) Walp. **Frigüelos, cigüelos**

Popularmente se consideran habichuelas o judías. De hecho, algunos agricultores las denominan con esos nombres, a veces, adjetivando, como por ejemplo "habichuela de a metro", "judía culebra" o "judía careta o "carica del señor". En la Alpujarra, los que conocen el cultivo de antiguo las denominan frigüelos, figüelos o cigüelos. Otros nombres recogidos son "caupí", "garrubias", o simplemente, "alubias" "judías caretas" o "carillas", también "cerígüelos", "visuelos". En algunas zonas de América latina se conoce como "frijol castellano".

Origen. Regiones tropicales de África, donde evolucionó por domesticación de una de sus formas silvestres, *Vigna unguiculata* subsp. *dekindtiana* (Harms) Verdc. De África pasó a la India. En estos dos territorios están los dos centros principales de diversidad de la especie (Zohary *et al.* 2012).

A la Península Ibérica llegaron probablemente de mano de los romanos, quienes debieron introducirlas en el Mediterráneo desde la India. Eran las únicas habichuelas que se conocían en Europa hasta la llegada a América, pero tras la introducción de las habichuelas del género *Phaseolus*, fueron sucesivamente desplazadas. Su cultivo debió ser muy importante en Al Andalus, y se citan muchas variedades en los textos agrícolas hispano-musulmanes como los de Ibn Bassal, Abu-l-Jayr, o Ibn al-Awam (Casares y Benítez, 2022a).

Manejo. Se cultivan de forma similar a otras habichuelas. Aunque hay quien las siembra "tempranas" a final de marzo-abril, normalmente se siembran a finales de mayo, *"que no lo vean"*, y en junio, incluso "tardías" a primeros de julio. Se siembra de forma directa en suelo, a golpes, en hoyos poco profundos y poniendo 2 o 3 (4) semillas por hoyo, separando los golpes entre 40 y 50 cm. Una vez nacidas no se aclaran. Necesita que el suelo esté libre de otras plantas, por lo tanto, se mancaja.

Requiere encañado en las variedades de mata alta o "de rastra". Es un poco menos exigente que las habichuelas americanas (*Phaseolus* spp.) respecto a necesidades de riego y abonado; también en relación a la calidad del suelo, por lo que puede cultivarse en terrenos no aptos para otros cultivos (Romero *et al.*, 2008). Aún así, es importante el riego cuando están en flor para que sean productivas. La cosecha es escalonada según maduran las vainas, también se recolectan para su uso en verde.

Para conservar semilla, lo habitual es dejar unas cuantas matas sin "verdear" es decir, se dejan todas las vainas para semilla, hasta que maduren mucho y arrancando la mata entera ya entrado el otoño. Esta operación debe hacerse con cuidado porque las vainas maduras abren con facilidad y las semillas se caen.

Sobre plagas y enfermedades. Le afectan las mismas enfermedades que a las habichuelas (*Phaseolus spp.*) aunque en menor grado, incluso cuando se cultivan juntas; son más resistentes y se dice que "no le da piojo" (Romero *et al.*, 2008) sin embargo, sí que pueden verse atacadas por pulgón.

Consumo. Se consumen de difernetes maneras, gustan mucho como habichuela verde, consumiendo las vainas inmaduras, y también las semillas como habichuelas secas para diversos guisos. En la Alpujarra es típico el potaje de frigüelos. Como es muy productiva, en los huertos familiares se cultivan unas pocas matas para "el gasto de la casa". Han sido cultivadas a nivel comercial en la zona de los Bérchules, pero no es habitual.

Diversidad. Se cultivan dos tipos que se distinguen como subespecies botánicas; *Vigna unguiculata* (L.) Walp. subsp. *unguiculata*, cuya vaina no supera los 20 cm de largo, mayoritariamente son de mata baja y la semilla es blanca con mancha negra; y *Vigna unguiculata* (L.) Walp. subsp. *sesquipedalis* (L.) Verdc. con vainas más largas, que pueden llegar casi a 1 m, aunque las cultivadas en la Alpujarra no son tan largas. Las semillas son más pequeñas y mayoritariamente de color negro, aunque también las hay de color crema-tostado y otros (Casares y Benítez, 2022b). Son de mata alta.

Se describen más adelante variedades de ambas subespecies, para lo que se han utilizado algunos descriptores IPGRI.

Origen y muestras obtenidas. Recientes: "Frigüelo" de Capileira, Capilerilla. "Frigüelo negro" de Órgiva. "Cigüelo" de Órgiva. "Habichuela de a metro" de Órgiva. Anteriores: Frigüelo de Cádiar, Capilerilla, Cástaras, Júbar, Laroles y Mairena. "Frigüelo negro" de Mairena.

Variedades locales

1. "Frigüelos", "cigüelos". *Vigna unguiculata* (L.) Walp. subsp. *unguiculata*

Descripción. Planta de crecimiento determinado, mayoritariamente de mata baja aunque algunas plantas emiten "rastra", pero no es necesario encañarlas, al menos en el caso de la muestra que hemos cultivado y que se describe. Hay otras que son de mata alta y es conveniente encañar. El tallo tiene un diámetro de unos 6,5 (5-8) mm. Las hojas tienen forma triangular-deltoidea con una longitud de 24 (19-28) cm y una anchura de 17 (14-19) cm. De color verde oscuro y antocianina (color morado), presente en los nudos de donde surgen los foliolos. Son hojas bastante persistentes (no se caen al madurar las vainas). Inflorescencias largamente pecioladas de las que salen varias flores (2 - 4) progresivamente. Flores que en estado de botón son de color amarillo. Una vez abierta la corola (de unos 2 cm), el estandarte es de color blanco-crema con tonos amarillentos en la base y algún matiz lila y las alas blanco-crema con tonos lila, sobre todo en la zona proximal. Las legumbres son alargadas, rectas o poco curvadas, de color verde cuando están inmaduras y amarillo en la madurez, con una longitud de 18 (16-19) cm anchura de 9 (8-10) cm y grosor de 6 (5-8) mm, la sección transversal es de forma redondeada a elíptica. Pico de la vaina en posición central, orientado ligeramente hacia abajo, pigmentado (antocianina). Las vainas contienen 10 (8-11) semillas y presentan el mismo número de lóculos. Las semillas son reniformes, de color blanco hueso mate, con dibujo en la parte central de la escotadura, nítido de color negro, rodeando al hilo. Miden 10 (9-11 mm) de largo, 7 (6-8) mm de ancho y 5.5 (5-6) mm de grosor. 100 semillas pesan 20,8 g.

Consumo. Tanto como habichuela verde como en guisos o potajes. También se añaden, cocidas, incluso crudas a ensaladas en verano. La piñata de frigüelos es un plato en el que se mezclan las dos modalidades, secas y verdes (Jorairátar).

Observaciones. Cultivo ancestral que sólo perdura en ciertas regiones del país, una de ellas la Alpujarra, generalmente para autoconsumo. Son muy apreciadas. En los últimos años su consumo se ha extendido y no es difícil encontrarlas en tiendas especializadas o incluso en grandes superficies, aunque suelen proceder de otros territorios y no se cultivan a gran escala en la Alpujarra.

"Frigüelo". Flor y semillas.

"Frigüelo", cultivo.

2. "Frigüelo negro", "habichuela de a metro". *Vigna unguiculata* (L.) Walp. subsp. *sesquipedalis* (L.) Verdc.

Descripción. Planta de crecimiento indeterminado, trepadora, que puede superar 3 m de altura. El tallo mide 13 (10-15) mm de diámetro. Las hojas tienen forma triangular-deltoidea con una longitud de 25 (16-29) cm y una anchura de 19 (15-22) cm. De color verde oscuro y antocianina (color morado), presente en los nudos de donde surgen los foliolos. Hojas persistentes (no se caen al madurar las vainas). Inflorescencias largamente pecioladas de las que salen varias flores (2 - 4) progresivamente. Flores con corola (de unos 2 cm), el estandarte es de color lila con tonos blancos, más oscuro hacia la base donde presenta tonos amarillentos. Las alas son de color lila, más intenso en la zona basal. La quilla es blanca. Las legumbres son péndulas, alargadas, rectas, de color verde cuando están inmaduras y amarillo en la madurez, con una longitud de 30 (22-36) cm, anchura de 0,8 (0,5-1) cm y grosor de 6 (5-8) mm, la sección transversal es de forma redondeada a elíptica. Pico de la vaina en posición central, orientado ligeramente hacia abajo y pigmentado de antocianina. Las vainas contienen 15 (9-22) semillas y presentan 16 (11-22) lóculos.

Las semillas son reniformes, de color negro mate, la cicatriz del hilo es de color blanco-amarillento, se ubica en la parte central de la escotadura. Miden 9 (8-12 mm) de largo, 6 (5-6) mm de ancho y 5 (4-5) mm de grosor. 100 semillas pesan 11,4 g.

Consumo. Igual que la variedad anterior, aunque es menos conocida y apreciada.

Observaciones. Es un cultivo muy poco frecuente en las huertas alpujarreñas. No la hemos vuelto a ver en cultivo desde nuestro primer trabajo, y tan sólo se disponía una pequeña muestra, procedente de Mairena (Romero *et al.*, 2008) que hemos cultivado, multiplicado y renovado para devolver a la población interesada. La muestra contenía semillas de diferentes colores, pudiendo tratarse de una mezcla de variedades o diferencias causadas por heterogeneidad genética característica de muchas variedades locales. Es necesario, por tanto, el cultivo independiente en sucesivas temporadas para confirmar la identidad. También se cultivó otra muestra no alpujarreña que produce vainas mucho más largas, superando los 60 cm. Esto parece constatar que hay variedades diferentes y la "habichuela de a metro", recogida en Órgiva, aunque de procedencia incierta) o el "habicholón", de Sierra Mágina, son diferentes al "frigüelo negro" que se ha cultivado en el ámbito de este proyecto.

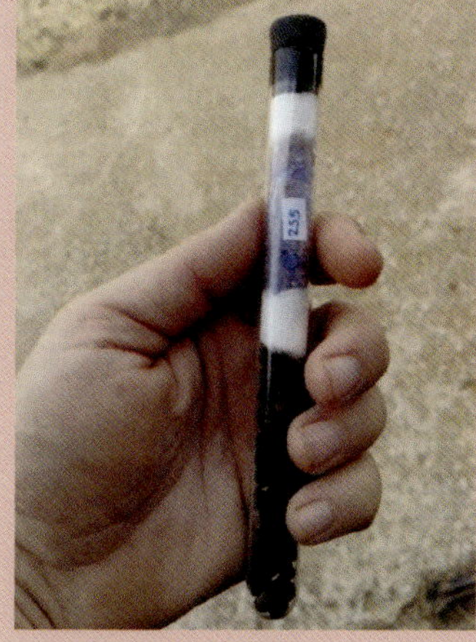

"Frigüelo negro". Semillas. Muestra para multiplicación (conservada desde 2007).

Diversidad de semillas obtenidas a partir de la muestra cultivada, mayoritariamente de color negro.

"Frigüelo negro". Vainas, semillas y hoja.

"Frigüelo negro". En campo, finalizando ciclo.

"Frigüelo negro". Flor.

Género *Lablab*

Enredaderas perennes, similares a las especies del género *Phaseolus,* pero en general de mayor porte. Tienen tallos trepadores, pelosos, y hojas trifoliadas de mayor tamaño que las de *Phaseolus spp.*

Actualmente sólo se reconoce, según interpretaciones, una o dos especies, siendo la más importante *Lablab purpureus* (L.) Sweet, de la que, al menos, una variedad es cultivada en la Alpujarra.

Lablab purpureus (L.) Sweet. **Habichuelas**

Anual o perenne, de hasta 5 m de alto. Hojas de peciolos más largos que los foliolos, glabrescentes ovados de ápice acuminado y atenuados en la base, con estípulas triangulares. Forma inflorescencias racemiformes axilares, con brácteas y bractéolas ovadas, más o menos persistentes, de flores violetas, rosadas o blancas, grandes, de aprox. 1,5-2 cm de largo y cáliz de unos 7 mm con dientes superiores casi soldados. Los frutos son legumbres de oblongas a oblongo-falcadas, anchas (1,5-2,5 cm) y no muy largas (5-8 cm), muy acuminadas, de caras rostradas, ligeramente verrugosas, frecuentemente con tonos morados o violáceos. Las semillas, muy características, son ovoides, comprimidas, de unos 5-15 x 4-6 mm, de colores variables, pero en el caso de las localizadas en la Alpujarra, negras con una banda blanca (estrofíolo) muy característica que rodea la mitad de la semilla.

Crece principalmente en zonas tropicales estacionalmente secas. Tiene usos medioambientales, alimento animal, veneno y medicina y como alimento.

Origen. El área de distribución nativa de esta especie es Cabo Verde, África tropical y meridional, Madagascar e India. El centro de origen más probable es Etiopía (Laguna *et al.*, 2022).

Manejo. Se cultiva igual que las habichuelas de los géneros *Phaseolus* o *Vigna*. Es relativamente resistente a la falta de agua, aunque para que forme bien los frutos, es importante que no le falte cuando está en flor. Se cultivaba cerca de frutales y olivos para que trepase por ellos y sirvieran de tutor.

Observaciones. Su cultivo y consumo actual en España es minoritario (Laguna *et al.*, 2022). En la Alpujarra, se ha detectado de forma puntual generalmente como ornamental y tan sólo hemos conocido a una persona que las cultiva con interés de consumirlas. Parece que es menos productivo que los otros dos géneros (*Phaseolus* y *Vigna*), lo que unido a que la planta es más grande y requiere más espacio, hace que no sea muy cultivada. Por otro lado, su poder nutritivo es comparable al de la soja y superior al de las legumbres de habichuelas más comunes, del género *Phaseolus* (Laguna *et al.*, 2022).

Variedades locales

1. "Habichuela"

Descripción. Las flores son blancas, las vainas tienen pocas semillas (3 o 4) y las semillas son negras, con el estrofíolo blanco muy marcado y característico.

Consumo. Se consumen como habichuela seca, en grano. En otros lugares de España se menciona el consumo como habichuela verde, utilizando las vainas inmaduras y cocinándolas sin sacar el grano (Laguna *et al.*, 2022).

Observaciones. En Andalucía se han recogido también los nombres populares de "judía de Brasil", "oreja de ratón" y "habichuela jeriondo", en Valencia, "oreja de ratón" y en Canarias, "judía del chalequito". Seguramente se trata de un cultivo antiguo que sólo perdura en muy pocas huertas. Existen accesiones en el Centro Nacional de Recursos Fitogenéticos procedentes de Huelva, Sevilla y Málaga.

Origen y muestras obtenidas. Órgiva, Lanjarón, Cádiar.

Lablab purpureus. Semillas y vainas.

Lablab purpureus en campo, vainas.

Lablab purpureus.

Género *Cicer*

Plantas anuales o perennes con renuevos anuales herbáceos, típicamente pubescentes, con pelos glandulares o no. Tallos ramosos, flexuosos o rectos, a veces ligeramente estriados, erectos o decumbentes postrados, de hasta 80 cm de longitud. Hojas paripinnadas o imparipinnadas, con 3 a 36 folíolos; raquis que puede terminar en un zarcillo, una espina o un foliolo; foliolos con el margen parcial o totalmente dentado. Estípulas desde muy pequeñas hasta algo más grandes que los folíolos inferiores, dentadas o espinosas. Flores solitarias o en racimos axilares de 2 a 5 flores; cáliz más o menos regular o algo giboso en la base, con dientes iguales o desiguales, en general más largos que el tubo; corola nervada, blanca, rosa, púrpura o azul, de hasta 29 mm; estandarte (*vexillum*) obovado, a veces pubescente; estambres diadelfos; estilo filiforme, con estigma apenas más ancho que el estilo. Legumbre inflada, ovoide, elíptica o alargadas, romboide, acuminada, de hasta 3 cm, con 1 a 10 semillas. Semillas bilobulares a subglobosas, claramente picudas, con superficie lisa, arrugada, o con pequeñas espinas, de colores variables desde varios tonos de pardo, gris, negro, blanco, hasta amarillo anaranjado (Van der Maesen, 1972).

Género que comprende 9 especies anuales y 34 perennes extendidas por Oriente Medio y Asia, con una especie en el Atlas marroquí y otra en Canarias (La Palma y Tenerife). La especie más conocida y la única cultivada es *Cicer arietinum* L., el garbanzo (Singh *et al.* 2008).

Cicer arietinum L. **Garbanzo**

Es una planta anual aunque de raíz profunda, ramificada desde la base y con ramificaciones secundarias que provocan una mata densa que, además, es glandulosa y presenta pubescencia eglandular. Tallos flexuosos, acostillados, de 20 a 75 cm de longitud. Hojas imparipinnadas, con hasta 13-(17) folíolos, aunque las primeras hojas suelen tener menos; raquis de hasta 75 mm de largo, estriado en la parte superior, en general verdoso a verde oscuro. Los foliolos se suelen disponer opuestos, aunque no siempre, muy juntos, subsésiles, de obovados a elípticos, de hasta 20 mm de largo y 14 mm de ancho, con base estrecha, cuneada o redondeada y extremo superior redondeado-acuminado, margen aserrado, frecuentemente de forma irregular, excepto en la base, con dientes rectangulares o triangular-acuminados. Estípulas dentadas, de ovadas a triangulares.

Inflorescencias en racimos axilares de 1 (2) flores, con pedúnculos de unos 10 a 20 mm que terminan en una pequeña arista de hasta 4 mm; brácteas pequeñas, 1,5 mm, triangulares o tripartitas; pedicelos de 6 a 13 mm, rectos en la floración y recurvados en la fructificación.

Cáliz algo giboso en la base, con tubo de unos 4 mm, dientes lanceolados de hasta 6 mm, con nervio central prominente. Corola nervada, rosácea, violácea, roja o blanca, raramente blanca verdosa o azul. Estandarte obovado, de hasta 11 mm de largo y 10 de ancho. Estambres diadelfos (9 +1), a veces persistentes, con filamentos de hasta 8 mm. Ovario ovado de unos 3 mm, con estilo de unos 4 mm.

Legumbres ovado-oblongas, muy pubescentes, principalmente glandulares, de hasta unos 26 mm de largo y 20 de ancho. Semillas ovado-globulares o angulares, picudas, de hasta 10 x 8 mm, incoloras, blancas o cremosas, amarillentas-anaranjadas, pardas en varias tonalidades, negras o verde apagado; superficie lisa, arrugada o tuberculada, a veces con diminutos puntos negros o un reticulado.

Origen. Se han identificado cuatro centros de diversidad del cultivo: región Mediterránea, Asia central, Oriente Medio y la India. Además, existe un centro de origen secundario en Etiopía (Vavilov, 1951). Se considera que procede de la domesticación de la especie *Cicer reticulatum* Ladiz., que crece silvestre en Turquía. En Oriente Medio se cultiva desde, al menos, diez milenios atrás (Tanno y Willcox, 2006).

Manejo. El periodo de siembra varía en relación a la altitud que esté el terreno de cultivo, casi siempre en secano. En fincas bajas se siembra desde finales de enero a febrero, en las altas, a fines de marzo. Si se atiende a las lunas, se hace en menguante. Se prepara antes el terreno arando y rastreando para eliminar hierbas. Luego, se siembran a golpes, con marcos variables, aproximadamente de unos 40 cm entre matas, o bien a voleo. Una vez nacidas las plantas, deben escardarse a mancaje o con rastreo con apero, antaño con yunta de mulas, para eliminar plantas competidoras. Aunque suele cultivarse en secano, algunos lo ponen en la huerta y si hay posibilidad se da un riego cada 8 o 10 días, evitando regar a partir de julio para que el grano se forme correctamente (Romero *et al.*, 2008). Si se ha formado costra en el suelo tras las lluvias y por el excesivo calor, ésta debe romperse (rastrillando), puesto que la costra puede dificultar o impedir la nascencia de las plántulas. Se recolectan en agosto o septiembre, arrancando o segando las matas y haciendo manojos, "pañetas" o gavillas con ellas, que se dejan en el campo al sol durante unos días para que sequen. Luego se desmenuzan y criban para separar el grano de la paja, que se emplea en alimentación del ganado. Antes se cribaban en la era. Para conservar semilla, se guardan los garbanzos de mayor calibre, que se seleccionan utilizando una criba. Pueden durar dos o tres años hasta volver a sembrarse, pero se agorgojan mucho.

Sobre plagas y enfermedades. Le afectan diversas enfermedades provocadas por hongos como *Fusarium* spp., *Botrytis cinerea*, *Pythium* spp., *Phytophthora* spp., etc., pero la más grave es la "rabia" producida por *Didymella rabiei*. Precisamente la incidencia de esta enfermedad llevó a la puesta en marcha, a finales de los años 80, de un programa de mejora para la obtención de variedades resistentes (Del Moral *et al.*, 1994). Los garbanzos de grano tipo "microsperma" son más tolerantes a esta enfermedad. Antaño se hacía un tratamiento preventivo, sulfatando (sulfato de cobre o caldo bordelés) el grano la noche de antes de la siembra, para que tenga un contacto breve con el producto.

Consumo. Preferentemente en guisos, como en el cocido andaluz, potaje de garbanzos, etc. También en ensaladas, una vez cocidos. Los garbanzos tostados también son típicos de la comarca. Para tostarlos se necesita sal y yeso, y antes deben mojarse para que se les pegue el yeso, luego se pasan por harina para que no se quemen con el fuego (Navarro, 2002).

Diversidad. Existen numerosas variedades de cultivo, entre las que algunas son españolas y tradicionales de determinadas regiones.

Los mejoradores de cultivos distinguen principalmente dos tipos dentro del garbanzo cultivado, "desi" y "kabuli", términos de origen hindú, refiriéndose al origen local de la India (*desi* = local) y a la capital de Afganistán (Kabul), desde donde se introdujeron en la India en el siglo XVIII (Van der Maesen, 1987). Vienen a coincidir con las razas "microsperma" y "macrosperma" propuestas por Moreno y Cubero (1978). Se diferencian, por tanto, dos grandes grupos: "kabuli" o "macrosperma", de legumbres alargadas con semillas poco arrugadas, blancas o crema (la más distribuida en Europa), y "microsperma" o "desi", de legumbres cortas con semillas más pequeñas y arrugadas, de tonos parduzcos.

Las variedades tradicionales más cultivadas del tipo "macrosperma", de garbanzos gordos, son el "blanco lechoso", "venoso andaluz" y "castellano", siendo el primero el de mayor tamaño. En cuanto a color, el "blanco lechoso" y el "venoso andaluz" son blancos, mientras el "castellano" es de color crema.

Respecto a los de tamaño pequeño o "microsperma", la variedad tradicional más cultivada es "pedrosillano", de color crema, redondeado, no anguloso. También pertenecerían a este tipo, los "negros" y otros, pequeños y angulosos.

Se han citado varios tipos en la Alpujarra; unos "gordos", grandes, otros "chirinos", pequeños y de mejor rendimiento. También los "negros", que se han usado sobre todo como forrajeros de grano (Romero *et al.*, 2008; Benítez *et al.*, 2010; Navarro, 2002). Actualmente sólo hemos encontrado, al menos con esa denominación, y de forma muy puntual, los "negros", que pertenecen al tipo "microsperma". Los "gordos" pertenecerían al tipo "macrosperma", asemejándose al "blanco lechoso" y sobre todo "venoso andaluz", mientras los "chirinos" serían tipo "microsperma", parecidos al "pedrosillano". Posiblemente se trate de variedades similares a las mencionadas, pero con ciertas adaptaciones a las condiciones edafo-climáticas y manejos propios de los lugares alpujarreños donde se han venido cultivando, lo que quizá les proporcione características diferenciadoras.

Observaciones. Cultivo en regresión en la Alpujarra. Ha sido muy cultivado en secanos y a bastante altitud, incluso por encima de los 1.800 m (Romero *et al.*, 2008), pero actualmente prácticamente no se ve, solo en huertos familiares para consumo familiar (para "el gasto de la casa"). La paja de garbanzo se ha usado como forraje para ovejas y cabras pero no para vacas o bestias, porque se dice que tiene mucha sal y *pide mucha agua* y si los animales comen mucha cantidad puede ocasionar dolores o incluso reventar por lo gases que forman (Navarro, 2002).

Variedades locales

1. Garbanzo "antiguo", "chirino"

Descripción. Semillas esferoides, un poco más altas que anchas, pequeñas, de unos 6 x 4 mm, algo angulosas y terminadas en punta, de color castaño claro con suaves tonos blanquecinos. Atendiendo a la nomenclatura descrita, serían "garbanzos chirinos", tipo "microsperma".

Origen y muestras obtenidas. Anteriores de Bérchules.

Observaciones. Los garbanzos pequeños se consideran más productivos, más "rústicos", que los "gordos". Esta mejor productividad parece deberse a su mayor resistencia a las enfermedades fúngicas. Esa cualidad les permite ser cultivados en lugares donde la proliferación de hongos patógenos dificulta o impide el cultivo de los "gordos". Hoy en día se trata de cultivos muy puntuales, en franca regresión, normalmente los garbanzos se compran en las tiendas y no proceden de la Alpujarra, siendo más frecuente el consumo de garbanzos de tipo "gordo".

Garbanzo tipo "chirino" (Alcútar).

2. Garbanzo "de Turón"

Descripción. Semillas esféricas, rematadas en una punta notable, relativamente pequeñas (7-8 mm diámetro) y color pajizo oscuro. Pertenecen al tipo "microsperma", "chirinos".

Origen y muestras obtenidas. Órgiva.

Observaciones. Las semillas llegaron a Órgiva procedentes de Turón. Las consideran variedad tradicional aunque no parece ser muy cultivada en la actualidad.

Garbanzo "de Turón".

3. Garbanzo "negro"

Descripción. Garbanzos de tamaño medio (6-9,5 x 4-7 mm), irregulares, con pico marcado y bastante acostillado, de color negro (negro claro). Costillas diminutamente crestadas, con pequeñas verrugas.

Consumo. En otros tiempos se consumían, pero no eran demasiado apreciados porque oscurecen el caldo al ser cocinados. De hecho, al igual que en muchas otras zonas del país, cuando se limpiaban de paja los garbanzos "blancos", los negros se separaban para usarse en alimentación animal. Si todavía quedaba alguno y acababa en un guiso, se decía que al que le tocase un garbanzo negro, le iba a dar mala suerte.

Origen y muestras obtenidas. Recientes de Cádiar, Cástaras y Órgiva.

Observaciones. Muy valorado antaño para alimentación del ganado, tanto la paja (oveja y cabra) como el grano (todo tipo de ganado, particularmente los cerdos, se dice que engordan mucho). Se ha considerado una variedad desaparecida en muchas localidades. Ha perdurado en manos de algunos agricultores que todavía ceban a sus cerdos con sus propios cultivos. En prospecciones previas del territorio se consideró prácticamente desaparecida (Romero *et al.*, 2008), al igual que en otras zonas de la provincia (Benítez *et al.*, 2010).

Garbanzo "negro" en campo. Frutos y flor.

Garbanzo "negro" (Cádiar).

4. Garbanzo "gordo"

Descripción. Semillas de tamaño grande (9-14 x 7-10 mm), angulosas, con venas marcadas, de color crema pálido a casi blanco y rematadas en punta no muy aguda. Pertenecen al tipo "macrosperma".

Origen y muestras obtenidas. Recientes de Trevélez y Mairena.

Observaciones. Los garbanzos "gordos" son más difíciles de cultivar, sobre todo, por ser más sensibles a enfermedades fúngicas como la "rabia", por lo que su cultivo en zonas altas con climas secos y frescos de montaña resultaba más propicio para variedades con esta sensibilidad. De hecho, en Trevélez se cultivaban en cotas superiores a 1.800 m. Hoy en día, parece que ya no se cultivan allí, según hemos podido saber de la familia que antaño los sembraba (Romero *et al.*, 2008).

En cuanto a su valoración culinaria, se le otorga generalmente mayor calidad que a los pequeños "chirinos", aunque esto parece depender del gusto de la casa.

Garbanzo "gordo" (Trevélez).

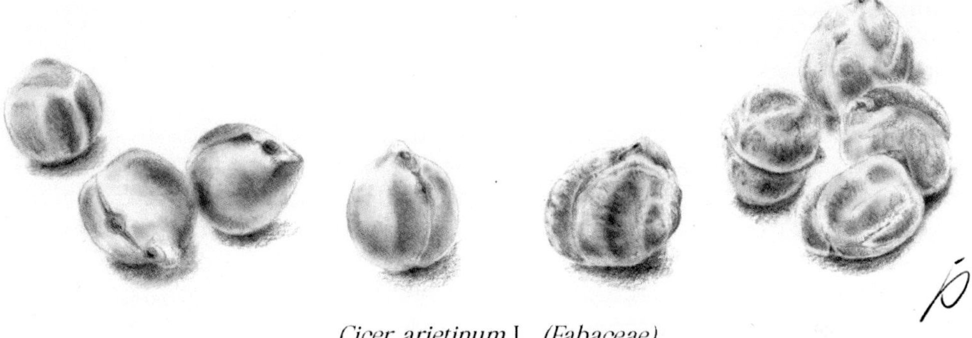

Cicer arietinum L. *(Fabaceae)*

Género *Pisum*

Hierbas anuales, trepadoras, glabras, con tallos ascendentes o procumbentes, sin alas. Hojas alternas, pecioladas, con estípulas muy desarrolladas, libres y dentadas al menos en la base, paripinnadas con 1 a 5 (7) pares de foliolos de borde entero o aserrado, con raquis terminado en zarcillo ramificado, a veces sin foliolos. Inflorescencias en racimos paucifloras (1 a 3), en la axila de las hojas, pedunculadas, sin brácteas. Cáliz con 10 nervios, campanulado, algo zigomorfo, con 5 sépalos, los 2 superiores más anchos. Corola con pétalos con el limbo más largo que la uña, de color blanco, amarillento, azulado, rosada o lila, alas purpúreas o blanquecinas y quilla del mismo color que el estandarte, algo más corta que las alas, encorvada, con el borde undulado. Androceo diadelfo, con anteras oblongas. Estilo deprimido y pubescente. Legumbres pluriseminadas, oblongas a cilíndricas, a veces algo curvadas, sentadas, picudas, a veces algo comprimidas. de vainas carnosas. Semillas que tienden a ser esféricas a subcúbicas, lisas, rugosas o papilosas. Género originario del sudoeste asiático y la zona mediterránea oriental. Se han descrito varias especies, siendo la más importante, *P. sativum*, présules, guisante, chícharo, tirabeque, etc.

Pisum sativum L. Présules, guisantes

También se les conoce por présoles, prénsules, présoles, brésoles, frésoles, o chícharos.

Hierba de hasta más de dos metros, anual, glabra, con hojas de 4 a 13,5 cm; estípulas grandes, mayores que los folíolos, de hasta 16-88 x 8-41 mm, verde glaucas, a veces con una mancha violeta en la base; folíolos ovados o elípticos, a veces apiculados. Inflorescencias con 1-2 flores; pedúnculo corto o hasta casi 20 cm, más corto o más largo que la hoja, sin o con arista de hasta 25 mm; pedicelo de 5 a 11 mm. Cáliz de 11 a 17 mm, con tubo campanulado de 5 a 8 mm y lóbulos de 6 a 9 mm, más largos que el tubo, desiguales, acuminados, los superiores algo más largos y casi el doble de anchos que los inferiores. Corola con el estandarte grande, bilobulado, erecto, blanco, rosado, azulado o lila; alas de color púrpura-obscuras o blanquecinas; quilla del mismo color que el estandarte. Fruto de 39-83 x 9-18 mm, algo toruloso, blanquecino o amarillento en la madurez, con hasta 10 semillas de 4,8 a 8 mm, lisas, papilosas o alveolado-rugosas, blanquecinas, pardo-rojizas con manchas oscuras o completamente pardo-oscuras.

Origen. Sus orígenes se remontan al Cercano y Medio Oriente, pues se han conservado restos carbonizados en aldeas agrícolas neolíticas en el norte de Irak y el sur y sureste de Turquía y Siria, indicando su cultivo y uso como alimento hace de 8.000 a 9.000 años. Posteriormente se encuentran restos en yacimientos del sur de Europa (Zohary y Hopf, 1973). Centros secundarios de diversidad se han localizado a lo largo de toda la vertiente sur del Himalaya, con diversos ecotipos tibetanos, en Transcaucasia y las altas regiones del centro de Etiopía y del Yemen (Ambrose, 2008).

Manejo. Se siembra generalmente a golpes en marzo, en terreno debidamente preparado (arado, desherbado y regado), aunque también se pueden sembrar en otoño, como las habas. En hoyos separados 30-50 cm se entierran 2 o 3 semillas a unos 4-5 cm de profundidad. Cada surco o línea se separa de la cercana entre 60 y 100 cm. Si se cultivan como abono verde o para riciales, no es necesario el entutorado y suelen cultivarse más juntos, a veces esperando para la siembra la llegada de las lluvias otoñales y, en este caso, sembrando a voleo y pasando luego una tabla para enterrar superficialmente la semilla. El manejo requiere eliminar malas hierbas y regado, aunque no requiere demasiado riego. Suelen ponerse cerca de vallas o ponerle alguna estructura para que se enreden en ella. Si la lluvia es la habitual no es necesario regar mucho, si ésta falta, se riegan sobre todo cuando están en flor para que el fruto cuaje bien. Se recolectan de forma escalonada, desde mayo hasta que se agotan las matas. Para su uso como abono verde o pasto, se cultiva de invierno, entonces no se recolectan los frutos, sino que bien se entierra en el suelo como abono verde, o se deja al ganado que entre en la zona para que lo coma.

Para guardar semilla, se dejan sin recolectar unas matas para que la vaina y el grano maduren bien. Una vez las vainas están amarillentas y el grano se ha secado, se arrancan las matas y se desgranan las vainas para guardar la simiente. Si el cultivo es abundante, las matas se ponen en un fardo y se pisan o machacan para que salga el grano, para luego con la ayuda de rastrillo u horca, se aventa para separar grano de paja. En general, además de en alimentación humana, sirven para el ganado como grano, pasto, pienso o forraje verde o seco (D'Ambrosio *et al.*, 2018).

Sobre plagas y enfermedades. Las semillas suelen ser atacadas por el gorgojo (*Bronchus pirosum*, principalmente). En cuanto al cultivo, le afectan enfermedades fúngicas como antracnosis (*Colletotrichum lindemuthianum*) o mildiu (*Peronospora viciae*). Estas enfermedades suelen tratarse con sales de cobre, caldo bordelés u otros fungicidas.

Consumo. En guisos, ensaladas, o crudos.

Diversidad. Hay muchas variedades de este cultivo. El CRF del INIA tiene hasta 600 accesiones de variedades locales, muchas andaluzas (D'Ambrosio *et al.*, 2018), siete de las cuales proceden de la Alpujarra. Sin embargo, las diferencias entre ellas suelen ser sutiles.

Aunque es común emplearlos como sinónimos, es frecuente usar el término "guisantes" para referirse a las variedades "modernas" (comerciales y/o traídas hace poco tiempo), mientras que a las variedades tradicionales se le denomina "présules", "prénsules", "présoles", "brésoles", "frésoles" o "chícharos". La diferencia principal es que los "guisantes" (variedades nuevas), tienen vainas más largas, con más granos y son de mayor tamaño, aguantando más tiempo en un estado apropiado para el consumo en tierno. Por otro lado las vainas de los "présules" tienen una maduración mucho más rápida, pasando de este estado ideal, a estar demasiado duros en muy pocos días. Además el tamaño menor del grano dificulta mucho su comercialización. Sin embargo, su sabor dulce y suave es muy valorado, por lo que se siguen cultivando, normalmente sin finalidad comercializadora.

Dentro de los présoles, se distinguen por su color dos tipos principales, "blancos" y "negros", "gitanos" o "perrunillos". Los blancos son preferentemente destinados a consumo humano, aunque también se pueden usar como forrajeros. Sin embargo, para este uso son más apropiados los "negros", por ser más productivos y de mayor rusticidad, más *bravíos*. Entre las variedades recientes que se han incorporado al territorio, también se cultivan los "tirabeques", más frecuentes hacia la costa desde donde se han ido introduciendo. La potente agroindustria de territorios vecinos, como el Campo de Dalías ha introducido gran cantidad de variedades "modernas", comerciales, cuyo cultivo, en no pocas ocasiones se ha extendido por la Alpujarra.

Variedades locales

1. "Présules", "présoles", "prénsules", "brésules", "frésoles"

Descripción. Planta de enrame, que alcanza una altura de hasta 2 metros, ramificada. De hojas compuestas, alternas, con foliolos terminales transformados en zarcillos. Flor blanca, vaina péndula de color verde, subcilíndrica, de unos 6 cm de largo, con 4 o 5 granos, más o menos esféricos y lisos.

Origen y muestras obtenidas. Recientes de Cádiar, Cástaras, Pórtugos, Órgiva, Válor. Anteriores de Alcútar, Bérchules, Juviles, Cádiar y Mairena.

Observaciones. Las diferentes denominaciones parecen deberse a derivaciones lingüísticas, aunque también es cierto que se observan diferencias entre las muestras obtenidas. Sería necesario un estudio más exhaustivo para poder determinar si se trata de cultivares diferentes.

Cultivo de "présules."

"Présules" en campo (flores y hojas).

"Présules" en campo (flores y hojas).

"Présules", semillas. (Cádiar).

2. "Présol gitano", "présules negros", "prénsules perrunillos"

Variedad cuyo principal uso es la alimentación animal, actualmente al parecer no se cultiva. Se caracteriza por su productividad, rusticidad y pocas necesidades agronómicas. Los granos son de un color crema, más oscuro que los "blancos".

Origen y muestras obtenidas. "Présol gitano", procedente del CRF, de Cádiar, recogida en 1987.

"Presol gitano".

Otras variedades

"Tirabeques"

Descripción. Se caracterizan por tener la vaina plana y carnosa, que se consume entera, y la flor de color rosado-fucsia, aunque también hay de flor blanca. Las semillas una vez secas, son de color oscuro, marrón incluso con tonos negros. Su cultivo está más extendido en cotas bajas, cerca de la costa.

Origen y muestras obtenidas. Bérchules.

Observaciones. Cultivo de reciente introducción (unos 20 años), del que no se conocen variedades locales en la Alpujarra. Si existen variedades comerciales de este tipo, como "carouby". Son variedades que se pueden comprar en los almacenes o tiendas de semillas.

Semillas de "tirabeque".

"Lincoln", "Rondo", "Jumbo" y otras comerciales

Se trata de guisantes de variedades comerciales que se cultivan principalmente en explotaciones profesionales, aunque también en huertos familiares. Son de fácil acceso, ya que se venden en cualquier almacén o tienda de semillas. Se caracterizan por desarrollar vainas largas, de unos 10 cm, con unos 9 granos por vaina ("Lincoln"). Además la maduración de las vainas es más lenta que la de los "présules", por lo que el tiempo para su recolección en estado óptimo (madurez comercial) es mayor. Estas características hacen que sean más propicios que los "présules" para su cultivo con finalidad comercializadora, aunque, como se ha indicado, en huertos familiares se siguen cultivando los antiguos, por su sabor.

Pisum sativum L.
(syn. Lathyrus oleraceus Lam.) (Fabaceae)

Género *Vicia*

Hierbas anuales o perennes. En este caso, con rizoma con raíces fibrosas que pueden ser estoloníferas. Tallos aéreos herbáceos, de procumbentes a erectos, delgados y ramificados, sin alas. Hojas alternas, con estípulas, con peciolo, a veces muy corto, paripinnadas, en general con numerosos foliolos, rara vez imparipinnadas, con raquis acabado en mucrón linear o zarcillo simple o ramificado. Estípulas herbáceas, libres, en general semihastadas, menores que los foliolos, con frecuencia con un nectario oscuro (púrpura a morado). Foliolos de margen entero, aserrados o dentados, con venación pinnada. Inflorescencias en racimos en las axilas de las hojas, sin brácteas, pauci o multifloras. Flores con un corto pedicelo. Cáliz con 5 a 20 nervios, campanulado a subcilíndrico. Corola con pétalos diferenciados en lámina y uña, de colores variados (rojiza, azul, violácea, amarilla, blanca...), con quilla recta o curvada, algo más corta que las alas. Androceo diadelfo, con anteras redondeadas u oblongas. Estilo acodado cerca de la base, con un anillo de pelos en el ápice. Legumbre de elíptica a linear-oblonga, picuda, comprimida, dehiscente, pluriseminada, con hasta 50 semillas. Semillas de esferoidales a oblongas, rara vez reniformes, algo comprimidas, en general lisas, rara vez con tubérculos y con un engrosamiento lenticular delgado y alargado.

Género con numerosas especies, estimadas en unas 230, extendidas por África, Europa y Asia. Entre ellas el haba (*V. faba* L.), cultivada para consumo humano y forraje. Otras forrajeras son la veza (*V. sativa* L.), el yero (*V. ervilia* (L.) Willd.), la moruna (*V. articulata* Hornem.), arvejón (*V. narbonensis* L.) y otras como *V. villosa* Roth.

Vicia faba L. **Habas**

Hierba anual carnosa, glauca, glabra. Hojas grandes de 14-90 mm con 1 a 3 pares de foliolos de 20-95 x 10-35 mm terminados en mucrón y con estípulas grandes de 10-13 x 3-10 mm lanceoladas, semihastadas, con un nectario purpúreo. Inflorescencias pedunculadas con 1 a 5 flores de pétalos blancos, a veces con venas violáceas o parduzcas. El fruto es una legumbre de entre 8-20 x 1-2 cm, con número de semillas variable entre 2 y 9. Semillas de 10-25 mm reniformes, lisas, de color verde a pardo o morado oscuro (Romero Zarzo, 1999).

Se cultiva por sus legumbres, usadas en alimentación humana y animal. También las semillas separadas de las vainas, muy apreciadas para consumo humano y como pienso. La planta entera puede usarse como forraje o abono verde.

Origen. Cultivada en la Península Ibérica desde hace unos 3000 años (Romero Zarzo, 1999), se considera originaria de la cuenca mediterránea o Asia Central.

Manejo. Se siembran en otoño cuando llegan las lluvias, la fecha depende del lugar de cultivo, la altitud o de las preferencias del agricultor/a, normalmente entre octubre y noviembre, antes de los fríos invernales. Se siembra a golpes, separando cada golpe entre 30 y 50 cm y echando en cada uno 2 o 3 semillas enterradas a unos 2 o 4 cm. La labor principal es la eliminación de hierbas espontáneas, que se realiza generalmente a mano con el mancaje, hasta que ya están grandes y productivas. A veces hay que recalzar las matas que se doblan por el riego, sobre todo si se ponen en llano. Si se siembran en surcos, los golpes se ponen a medio surco, macho o caballón para que no se doblen con el agua de riego. Suelen regarse, dependiendo de las lluvias y temperatura, al menos una vez a la semana, sobre todo cuando ya entra la primavera; cuando están en flor y fructificando, no debe faltarle agua. Se dice que las heladas les vienen bien y favorecen la producción, pero no es conveniente que las matas estén demasiado altas (50-60 cm, o más) cuando lleguen las heladas fuertes, sufren más y les cuesta recuperarse que si son más pequeñas (20-30 cm). Se van recolectando las vainas escalonadamente y en función de su uso culinario, más o menos maduras, según se quieran comer los granos o las vainas inmaduras completas (jarugos). Aproximadamente se empiezan a recolectar en marzo o abril y puede durar la cosecha hasta mayo o junio. Las últimas se cogen ya muy maduras, se desgranan y suelen usarse para secar. Antes, si era mucha cantidad, se aventaban con la criba en la era, pero lo normal es hacerlo a mano. Estas habas secas pueden servir de simiente para otros años, o bien para su consumo en grano.

En la Alpujarra se han podido sacar dos cosechas anuales, sobre todo quienes tienen fincas a diferentes altitudes; ponen el cultivo de haba de otoño-invierno en la finca baja y en la alta hacen una siembra en torno a abril o mayo para recolectar habas entre agosto y septiembre.

Para obtener buena simiente lo mejor es dejar unas cuantas matas sin recolectar, hasta que se sequen. A la semilla de un año para otro es frecuente que le ataque el gorgojo, pero en general siguen germinando. El problema de la germinación se agrava con los años de almacenaje. Se suelen guardar en botes herméticamente cerrados o en talegas de tela.

Sobre plagas y enfermedades. El pulgón (*Aphis fabae*) es la plaga más frecuente, aunque hay otras como el trip, o el escarabajo (*Sitona lineatus*). También puede presentar afecciones fúngicas como el mildiu (*Pernospora viciae*), roya (*Uromyces fabae*) o esclerotina (*Sclerotina sclerotiorum*) y víricas, como el virus del mosaico de las habas. Además, tienen un parásito vegetal, generalmente llamado "jopo" o "jopo del haba" (*Orobanche crenata* Forssk.).

Observaciones. Cultivo muy arraigado en la Alpujarra y en toda Andalucía. Hay variedades locales, pero su diferenciación no es sencilla y la separación de las variedades locales respecto a algunas de las comerciales también es dificultosa. Los descriptores utilizados son principalmente el número de granos por vaina (mayor en variedades recientes, llegando a 9 o 10 y menos en las antiguas, entre 4 y 6) y el color del grano seco, desde el pardo a verde y morado oscuro.

Consumo. Se consume el grano verde en muchos platos típicos (habas con jamón, cazuelas de arroz, etc.), y seco en potajes (potaje de habas secas, etc.). Es típico consumir las vainas verdes y muy tiernas, sofritas con cebolla, plato denominado "jarugo" o "tarugo" que a veces se acompaña de otros ingredientes (tocino, jamón, etc.). También se emplean como alimento para el ganado, aunque el abandono de la ganadería familiar ha llevado a la disminución del cultivo de habas y sobre todo la seca, la gran mayoría se consume en verde (Romero *et al.*, 2008).

Se considera un cultivo que mejora el suelo; enterrando las plantas como abono verde o simplemente, aprovechando el espacio que dejan para la rotación de cultivos. *Deja buen rastrojo.*

Cultivo de habas en Alcútar.

Habas secando para simiente en Cádiar.

Diversidad. Se consideran dos tipos fundamentales, las variedades locales "antiguas", "del terreno", o "común" y las variedades "nuevas" o "modernas", traídas de otros territorios o variedades comerciales, que en algunos casos se llevan cultivando bastante tiempo (30-40 años). Esto ha conducido a que se produzcan hibridaciones entre ellas y que resulte difícil distinguirlas. Por otra parte, es frecuente el uso del el término "haba" sin concretar nada más, para referirse a habas de variedades locales o comerciales, lo que tampoco ayuda a su identificación.

Un carácter de distinción varietal es, como hemos comentado, el color de las semillas. Las más frecuentes son de color crema claro-verdoso, pero se cultivan otras de color oscuro, negras o moradas. En cuanto al tamaño de grano existen unas más pequeñas que otras, a las más menudas les llamaban "chirinas" y se distinguían "blancas" y "moradas" (Navarro, 2002).

Un carácter importante en las variedades consideradas locales o tradicionales es el tamaño de las vainas, que suele ser más pequeño que las variedades más recientes; esto ha hecho que, en algunos casos, especialmente cuando la finalidad del cultivo es la comercialización, se sustituyan por otras que desarrollen legumbres grandes y más vistosas. Sin embargo, cualidades como el sabor, la textura o la "finura" de las habas tradicionales ha propiciado que se sigan cultivando, tanto para autoconsumo como para aquellas personas que buscan un producto con estas características.

Variedades locales

1. Habas "antiguas", "común" o "del terreno"

Descripción. Planta que produce legumbres con semillas grandes, de unos 26 mm (25-29 mm). Son de color verde amarillento claro, algunas tirando a rojizo.

Origen y muestras obtenidas. Recientes de Cádiar, Mecina Bombarón y Juviles. Anteriores de Alcútar, Almegíjar, Cádiar, Juviles, Mairena y Nieles. Aunque en algunas accesiones solo se indica "haba", sin especificar variedad.

Observaciones. Se pueden diferenciar al menos dos tipos con estas denominaciones. Unas de vaina más pequeña, con unos 4 (3-5) granos por vaina y vainas de unos 14 cm de largo, y otras, de vainas más grandes, con 6 (5-7) semillas por vaina y vainas de unos 20 cm. En cualquier caso, son más pequeñas que las comerciales, cuya longitud de vaina supera 30 cm. Se cultivan menos que las variedades modernas actuales, pero debido a que hay platos típicos para los que se prefieren vainas cortas de pocos granos, y estas son muy ricas cuando se consumen así, hay familias que las siguen cultivando y las prefieren.

Haba "del terreno", "común".

2. Haba "Tarragona"

Descripción. Se trata de una variedad que produce legumbres cortas, de 4-6 granos y unos 14-18 cm de largo. Los granos son grandes, incluso un poco mayores que las anteriores, de unos 27 (25-31) mm. de longitud máxima.

Origen y muestras obtenidas. Cádiar.

Observaciones. Se suelen cocinar con la vaina, son dulces y suaves, según comentarios de los informantes.

Haba "Tarragona".

3. Haba "moruna", haba "negra"

Descripción. Planta que da semillas más pequeñas que las anteriores y que adquieren al madurar tonos más oscuros, que van desde el morado oscuro al negro. Las vainas tienen entre 4 y 6 (7) semillas.

Origen y muestras obtenidas. Recientes de Pórtugos y Órgiva. Anteriores de Lobras.

Observaciones. Existe una variedad comercial muy extendida, llamada "Reina mora" que se le asemeja y se menciona a continuación. Estas variedades suelen ser más precoces y de ciclo más corto, por lo que se prefieren en zonas frías o para siembras más tardías.

Habas morunas.

Otras variedades

"Valenciana". Variedad muy extendida que se cultiva en la Alpujarra desde hace más de 40 años (Navarro, P., 2002) de vainas muy largas, más de 30 centímetros y 9 o 10 granos por vaina.

"Aguadulce". Muy cultivada también desde hace tiempo, tanto en la Alpujarra, como en otros territorios; las casas comerciales han ido obteniendo variantes "mejoradas", a priori, con mayor productividad y resistencia.

"Reina Mora". Es una variedad comercial cultivada desde hace muchos años, presenta granos de tonos morado, que cuando están muy secas y pasa el tiempo, se oscurecen llegando casi a negro, de color similar a las "morunas o "negras", aunque de tamaño algo mayor.

"Granadina". Menos cultivada que las otras variedades citadas, pero, al parecer, se sembraba en por zonas frías del interior de Andalucía. A diferencia de las anteriores, no figura en el catálogo europeo de variedades comerciales (*Common catalogue of varieties of vegetable species*. European commission, 2021), aunque si en documentación del Ministerio de Agricultura (Cano, 1977) en la que se describe de la siguiente forma: "Mixta de verdeo y grano. Grano claro y de gran tamaño. Muy resistente al frío." Esta descripción aunque escueta, encaja al menos en parte, con variedades "del terreno" o "antiguas" tanto de la Alpujarra como de otras zonas de la provincia de Granada.

También se cultivan la "Reina blanca", la "Muchamiel" y otras variedades aún más recientes.

Vicia faba L. *(Fabaceae)*

FAMILIA GRAMÍNEAS (POÁCEAS)
Gramineae, Poaceae

Zea mays (Poaceae)

Hierbas anuales, bienales o perennes, rara vez plantas leñosas, inermes, glabras o pelosas, hermafroditas, muy rara vez dioicas o monoicas, en general anemófilas; las perennes, con rizoma corto y ramificado, poco visible en las plantas cespitosas, o largo y desarrollado en las plantas rizomatosas, a veces con estolones, hipogeos o epigeos, y brotes estériles que florecen al año siguiente y que nacen por dentro de las vainas (intravaginales) o atravesándolas (extravaginales). Tallos solitarios o fasciculados, en general simples, tipo caña, erectos, acodados cerca de la base o ascendentes, foliosos, lisos o estriados, algo cubiertos por las vainas foliares, marcadamente articulados, con entrenudos por lo general huecos y nudos conspicuos, sólidos. Hojas simples, enteras —muy rara vez serruladas o denticuladas—, sésiles y envainadoras, insertadas en los nudos, paralelinervias,; las basales y las de los brotes estériles fasciculadas, las caulinares alternas y dísticas, todas diferenciadas en vaina que abraza el tallo, lígula, a veces sin lígula y limbo; vaina abierta o cerrada, con los márgenes soldados en toda su longitud, a veces con aurículas distales; lígula membranácea o inexistente, a veces formada por una línea de cilios; limbo plano, enrollado o plegado longitudinalmente, en ocasiones filiforme o junciforme, rara vez ensanchado en la base en aurículas abrazadoras.

Estructura floral muy característica. Inflorescencia constituida por espiguillas, que se organizan en panícula, racimo o espiga, rara vez una sola espiguilla, laxa o densa, con eje o raquis, cilíndrico o de sección poligonal. Espiguillas sésiles o más frecuentemente pedunculadas, en general con 2 brácteas (glumas) en la base —rara vez 1, o faltan—, protectoras, herbáceas, escariosas, papiráceas o coriáceas, por lo general persistentes en la fructificación, sin arista o con menor frecuencia aristadas, que pueden ocultar parcial o totalmente a las flores; eje de la espiguilla (raquilla) por lo general articulado. Flores 1 o más en cada espiguilla, dísticas, por lo general hermafroditas, rara vez unisexuales o estériles, abiertas o, con menor frecuencia cerradas (cleistógamas), protegidas por 2 brácteas membranáceas (glumillas o glumelas), hialinas, herbáceas, papiráceas o a veces coriáceas (rara vez solo 1 bráctea), la abaxial o inferior (lema) de consistencia muy variable y a menudo envolviendo al conjunto de la flor, usualmente con la zona de inserción destacada (callo), y con el nervio medio prolongado, o no, en 1 cerda o arista de posición variable, a veces con varias apicales, recta o acodada, simple o más rara vez trífida, lisa, escábrida o pelosa; la adaxial o superior (pálea) en general más corta que la lema, membranácea o hialina, con 2 quillas, adherida o no al fruto. Perianto nulo, o con más frecuencia reducido a 2(3) laminillas membranáceas o carnositas (lodículas), con una base carnosa integrada en el eje floral.

Androceo por lo general con 3 estambres (rara vez 1 o 2, excepcionalmente 6 o más), libres, de filamento largo y anteras grandes mediifijas, linear-oblongas, glabras o pelosas, con las tecas ligeramente separadas en los extremos (como una x alargada), por lo común amarillentas o violetas. Gineceo con 2-3 carpelos soldados en un ovario súpero, unilocular, con 1 a 3 estilos cortos que se prolongan en sendos estigmas plumosos; rudimento seminal único, de orientación variable. Fruto en cariopsis, con la testa casi siempre completamente soldada al pericarpo, por lo general con embrión relativamente pequeño pero complejo; endosperma amiláceo.

Familia cosmopolita, numerosa en géneros y especies y de extraordinaria importancia, se estiman en unos 800 los géneros y unas 12.000 especies, aunque en la actualidad se sigue incrementando el número de ambos. Se incluyen es esta familia los bambúes, las cañaveras o grupos tan importantes para la alimentación humana como los trigos (*Triticum*), los arroces (*Oryza*), el maíz (*Zea mays* L.), el centeno (*Secale cereale* (L.) M.Bieb), la cebada (*Hordeum vulgare* L.) o la avena (*Avena sativa* L.) o como forrajeras: *Festuca*, *Poa*…, etc.

Género *Zea*

Plantas anuales robustas o perennes, monoicas, cespitosas o rizomatosas. Tallo articulado, único o ramificado, con numerosos entrenudos, macizos, a menudo con raíces fulcreas (zancos, coronarias) que se producen en los nudos basales. Hojas caulinares en su mayor parte, anchas, lineares, aplanadas, con nervio central marcado y lígula membranosa. Inflorescencias unisexuales; la masculina en panícula terminal, con entrenudos del raquis no articulados. Espiguillas emparejadas, unilaterales, una pedicelada y la otra casi sésil; glumas herbáceas, multinerviadas, con dos flores con lema y pálea, tres lodículas y 3 estambres. Inflorescencias femeninas axilares (mazorca), en espiga solitarias, envuelta en 1 a numerosas espatas. Las espiguillas son sésiles, solitarias y emparejadas (en dos filas), hundidas, casi envueltas por los entrenudos del raquis. Gluma inferior lisa, endurecida, mientras que la segunda gluma es membranosa. Lodículas ausentes. Estilos y estigmas, solitarios, son muy largos, excediendo a las espatas envolventes, sobresaliendo del ápice y formando una especie de cabellera. Fruto cariopsis, dura, en general amarilla.

Se han distinguido en el género 4 especies silvestres, perennes, y una más, *Zea mays*, anual y con cuatro subespecies (Doebley y Iltis, 1980, Doebley, 2003). El maíz cultivado se corresponde con *Zea mays* subsp. *mays*, mientras que el resto de especies perennes y subespecies anuales son muy distintos y se les da el nombre de teosintes (teocintles). Actualmente se acepta que el maíz surgió hace unos 9.000 años por el cruce con los teosintes, especialmente con *Zea mays* subsp. *parviglumis* Iltis y Doebley, en el territorio mejicano del río Balsas.

Zea mays L. **Maíz**

Descripción. Planta anual de porte robusto. Tallo simple, erecto, que puede alcanzar hasta 5 m o más de altura. La ramificación es casi inexistente. El eje central presenta nudos y entrenudos, con médula esponjosa. Hojas alternas, anchas, que nacen en los nudos, abrazadas al tallo por la vaina que envuelve el entrenudo, cubriendo la yema floral. Raíces primarias fibrosas y con raíces adventicias que mantienen a la planta erecta. Flores unisexuales bien diferenciadas en la misma planta. La inflorescencia masculina es terminal, con un eje central y ramas laterales. Las femeninas se sitúan en las yemas axilares de las hojas; son espigas cilíndricas con un raquis central dode se insertan las espiguillas por pares, cada una con dos flores, una fértil y otra abortiva, que se disponen en hileras paralelas. Ovario con estilo unido al raquis y estilo muy largo. La mazorca puede formar de 400 a 1000 granos, con un promedio de 8 a 24 hileras por mazorca, que quedan encerrados por numerosas brácteas o vainas de las hojas (totomoxtle). Polinización anemófila.

Origen. El género es endémico de América Central, especialmente de México. El maíz es la especie más conocida del género, *Zea mays*, una planta cultivada en todo el mundo que no se conoce silvestre. El resto de especies y subespecies del género *Zea*, los teosintes (teocintles) tienen unas mazorcas con solo dos hileras de semillas y se suponen son los antecedentes del maíz cultivado. Según fuentes diversas, como fray Bartolomé de las Casas y otros historiadores, parece que Cristóbal Colón trajo semillas de maíz en su primer viaje, llegando a España en 1493.

Manejo. Se siembra entre mayo y junio, generalmente a fines de mayo, Aunque la época varía en función de la tierra, la altitud donde esté la huerta, y las variedades cultivadas, puesto que las hay de ciclo corto, o largo. Las de ciclo corto se pueden sembrar más tarde, incluso en julio, en el rastrojo de la cebada o del "avenate". Las de ciclo largo o lento antes, incluso en abril, El suelo tiene que estar bien abonado. Se solía aprovechar el rastrojo de la moruna o de las habas y "resfriado" (regado 2 o 3 días antes). Se siembra a golpes en surcos poco profundos, cerca de la hembra del surco (valle), o en llano. Se hace un hoyo de 2 o 3 cm y se echa uno o 2 (hasta 3) granos por hoyo (si la semilla es buena, reciente o gorda, se echa sólo una). Los golpes se separan unos 20 cm. Requiere de desherbado a mancaje y, a veces, de clareado si han nacido varias plantas por hoyo y se quiere dejar sólo una, aunque generalmente suelen dejarse las que nazcan. Se riega a demanda pero intentando evitar el encharcamiento para evitar pudrición de la raíz. A muchas variedades se le desmocha o *escaba*, cortando la parte alta de la planta o "cabo", que son las inflorescencias masculinas. Se cortan cuando éstas se secan, por encima de la última *panocha* (mazorca), y pueden usarse como forrajeras. Se dice que esto hace que engorde la panocha. La asociación del cultivo con habichuelas (técnica agrícola de origen azteca, que incluye también el cultivo de calabaza) era habitual en el manejo tradicional, influyendo incluso en la de denominación de cultivares como la "habichuela del maíz". Todavía se emplea esta asociación, pero es menos frecuente. También hay quien usa el maíz como seto para frenar el viento, sembrándolo en las zonas por donde suele azotar a su huerta.

Cultivo de maíz en el borde de la huerta para frenar el viento (Pórtugos).

Se recolecta en función de las variedades. En el maíz que se aprovecha tierno, las panochas se recolectan escalonadamente cuando van madurando, cuando tiene todavía las "hojas" de la panocha verdes y aún está tierno. El que se usa para secar y hacer harina o para palomitas, se deja en la planta hasta que se seca y, se suele recoger entre finales de septiembre y octubre. La mazorca tiene ya las hojas secas, pajizas y está dura. Una vez separadas de la mata, deben secarse a la sombra y luego, se les quita las hojas que la recubren, la farfolla, se hacen manojos y se cuelgan, o se almacenan en cajas.

Para guardar semilla, se eligen las panochas que tengan mejor aspecto y de granos más gordos, prefiriéndose las de color uniforme. Es frecuente seleccionar para siembra sólo los granos del centro de la panocha, que suelen ser más *parejos* (regulares).

Sobre plagas y enfermedades. Puede verse afectado por distintas plagas de insectos, como pulgón, trips, el "taladro" o el "gusano del alambre". También ácaros como la araña roja. Enfermedades fúngicas (rolla, tizón, carbón) o víricas (mosaico, MDMV) transmitidas, estas últimas, generalmente por pulgones. Habitualmente, no suelen ser afecciones demasiado graves por lo que no suelen tratarse a menos que sea necesario. El azufre suele usarse de forma preventiva en muchas huertas.

Observaciones. El maíz es muy cultivado en la Alpujarra y lo encontramos en casi todos los huertos familiares. Muchas partes de la planta se han usado como forrajeras: caña, hojas, farfolla y zuro o pabilo (el eje de la mazorca donde se insertan los granos). El proceso del desfarfollado llevaba antaño implícito un momento de reunión familiar o vecinal, en el que también se desarrollaban otras actividades en grupo. Las personas se ponían en círculo con el maíz en el centro, y se iban quitando las farfollas. Había un juego consistente en que, cuando aparecía un grano de otro color (colorado en panocha blanca), se pellizcaba en pierna o brazo a la persona de la derecha y el pellizco se iba pasando a la siguiente persona, hasta que se detenía terminando de desfarfollar la panocha que se tuviera en las manos. Si la mazorca era entera colorada, se daba un abrazo si eran personas de distinto género (Navarro, 2002; Romero *et al.*, 2008). A veces se terminaba haciendo una fiesta, bailando, se asaban castañas y preparaban comidas populares.

Algunas variedades alpujarreñas de maíz son apropiadas para moler, harineras. La harina de maíz se utiliza de forma similar a la de trigo, incluso se prefiere para la elaboración de algunos platos tradicionales. Al no tener gluten, hoy en día es muy demandada puesto que la intolerancia a esta proteína es cada vez más frecuente.

Diversidad. Hay muchas variedades de cultivo, y varias de ellas se consideran variedades tradicionales de la Alpujarra.

A nivel botánico o agronómico se pueden diferenciar distintos grupos de cultivares, entre los que destacamos (Paliwal, 2001):

a. Maíz dentado (var. *indentata*). El más cultivado en el mundo. Los granos tienen una depresión en el extremo cuando están maduros. Se usa mucho como alimenticio y forrajero, es de gran productividad. También es el que tradicionalmente se usa para elaborar los "quicos de maíz".

b. Maíz duro (var. *indurata*). Suele llamarse maíz duro o cristalino. Sus granos son vítreos, duros, córneos, redondeados. Seca más lentamente y es el preferido para consumo humano. Suele también usarse, y suele usarse para hacer harina o maicena.

c. Maíz harinoso (var. *amilacea*). Maíz harinoso de gran variabilidad de colores, usado para alimentación humana y para elaboración de bebidas y platos especiales. El grano se raya fácilmente con la uña aun cuando no esté maduro. Es un maíz de bajo rendimiento en relación a otras variedades.

d. Maíz reventón (var. *everta*). Llamado localmente "tostonero" o "rosetero", usado para hacer palomitas. Es un maíz temprano con mazorcas pequeñas, granos muy redondeados y brillantes, pequeños.

e. Maíz dulce (var. *saccharata*). Maíz de granos gruesos, suele destinarse al consumo humano. Es el preferido para consumir la mazorca en verde, porque el grano tiene mucha humedad.

En los años 60 se realizó una evaluación de las variedades del país partiendo de más de 450 muestras, y se concluyó que podían agruparse en un total de 21 (Sánchez Monge, 1962), entre las que 9 se obtuvieron de Andalucía. También se mencionó la frecuencia de formas intermedias y dificultad de encontrar razas puras o muestras representantes de estas razas.

En la Alpujarra se denominan las distintas variedades de maíz usando diferentes criterios, como el color p. ej. "doraillo" o "blanco", el uso, como los "roseteros" (para hacer palomitas o tostones). El origen es otro de los criterios para la denominación varietal como ocurre con el maíz "marqueseño", procedente de la vecina comarca del Marquesado, o también el ciclo de cultivo "tresmesino" o "tempranillo". De la misma forma que sucede con muchos otros cultivos, las denominaciones "del terreno", "antiguo" o "autóctono" se emplean para distinguir a variedades locales, cuyo cultivo se remonta mucho tiempo atrás, de variedades comerciales "modernas" de más reciente introducción, como es el caso del denominado maíz "híbrido". A menudo se combinan criterios como en el caso de la variedad "rosetero negro".

Es muy frecuente que los distintos cultivares, y las semillas que se conservan se encuentren hibridadas entre sí. El maíz se poliniza a través del viento y el polen puede viajar muchos kilómetros, esta mezcla implica que la diferenciación varietal sea complicada y los fenotipos de los frutos no siempre coinciden con la descripción previa, además de ser variables.

Origen y muestras obtenidas. Recientes con las denominaciones de "amarillo, blanco", "calaillo, del terreno", "rosetero colorado", "rosetero negro", "rosetero, dorado", "doraillo (mezclado)", "rojo, rosetero amarillo (de uña)", "rosetero amarillo redondo", "rosetero rojo", "tostonero" y "tostonero colorao", procedentes Bérchules, Cádiar, Capileira, Capilerilla, Cástaras, Nieles, Órgiva y Pórtugos.

Anteriores con las denominaciones de "antiguo", "calaillo, del moro", "doraillo", "maíz, rosetero", "rosetero colorao", "rosetero negro", "tempranillo y tostonero", de Alcútar, Bérchules, Capilerilla, Juviles, Cádiar, Cástaras, Júbar, Laroles, Mairena, Notáez, Nieles y Pitres.

Maíz rosetero (varios colores) y tipo calaillo, abajo (Cástaras).

Variedades locales

1. Maíz "dorao", "doraillo", "diente de perro"

Descripción. Mazorcas de forma cónica poco alargada, de tamaño medio con una longitud de 15-20 cm y un diámetro en la base (zona más ancha) de unos 5 cm, granos de aproximadamente 1 cm de longitud, planos y de forma triangular-trapezoidea, con vértices redondeados. De color amarillo claro o blanco (diferente intensidad) en el borde que da al exterior de la panocha y la zona del germen, y amarillo-anaranjado (dorado), vítreo, el endospermo.

Consumo. Tanto humano, sobre todo para obtener harina, como animal especialmente para dar de comer a los mulos y caballos. La harina de maíz se emplea en diferentes platos de la cocina alpujarreña (migas, gachas, repostería, etc.).

Origen y muestras obtenidas. Se cultiva en diferentes lugares de la Alpujarra, aunque las variedades suelen estar mezcladas y no siempre son fáciles de diferenciar. Muestras recientes de Cádiar y Cástaras. Anteriores de Alcútar y Cádiar.

Observaciones. Se sigue moliendo de forma artesanal al menos en Cádiar, en el *Molino de en medio*, un molino muy antiguo del siglo XVI, que está en perfecto estado de funcionamiento gracias al cuidado de su propietario y de un grupo personas voluntarias que cuidan esta maravilla de la ingeniería hidráulica. La muestra que hemos cultivado para multiplicación de las semillas, procede de allí precisamente. El propio molinero nos entregó unas panochas en 2007.

Maíz "doraillo" de Cádiar (Finca los Morales).

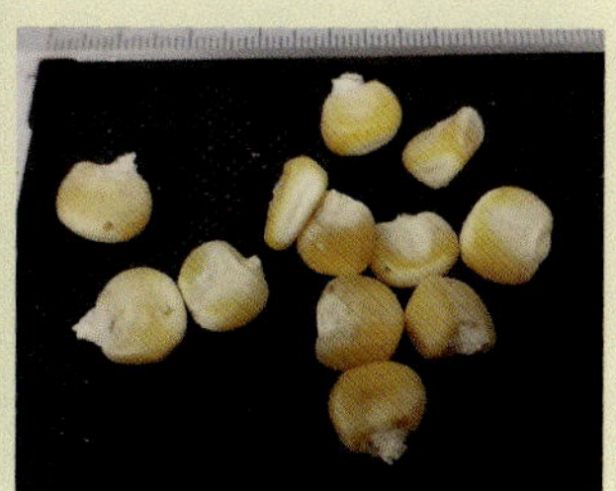

Maíz "Calaíllo" (La Plantonada, Cástaras).

Maíz "del terreno" en Cádiar.

3. Maíz "amarillo"

Descripción. Plantas grandes y altas, que dan varias panochas grandes, estrechas y alargadas. Granos cónicos, ligeramente aplanados, de ápice redondeado o truncado, grandes, de 10-13 x 7-10 mm, de color amarillo dorado, vítreo.

Consumo. Usado tanto para hacer harina como para cebar ganado.

Observaciones. Variedad local considerada entre las de cultivo más antiguo en la zona. Según Navarro (2002) a la variedad "dorado" es al que a veces le salían granos de color rojo o la panocha entera era roja.

Origen y muestras obtenidas. Se cultiva en las zonas altas de la Alpujarra. Muestras recientes de Capileira.

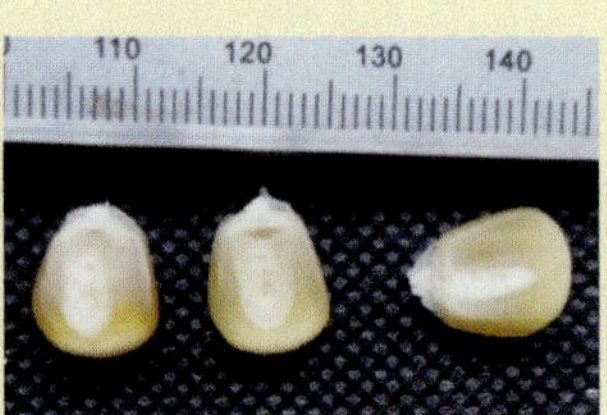

Maíz "doraíllo" (Cádiar).

2. Maíz "calaíllo", "del terreno" o "antiguo"

Descripción. Panochas grandes,de 15-18, hasta 20 cm. Grano gordo, ovalado, más ancho que alto. El color de laa parte basal y central es amarillo claro, casi blanco (igual que la zona central), el resto amarillo anaranjado.

Consumo. Para consumo humano (harina, guisos) o como forrajero. Apreciado para hacer gachas y migas con su harina. También puede consumirse crudo o a la plancha cuando las panochas están inmaduras, tiernas.

Observaciones. Variedad con ciclo de cultivo de unos 5 meses. Junto al maíz "blanco" es de los más apreciados para alimentación del ganado, porque no se "emplasta" en la boca.

Origen y muestras obtenidas. Se cultiva en toda la Alpujarra. Recientes de Cádiar y Pórtugos con el nombre "del terreno". Anteriores de Cástaras y varias con la denominación maíz "antiguo" de Juviles y Capilerilla.

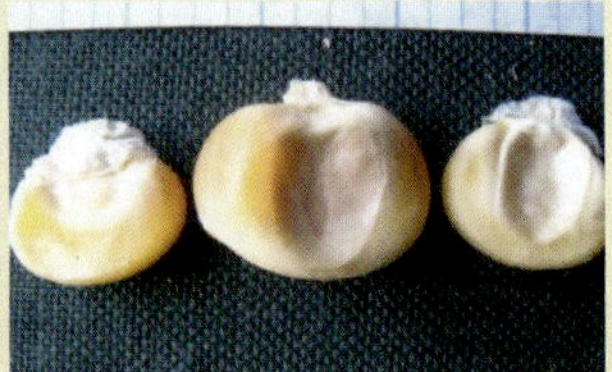

Maíz "calaíllo" (Juviles).

4. Maíz "blanco" o "blanquillo"

Descripción. Plantas de tamaño medio. Mazorcas de 14-15 x 3,5-4,5 cm. Granos de color amarillo pálido, blanquecinos.

Consumo. Apreciado para molerlo y hacer harina, que se usa en cocina para migas, gachas, o incluso pan. Antaño eran típicas las migas de maíz y se prefería esta variedad de maíz "blanco".

Origen y muestras obtenidas. Se cultiva en toda la Alpujarra. Recientes de Cádiar.

Observaciones. En ocasiones se confunde con el "calaillo" pero al menos en las muestras observadas, se diferencian principalmente por el color, el "blanquillo" de color más uniforme y aspecto vítreo o translúcido, mientras que en el "calaillo" el color blanco, más nítido, se combina con amarillo-anaranjado. El uso es similar en ambos, por lo que las hibridaciones entre ellos son muy probables.

Maíz "blanquillo".

5. Maíz "tempranillo" o "tresmesino"

Descripción. Variedad de crecimiento rápido que desarrolla las panochas y granos en 3 o 4 meses. Da panochas de forma cónica, largas, de unos 22 (25) cm y 4,4 cm de anchura máxima en la base. Granos ovalados o redondeados algo angulosos, amarillos o anaranjados.

Consumo. Preferentemente forrajero.

Observaciones. El nombre de "tresmesino" alude a su ciclo más corto. Es una variedad mencionada de antiguo para Andalucía (Sánchez Monge, 1962) y que ha perdurado en otras zonas de Granada (Benítez *et al.*, 2010). Pese a que sigue en la memoria de los agricultores entrevistados, no se han localizado muestras recientes.

Origen y muestras obtenidas. Anteriores de Júbar y Laroles.

Maíz "tempranillo". Cultivo (finca Los Morales).

Maíz "tempranillo", mazorca y granos.

6. Maíz "tostonero", "rosetero amarillo", o "del moro"

Descripción. Mazorcas bastante regulares, alargadas, de unos 14-16, llegando a 18-20 cm de largo, estrechas. Granos de tamaño medio, esferoidales poco aplanados, ápice puntiagudo (uña) a veces muy marcado y de color amarillo dorado o amarillo anaranjado.

Consumo. Para palomitas o rosetas.

Origen y muestras obtenidas. Se cultiva en toda la Alpujarra. Recientes de Bérchules, Capileira, Cástaras y Cádiar. Muestras anteriores de Bérchules, Cástaras, Laroles, Mairena, Nieles, Notáez y Pitres.

Observaciones. Variedad más extendida entre las usadas para palomitas.

Maíz "rosetero" (Nieles). Granos, con "uña" (arriba).

7. Maíz "rosetero negro"

Descripción. Maíz de talla más pequeña que otras variedades, mide 1,5 - 1,8 m aproximadamente, caña fina. Panochas pequeñas, alargadas, de hasta 8 (10) cm de largo, y 2,2 (2,5) cm de diámetro máximo. Granos de color azul tirando a negro, redondos, pequeños, sin marcas o estrías.

Consumo. Para hacer palomitas.

Origen y muestras obtenidas. Se cultiva de forma puntual. Recientes de Órgiva y Nieles. Anteriores de Cádiar.

Observaciones. Variedad tradicional alpujarreña mencionada en trabajos anteriores (Navarro, 2002; Romero *et al.*, 2008).

Maíz "rosetero negro" (Finca los Morales).

Maíz "rosetero negro", y doraillo al fondo.

Maíz "rosetero negro".

8. Maíz "rosetero colorao", "tostonero colorao"

Descripción. Maíz de talla mediana, con panochas más alaragadas que otras variedades de rosetero, llegando a 14-16 cm de largo. Granos de color rojo intenso o carmín, esféricos, sin estrías.

Consumo. Para hacer palomitas.

Origen y muestras obtenidas. Se cultiva bastante en la Alpujarra. Recientes de Órgiva, Bérchules, Narila y Cádiar. Anteriores de Juviles.

Observaciones. Es menos frecuente que el amarillo, aunque también se cultiva desde antiguo. Según un informante que lo comercializa, es muy apreciado para consumo por sus clientes y lo pagan a buen precio. Actualmente el maíz rosetero rojo o colorado y el rosetero negro son más apreciados que el amarillo, seguramente por la originalidad respecto a las variedades comerciales, mayoritariamente de grano amarillo."

Maíz "rosetero colorao".

Otras variedades

Maíz "pintorreaillo", pintorreao

Se trata de maíz rosetero que debido a su hibridación, produce panochas con granos de varios colores.

Maíz "tostonero pintorreaillo" (Capileira).

Maíz "peruano"

De forma puntual algunos agricultores cultivan granos traídos recientemente de otros lugares. Este maíz peruano, de talla muy alta y panochas muy grandes, es cultivado por un agricultor en Capileira.

Maíz "dulce"

Diferentes variedades comerciales para consumir asados, cocidos, etc. Mazorcas de tamaño grande y sabor dulce. Se pueden comprar las semillas en almacenes o tiendas agrícolas.

Maíz "híbrido"

Uno de los más cultivados desde hace unos 20 o 30 años. Bajo esta denominación de "híbrido" suelen agruparse muchos cultivares de variedades mejoradas que han llegado en diferentes momentos. Todos se asemejan en que forman panochas muy similares entre ellas, de panochas muy grandes, que superan ampliamente 30 cm de longitud granos alargados amarillos-anaranjados muy regulares.

Se utiliza para alimentación animal. El cultivo de este maíz ha ido desplazando a las variedades locales antiguas puesto que al no usarse para alimentación humana se busca solo la elevada productividad que presentan.

Maíz "híbrido" cultivado en Pórtugos y Cádiar.

FAMILIA SOLANÁCEAS
Solanaceae

Capsicum annuum L., *C. baccatum* L. *(Solanaceae)*

Plantas anuales o perennes, hierbas, arbustos o pequeños árboles, a veces espinosas. Hojas simples (rara vez compuestas), generalmente pecioladas, alternas, sin estípulas. Inflorescencia en cimas, frecuentemente reducidas a una flor. Flores pentámeras, variable en el número de piezas en las formas cultivadas, actinomorfas (raro zigomorfas), hermafroditas, hipóginas (ovario súpero). Cáliz con 5 sépalos soldados, persistente y en muchas ocasiones acrescente. Corola de 5 pétalos soldados y con formas diversas: rotácea (*Solanum*), campanulada (*Datura*), estrellada, infundibuliforme, hipocrateriforme, urceolada o tubular. Androceo habitualmente con 5 estambres en ocasiones soldados por las anteras y soldados a la corola de forma alterna con los pétalos. Gineceo con 2 (a veces de 3 a 5) carpelos soldados y con ovario súpero con 2 lóculos, en general con numerosos óvulos. Estilo simple. Estigma entero o bilobado. Fruto en baya o cápsula. Semillas numerosas.

Distribución cosmopolita, especialmente en regiones tropicales y templadas, especialmente en Australia, América Central y América del Sur, donde está muy diversificada, con cerca de 100 géneros y unas 2.500 especies. En la Península Ibérica se encuentran, de forma natural o introducida, unos 14 géneros. Familia de extraordinaria importancia en diversas facetas: alimenticia, económica, medicinal y toxicológica con géneros como *Atropa* (belladona), *Mandragora* (mandrágora) o *Solanum dulcamara* L. (dulcámara). En el territorio, aparte de los géneros que incluimos en el catálogo, hay otros de interés etnobotánico y medicinal como: *Datura* (estramonio), *Hyosciamus* (beleño) o *Lycium* (cambrón).

Género *Capsicum*

Arbustos o hierbas, anuales o perennes. Tallos ramificados, glabros en general. Hojas pecioladas, solitarias u opuestas con limbo simple, entero, de hasta unos 12 centímetros. Inflorescencias axilares (en los nudos de las hojas con el tallo) y sin pedúnculos, con flores actinomorfas, hermafroditas. Cáliz persistente, acampanado y denticulado, a veces acrescente, usualmente de 5 sépalos. Corola rotácea de 5 pétalos (en los cultivares de 4 hasta muchos, siendo la más frecuente de tipo hexámero), de colores variables. Estambres soldados a la corola, con anteras amarillas o purpúreas. Ovario súpero con 2 o 3 (incluso más) lóculos y numerosos óvulos. El fruto, péndulo o erecto, es una baya, carnosa, hueca, verde en crecimiento que puede colorear al madurar al amarillo, anaranjado, rojo o violeta. En el interior hay tabiques que concurren hacia el eje en la base, en los cuales se insertan las semillas, las cuales son de color desde amarillo pálido hasta negruzcas, de forma circular, aplanadas, algo espiraladas. Comprende unas 40 especies, originarias de zonas tropicales y subtropicales de América Central y del Sur (Perú y Bolivia fundamentalmente), aunque su cultivo, gracias a su fruto comestible, se ha extendido por todo el mundo, y 4 (o 5) de ellas son ampliamente cultivadas: pimientos, guindillas, chiles, aíces.

En la Alpujarra se han localizado variedades locales de dos especies del género: *Capsicum annuum* L. y *C. baccatum* L. Hay que añadir que la delimitación específica de las variedades cultivadas no es sencilla, y requiere de la aplicación de descriptores (IPGRI *et al.*, 1995) y estudios morfológicos detallados. Es posible que algunas de las variedades cultivadas como chiles o guindillas picantes, correspondan a la especie *C. chinense* Jacq. o *C. frutescens* L. Para la nomenclatura y taxonomía de este género hemos seguido la monografía reciente de Barboza *et al.* (2022).

Capsicum annuum L. Pimientos, guindillas, bolillas

Descripción. Planta herbácea, perenne (con un ciclo de cultivo anual), de 0,5 hasta más de 1,5 metros. Tallo erecto, con ramificaciones dicotómicas. Hojas alternas, enteras, lampiñas, más o menos lanceoladas, con ápice acuminado y pecíolo largo. Flores pequeñas, blancas, raramente púrpuras, autógamas, aunque puede presentarse un cierto grado de alogamia que no supera el 10%. Fruto en baya, hueca, semicartilaginosa y deprimida, de color variable. Algunas variedades pasan del verde al naranja y posteriormente al rojo a medida que van madurando. Tamaño variable, pudiendo pasar de escasos gramos hasta más de 500 gramos. Semilla redondeada, ligeramente reniforme, amarillo pálido (Egea y Egea, 2013).

Origen. Todas las especies del género son originarias de los trópicos del nuevo mundo. México es el centro de diversidad de *Capsicum annuum* L., la especie cultivada más importante. La diversidad de *C. baccatum* es mayor en las regiones de altitud baja a media de Bolivia, Perú y Brasil, al sur de la cuenca del Amazonas (Crosby, 2008). El pimiento llegó a España de la mano de Cristóbal Colón en 1493. La posibilidad de sustituir a la carísima pimienta (*Piper nigrum* L.) procedente de oriente y su facilidad de cultivo fueron las causas de su rápida expansión en España a lo largo del siglo XVI (Bartolome *et al.*, 2016).

Manejo. Se siembra en almáciga, sobre mediados de febrero, aunque el calendario es variable según las distintas altitudes de las fincas donde se va a cultivar. Es costumbre extendida sembrarla el día de los enamorados (14 de febrero), sobre todo si la luna está en fase menguante, que es la fase adecuada para las siembras según la costumbre hortelana. La plantación en su lugar definitivo, se suele realizar desde finales de abril a mediados de mayo prolongándose hasta principio de junio en zonas más frías, donde la almáciga se siembra también un poco más tarde. El inicio de cosecha (en verde) es generalmente en julio, si bien hay variedades algo más precoces que otras. Recolección escalonada que suele incluir pimientos verdes para consumo en fresco (frito, guisos, etc.), o como es el caso de algunas variedades que se prefieren para secar y guisar, y en ellas la mayoría de frutos se dejan en la mata hasta que se tornen rojos.

Para obtener semilla se seleccionan buenos frutos, *de la cruz* (los que salen en la primera bifurcación del tallo), se dejan en la mata hasta que estén bien maduros, entonces se recolectan y se ponen a secar. Normalmente se hace una ristra aparte de los pimientos seleccionados para simiente, que se puede dejar hasta la siguiente siembra de almáciga. Se extraen las semillas de estos pimientos para sembrarlas.

Sobre plagas y enfermedades. Los pimientos, en general, no son demasiado afectados por plagas en zonas de interior o con altitud. Las más frecuentes son los pulgones (*Aphis gossypii, Aulacorthum solani, Myzus persicae*), araña roja (*Tetranychus urticae*) y trips (*Frankliniella occidentalis*). En cuanto a enfermedades, se ve afectada por hongos patógenos como *Phytophthora capsici*, que causa la *tristeza* o *seca* del pimiento, *Leveillula taurica*, que propicia la aparición de *ceniza*, u oídio y *Botrytis cinerea* que provoca la podredumbre gris. También pueden aparecer algunos virus que suelen ser propagados por insectos como pulgones o trips. Los tratamientos más usados suelen ser sales de cobre, caldo bordelés, sulfocálcico y azufre para hongos. El azufre también como acaricida y repelente de insectos para los que además se usan insecticidas como las piretrinas, aceite de neem, etc.

Diversidad. Existen muchos tipos de pimientos y la forma de denominarlos depende del criterio que se use. Una primera división clara es el carácter picante; a los que pican se les llama "bolillas", "guindillas", "picantes" o "picosos" que puede ir acompañado de un adjetivo referente a la morfología o color, por ejemplo "verde picoso" o "bolilla larga". Entre los que no pican, un criterio frecuentemente empleado es su uso, como "de colorar", "de asar", "de colgar", "choricero", etc. También se emplean criterios visuales (forma o color) como "cornicabro", "gordo" o "blanco". Algunos, como los "señorita" tienen un nombre varietal que no parece obedecer a criterios visuales o funcionales. La diversidad de los "aíces", "ratones", etc., que pertenecen a la especie *C. baccatum*, se comenta más adelante.

Origen y muestras obtenidas. Recientemente (2021, 2022 y 2023) se han obtenido 42 muestras en las localidades de Bérchules, Cádiar, Capileira, Cástaras, Lanjarón, Lobras, Nieles, Órgiva, Pórtugos, Trevélez y Yegen, con los nombres que se citan en la siguiente lista:

Alargado o alargado picante	*Guindilla canaria o guindilla larga arrugada*
Blanco del terreno	*Guindilla*
Cornicabra	*Guindilla alargada*
Cuatro cantos o cuatro cascos	*Largo del terreno*
De asar	*Morongo*
De colgar	*Ñora*
De colorar o de color	*Padrón*
De colorar o del terreno	*Señorita*
De colorear	*Señorita o bolilla señorita*
De flor	*Verde*
De piquillo	

En el estudio previo (Romero *et al.*, 2008) se recogieron 40 muestras en Alcútar, Bérchules, Busquístar, Cádiar, Capilerilla, Cástaras, Júbar, Juviles, Lobras, Mairena, Mecina Bombarón, Nieles, Notáez, Pampaneira, Trevélez y Yegen, con los siguientes nombres:

Bolilla	*De colorar*
Bolilla larga	*De piquillo*
Bolilla negra	*Gordo*
Choricero	*Guindilla*
Cornicabro	*Pimiento*
De asar	*Pimiento bolilla*
De colgar	*Señorita*

Observaciones. El pimiento es uno de los cultivos tradicionales más importantes de la Alpujarra. Las ristras de pimientos secándose suelen colgar en las fachadas de las casas alpujarreñas desde final de verano hasta entrado el otoño.

Variedades locales

Se han cultivado, en la finca Los Morales, algunas de las muestras de semillas que nos han cedido personas que las conservan y las siembran desde hace tiempo en la Alpujarra. Además de su multiplicación, nos permitió obtener información para la descripción. Para la toma de datos se elaboró un estadillo de campo seleccionando descriptores del IBPGR (*International Board for Plant Genetic Resources*). Las ilustraciones y gráficos se han tomado de IPGRI *et al.* (1995).

Datos de la planta:

Ciclo de vida: 1. Anual. 2. Bianual. 3 Perenne.

Color del tallo (planta joven): 1. Verde. 2. Verde con rayas púrpura. 3. Morado. 4. Otro (especificar).

Color del nudo (presencia de antocianinas): 1. Verde. 3. Morado claro. 5. Morado. 7. Morado oscuro.

Pubescencia del tallo (plantas maduras, excluyendo los dos primeros nudos debajo del brote): 3. Escasa. 5. Intermedia. 7. Densa.

Hábito de crecimiento (cuando ha comenzado a madurar el primer fruto en el 50% de las plantas): 3. Postrada. 5. Intermedia. 7. Erecta. 9. Otro (especificar).

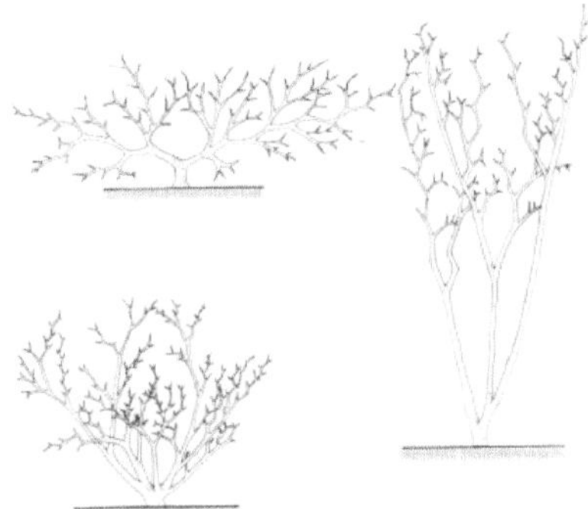

Hábitos de crecimiento: Izq. arriba postrado, abajo intermedio. Dcha. erecto.

Densidad de ramificación: 3. Escasa. 5. Intermedia. 7. Densa.

Altura de la planta (media de 10 plantas): 1. <25. 2. 25-45. 3. 46-65. 4. 66-85. 5. >85.

Ancho de la planta (cm), se mide después de la primera cosecha, en la zona más ancha de la planta.

Longitud del tallo (cm), se mide la altura a la primera bifurcación, después de la primera cosecha.

Diámetro del tallo (cm), parte media del tallo hasta la primera bifurcación, después de la primera cosecha.

Macollamiento (se observa debajo de la primera bifurcación): 3. Escaso. 5. Intermedio. 7. Denso.

Datos de las hojas:

Para los siguientes descriptores, los datos se registran cuando ha comenzado a madurar el primer fruto en el 50% de las plantas. Promedio de 10 hojas maduras de las ramas principales de la planta.

Densidad de hojas (se observa en plantas sanas y maduras): 3. Escasa. 5. Intermedia. 7. Densa.

Color: 1. Amarillo. 2. Verde claro. 3. Verde. 4. Verde oscuro. 5. Morado claro. 6. Morado. 7. Jaspeado. 8. Otro.

Forma: 1. Deltoide. 2. Oval. 3. Lanceolada.

Margen de la lámina: 1. Entera. 2. Ondulada. 3. Ciliada.

Pubescencia: 3. Escasa. 5. Intermedia 7. Densa.

Longitud de la hoja madura (cm).

Anchura de la hoja madura (cm).

Datos de fruto:

Margen del cáliz: 1. Entero. 2. Intermedio. 3. Dentado. 4. Otro.

Manchas o rayas de antocianinas: 0. Ausente. 1. Presente

Color en el estado intermedio (se observa justo antes de la madurez): 1. Blanco. 2. Amarillo. 3. Verde. 4. Anaranjado. 5. Morado. 6. Morado oscuro. 7. Otro (especificar).

Cuajado del fruto (se registra antes de la cosecha): 3. Bajo. 5. Intermedio. 7. Alto.

Color en estado maduro: 1. Blanco. 2. Amarillo-limón. 3. Amarillo-naranja pálido. 4. Amarillo-naranja. 5. Naranja pálido. 6. Naranja. 7. Rojo claro. 8. Rojo. 9. Rojo oscuro. 10. Morado. 11. Marrón. 12. negro. 13. Otro.

Forma: 1. Elongado. 2. Casi redondo. 3. Triangular. 4. Campanulado. 5. Campanulado y en bloque. 6. Otro.

Longitud (cm), promedio de 10 frutos maduros de la segunda cosecha.

Anchura (cm), promedio de 10 frutos maduros de la segunda cosecha.

Peso (g), promedio de 10 frutos maduros de la segunda cosecha.

Longitud del pedicelo (mm), promedio de 10 frutos maduros de la segunda cosecha.

Espesor de la pared (mm), promedio de 10 frutos maduros de la segunda cosecha.

Forma en la unión con el pedicelo (Fig. 12): 1.Agudo. 2. Obtuso. 3. Truncado. 4. Cordado. 5. Lobulado.

Cuello en la base del fruto (Fig. 13): 0.Ausente. 1. Presente.

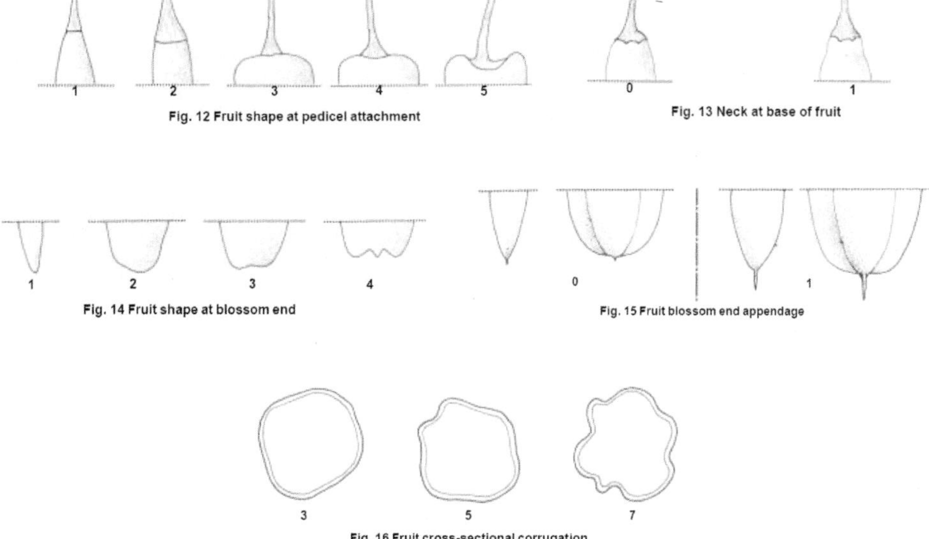

Fig. 12 Fruit shape at pedicel attachment

Fig. 13 Neck at base of fruit

Fig. 14 Fruit shape at blossom end

Fig. 15 Fruit blossom end appendage

Fig. 16 Fruit cross-sectional corrugation

Forma del ápice del fruto, promedio de 10 frutos (Fig. 14): 1. Puntiagudo. 2. Romo. 3. Hundido. 4. Hundido y apuntado. 5. Otro.

Apéndice en el fruto vestigio de la floración (Fig. 15): 0. Ausente. 1. Presente.

Arrugamiento transversal del fruto, promedio de 10 frutos (1/3 desde el final del pedicelo, Fig. 16): 3. Levemente corrugado. 5. Intermedio. 7. Muy corrugado.

Número de lóculos, observado en 10 frutos.

Tipo de epidermis del fruto: 1. Lisa. 2. Semi-rugosa. 3. Rugosa.
Persistencia del pedicelo con el fruto maduro: 3. Leve. 5. Intermedia. 7. Persistente.
Persistencia del pedicelo con el tallo: 3. Leve. 5. Intermedia. 7. Persistente.
Longitud de la placenta: 1.<¼ de la longitud del fruto. 2. ¼ - ½. 3. >½.

Datos de las semillas:

Color: 1 Amarillo oscuro. 2 Marrón. 3 Negro. 4 Otro (especificar).
Superficie: 1. Lisa. 2. Áspera. 3. Rugosa.
Diámetro de la semilla (mm), diámetro máximo medio de 10 semillas.
Número de semillas por fruto: 1. <20. 2. 20-50. 3. >50.

Las medidas que se recogen en las fichas de variedades corresponden a la media, y entre paréntesis, se da la mínima y máxima.

1. "Cornicabro", "cornicabra", "corneto"

Es un pimiento largo y estrecho, con poca carne y pared poco gruesa, que se seca muy bien. La descripción corresponde a una muestra con el nombre "cornicabro" recogida en Mairena en 2007 y que se ha conservado en el Departamento de Botánica hasta 2022, año en el que se ha cultivado para este estudio.

Descripción. Planta de ciclo anual, con hábito de crecimiento erecto (a veces intermedio) y una densidad de ramificación intermedia. Los tallos son de color verde con los nudos de color morado (antocianinas) y escasa pubescencia. Tiene una altura de 67 (50-73) cm de alto y 58 (47-70) de ancho. El tallo mide 16,5 (12-20) cm de alto y 1,65 (1,2-2,0) cm de diámetro. Presenta un macollamiento escaso y una densidad de hojas intermedia. Las hojas son de color verde (oscuro), con forma mayoritariamente oval. El margen de la lámina es poco ondulado y tienen pubescencia escasa. Miden 16 (13-20) de largo por 5 (4,6-6) cm de ancho.

El fruto inmaduro es de color verde y tiene un cuajado alto. El cáliz en el fruto tiene el margen dentado, sin manchas o rayas (antocianinas). En estado maduro es rojo, de forma elongada, con una longitud de 22 (18-28) cm, una anchura de 3,7 (2,2-4,6) cm y un peso de 72 (61-107) g. El pedicelo mide 5 (3,6-6,0) cm. El grosor de la pared es de 2,9 (1,6-3,4) mm. La unión con el pedicelo es de tipo cordado, sin cuello en la base del fruto. El ápice es puntiagudo y presenta vestigio de la floración. La sección transversal presenta arrugamiento leve-intermedio, tiene 3 (2-4) lóculos cuyos tabiques no llegan a cerrarlo. La epidermis es semirugosa, el pedicelo es persistente tanto con el fruto como con el tallo. La longitud de la placenta es >1/2 de la longitud del fruto. Las semillas son de color amarillo claro, con superficie áspera y un diámetro de 4,4 (3,8-4,9) mm. Tiene más de 50 semillas por fruto.

Consumo. Se utiliza preferentemente seco. Se usan para dar color y sabor a numerosos platos y embutidos alpujarreños (chorizo principalmente). También puede consumirse en verde cuando aún no han terminado de crecer y su piel es tierna. En ese estado se pueden freír o usar en verde en guisos, asados, etc. La llegada de otras variedades con mejores aptitudes para uso en verde (más carnosos y de piel fina), hace que apenas se consuman de esta forma hoy en día.

Origen y muestras obtenidas. Recientes de Cádiar y Pórtugos. Anteriores de Cádiar, Busquistar, Juviles, Mairena, y Cástaras.

Observaciones. Se hacen ristras o sartas que se cuelgan para que se sequen y así conservarlos para ir gastando durante todo el año. Este uso hace que en ocasiones también se les llame "de colgar", además de "choriceros" o "de colorar". Aunque hay otras variedades con estos nombres, a veces se emplean como sinónimos. La principal característica diferenciadora es que el "cornicabro" es el menos carnoso de todos. La denominación "cornicabra" se usa mayoritariamente para pimientos similares, también llamados "señorita", largos y finos, cuyo uso principal es en verde para freír, y que tienen más carne y piel más tierna, y que no se usan para secar.

La siguiente descripción corresponde a una muestra recogida en Juviles, en 2007 con el nombre de "de colorar", sin embargo, tras su cultivo, hemos constatado que morfológicamente es más parecido al "cornicabro" descrito anteriormente, que a los "de colorar" típicos. Estas coincidencias en cuanto a la nomenclatura no son infrecuentes, más aún teniendo en cuenta que se usan criterios diferentes ("cornicabro" es un criterio morfológico, mientras que "de colorar" es un criterio relativo al uso). Respecto a la muestra anterior, presenta algunas diferencias como el mayor espesor de la pared, peso del fruto y algún otro carácter, que se puede observar en la descripción:

Planta de ciclo anual, con hábito de crecimiento erecto-intermedio y una densidad de ramificación intermedia. Los tallos son de color verde con los nudos de color morado (por presencia de antocianinas) y escasa pubescencia. Tiene una altura de 61 (50-73) cm y 58 (47-71) de ancho. El tallo mide 18 (13-21) cm de alto y 1,5 (1,0-1,8) cm Ø. Presenta un macollamiento escaso y una densidad de hojas intermedia. Las hojas son de color verde (oscuro) con forma deltoide a oval. Miden 18 (13-27,5) de largo por 6 (5,1-8,3) cm de ancho.

El fruto inmaduro es de color verde y tiene un cuajado medio. El cáliz tiene el margen dentado, sin manchas o rayas (antocianinas). En estado maduro es rojo, de forma elongada, con una longitud de 23 (21-25) cm, una anchura de 4 (2,2-5,4) cm y un peso de 87,4 (79-95) g. El pedicelo mide 5,5 (5,1-6,0) cm. El espesor de la pared es de 3,4 (3,1-3,9) mm. La unión con el pedicelo es de tipo cordado, sin cuello en la base del fruto. El ápice del fruto es hundido y no presenta vestigio de la floración. La sección transversal del fruto presenta arrugamiento leve-intermedio, tiene 4 (3-4) lóculos. La epidermis es semirugosa, el pedicelo es persistente con el fruto y un poco menos persistente con el tallo. La longitud de la placenta es >1/2 de la longitud del fruto.

Las semillas son de color amarillo claro, con superficie áspera y un diámetro de 5 (4,1-5,7) mm. Cada fruto contiene más de 50 semillas.

"Cornicabro". En campo.

"Cornicabro". Frutos.

"Cornicabro" de Juviles. Finca Los Morales.

2. "De colorar", "de color", "de colorear", "de colgar"

Descripción. Es conocido por ser un pimiento que seca muy bien, con poca carne (poco espesor de pared), aunque más que el "cornicabro", más ancho y no tan alargado. Aunque como se ha comentado, los nombres de variedades se usan de forma indistinta en ocasiones. El fruto es de forma triangular-elongada, mide unos 16-18 cm de largo y 5-6 cm de ancho.

Consumo. Similar al anterior. Se utiliza preferentemente seco, para dar color y sabor a numerosos guisos y embutidos. También puede consumirse en verde de forma similar al anterior.

Origen y muestras obtenidas. Recientes de Bérchules, Cádiar, Cástaras, Capileira, Lanjarón, Nieles, Pórtugos y Trevélez. Anteriores de Alcútar, Capilerilla, Cástaras, Juviles, Laroles, Lobras, Mairena, Mecina Bombarón, Nieles, Pampaneira y Trevélez.

Observaciones. Es la variedad local de pimiento que se cultiva con mayor frecuencia en los huertos alpujarreños.

"De colorar" (Cádiar).

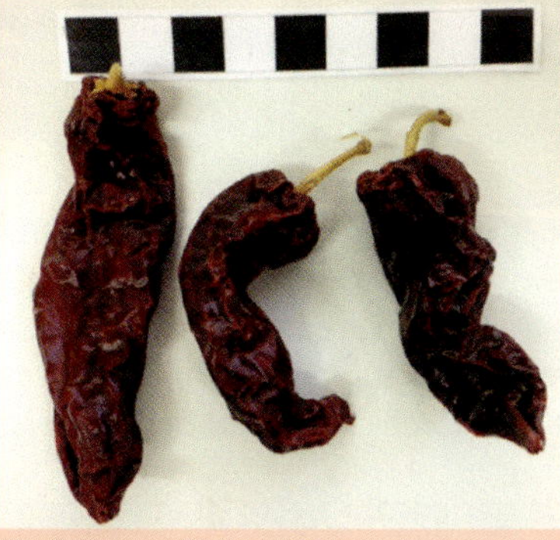

Pimientos "de colorar" secos (Bérchules).

3. "Señorita", "cornicabra", "bolilla señorita"

Descripción. Es un pimiento alargado, muy estrecho, no picante (aunque parece una guindilla larga) y con piel fina (sirve para freír). La planta tiene un hábito de crecimiento erecto, densidad de ramificación media, los tallos son verdes con los nudos morados (antocianinas). Mide unos 65 (56-71) cm de alto por 41 (38-53) de ancho. El tallo tiene un diámetro de 1 cm. El fruto es de color verde cuando está inmaduro, cambia a anaranjado-marrón antes de la madurez y cuando está maduro es rojo. Mide 23 (19-28) cm de largo, con una anchura de 2,7 (2,4-3,4) cm y un peso de 33 (23-50) g, el grosor de la pared es 2,2 (1,8-2,4) mm. Tiene forma elongada, de sección casi circular, algo arrugada. Se une con el pedicelo de forma truncada y el ápice es puntiagudo. Las semillas son de color amarillo oscuro, de superficie áspera, Cada fruto tiene más de 50 semillas. El peso de mil semillas son 7,4 g.

Consumo. En verde, se puede freír o usar en diferentes preparaciones.

Origen y muestras obtenidas. Cádiar y Yegen.

Observaciones. Se cultiva en otros territorios del país, más frecuentemente con el nombre de "cornicabra".

"Señorita", cultivo.

"Señorita", frutos y hojas.

4. "De asar"

La principal característica que tienen los pimientos "de asar" es que tienen más carne o más *casco* que los anteriores. Cultivados con mayor frecuencia. Se describe detalladamente una muestra procedente de Alcútar con el nombre "de asar", que se ha cultivado para su estudio y multiplicación de semillas. También se menciona otra muestra de Mairena que tiene el nombre de "pimiento", con características propias del pimiento "de asar", aunque también puede secarse y usarse como la variedad "de colorar".

Descripción. Planta con hábito de crecimiento erecto y ramificación densa. Tallos de color verde con nudos de color morado (antocianinas) y escasa pubescencia. Alcanza una altura de 72 (64-86) cm y una anchura de 51 (49-58) cm. El tallo principal mide 20 (10-30) cm de alto y 1,6 (1,3-2,3) cm de diámetro.

Presenta un macollamiento intermedio y una densidad de hojas media. Las hojas son de color verde oscuro con forma deltoide a oval, escasamente pubescentes. Miden 14 (10,9-16,5) x 5 (4,2-6,9) cm.

El fruto inmaduro y el de fases intermedias es de color verde y tiene un cuajado alto. El cáliz presenta el margen dentado, con escasas manchas (antocianinas). En estado maduro es rojo oscuro, de forma elongada-triangular, con una longitud de 16 (19,9-18,2) cm, una anchura de 4 (3,8-4,8) cm y un peso de 73 (60-84) g. El pedicelo mide 4,7 (3,9-5,9) cm y es persistente con el fruto y el tallo. El grosor de la pared es de 3,6 (2,9-4,2) mm. La unión con el pedicelo es de tipo cordado. El ápice del fruto es puntiagudo, a veces romo y no presenta vestigio de la floración. La sección transversal del fruto presenta arrugamiento leve. Tiene 3 (3-4) lóculos. La epidermis es semirugosa. El pedicelo es persistente con el fruto y con el tallo. La longitud de la placenta es >1/2 de la longitud del fruto.

Las semillas son de color amarillo claro, con superficie áspera y un diámetro de 4,9 (4,8-5,2) mm. Cada fruto contiene más de 50 semillas.

Consumo. Tiene varios usos. Cuando aún no ha terminado de crecer, se puede consumir en verde, frito o de otras formas, ya maduro se puede asar o colgar, aunque se seca más lento que el "de colorar".

Origen y muestras obtenidas. Recientes de Capileira. Anteriores de Alcútar y Mairena, este último sólo con el nombre de "pimiento" pero por sus características se puede considerar "de asar".

Observaciones. Hoy en día, para asar, se utilizan generalmente los "gordos", tipo "4 cascos", "lamuyo", "morrón", etc. porque tienen más carne. Se siguen conservando por su sabor y versatilidad en cuanto a usos.

"De asar" (Alcútar) en campo. Flor. Fruto.

Pimiento "de asar" (Mairena). Cultivo y frutos.

5. "Guindilla", "bolilla", "picante"

Descripción. Se detalla una guindilla cuyas semillas proceden de Juviles. Planta con hábito de crecimiento erecto y una ramificación intermedia. Los tallos son de color verde con los nudos de color morado (antocianinas) y escasa pubescencia. Tiene una altura de 73 (66-88) x 54 (46-60) de anchura. El tallo mide 18 (13-23) cm de alto y 1,5 (1,3-2,2) cm de diámetro. Presenta un macollamiento intermedio-denso y una alta densidad de hojas. Éstas son ovales, verdes, escasamente pubescentes. Miden 15 (10,2-22,0) x 5 (4,1-7,4) cm.

El fruto en estado intermedio es de color verde muy oscuro y tiene un cuajado alto. Pedúnculo y fruto erectos. El cáliz presenta el margen dentado, sin manchas (antocianinas). El fruto en estado maduro es rojo, de forma elongada-triangular, con una longitud de 10 (9,4-11,2) cm, una anchura de 2,5 (1,3-3,1) cm y un peso de 22 (17-25) g. El pedicelo mide 3,5 (3,1-4,2) cm. El grosor de la pared es de 2,6 (2,1-3,6) mm. La unión con el pedicelo es de tipo truncado. El ápice del fruto es puntiagudo y presenta vestigio de la floración. La sección transversal del fruto presenta arrugamiento leve. Tiene 3 (3-4) lóculos. La epidermis es lisa. El pedicelo es persistente con el fruto y con el tallo. La longitud de la placenta es >1/2 de la longitud del fruto.

Las semillas son de color amarillo, con superficie áspera y un diámetro de 4 (3,5-4,5) mm. Cada fruto contiene más de 50 semillas.

Consumo. Aporta sabor picante a las comidas, se puede usar en verde, conservar en vinagre, o ya maduro (rojo), se seca para ir gastando todo el año.

Origen y muestras obtenidas. Recientes en Capileira. Anteriores en Cástaras y Juviles.

Observaciones. Existe una gran diversidad de pimientos picantes. Genéricamente, en la Alpujarra, se les llama "bolillas" y aunque existen unas de forma esferoidea, este nombre también se usa para otras con formas diferentes.

"Guindillas".

6. "Bolilla larga"

Descripción. Se estudia una muestra de "bolilla larga" recogida en Mairena en 2007. Se trata de una guindilla muy larga y muy picante cuando está madura, menos en verde. Planta con hábito de crecimiento erecto y ramificación densa. Los tallos son de color verde con los nudos de color morado oscuro (antocianinas) y escasa pubescencia. Mide 110 (101-124) de alto x 70 (67-79) de ancho. El tallo mide 28 (8-34) cm de alto y 1,6 (1,0-1,8) cm de diámetro. Presenta un macollamiento intermedio y una alta densidad de hojas, verdes, ovales, de margen entero y escasamente pubescentes. Miden 18 (16,5-23,0) x 5,5 (5,2-6,2) cm.

El fruto en estado intermedio es verde oscuro y rojo oscuro en la madurez. Tiene un cuajado alto. El cáliz presenta el margen dentado y constricción anular y sin manchas (antocianinas). El fruto es elongado (muy alargado), con una longitud de 29 (22-38) cm, una anchura de 2,5 (1,7-2,0) cm y un peso de 31 (29-36) g. El pedicelo mide 6,2 (5,2-7) cm. El grosor de la pared es de 2,6 (1,7-2,4) mm. La unión con el pedicelo es de tipo obtuso. El ápice del fruto es puntiagudo y presenta vestigio de la floración. La sección transversal del fruto presenta arrugamiento leve a intermedio. Tiene 3 (2-3) lóculos. La epidermis es semirugosa. El pedicelo es persistente con el fruto, menos con el tallo. La longitud de la placenta es >1/2 de la longitud del fruto.

Las semillas son de color amarillo, con superficie poco áspera y un diámetro de 4,2 (4,0-4,4) mm. Cada fruto contiene más de 50 semillas.

Consumo. Como otras guindillas, en verde se conservan en vinagre, ya maduras (rojas), se enristran y secan para ir gastando todo el año.

Origen y muestras obtenidas. Recientes como "guindilla alargada" en Capileira, "guindilla larga arrugada" en Órgiva. Anteriores como "bolilla larga" en Mairena.

Observaciones. Morfológicamente el fruto se parece al pimiento "señorita", al que también se le llama "bolilla señorita", pero éste no pica y las matas son mucho más pequeñas.

"Bolilla larga", cultivo.

"Bolilla larga". Frutos y hojas.

7. "Picante blanco", "picante amarillo"

Descripción. Es una guindilla que en estado inmaduro es de color amarillo pálido con algunas motas de color morado, al madurar toma un color anaranjado y rojo oscuro en la madurez. El cuajado es alto. El cáliz tiene el margen dentado. El fruto es de forma elongada, con una longitud de 16 (11-19) cm, una anchura de 2,5 (1,9-3,1) cm y un peso de 27 (9-34) g. El pedicelo mide 3,2 (2,3-4,0) cm. El grosor de la pared es de 3 (2,0-3,8) mm. La unión con el pedicelo es de tipo truncado. El ápice del fruto es puntiagudo sin vestigio de la floración. La sección transversal del fruto presenta arrugamiento leve y tiene 3 (2-3) lóculos. La epidermis es lisa, y el pedicelo es persistente con el fruto, menos con el tallo. La longitud de la placenta es >1/2 de la longitud del fruto y tiene más de 50 semillas.

Consumo. Como otras guindillas o "bolillas". Es algo menos picante que las descritas anteriormente.

Origen y muestras obtenidas. Reciente de Cádiar.

"Picante blanco" en cultivo.

"Picante blanco", frutos y hojas.

8. "Verde picoso"

Descripción. El fruto inmaduro es verde, al madurar toma un color verde mucho más oscuro con manchas de antocianina, y es rojo oscuro en la madurez. El cuajado de fruto es alto. El cáliz tiene el margen dentado. El fruto es de forma elongada, con una longitud de 21 (12,2-23,5) cm, una anchura de 2,3 (2,1-2,6) cm y un peso de 32 (16-39) g. El pedicelo mide 4 (3,0-5,0) cm. El grosor de la pared es de 2,5 (0,8-2,9) mm. La unión con el pedicelo es de tipo truncado. El ápice del fruto es puntiagudo con vestigio de la floración (a veces ausente). La sección transversal del fruto presenta arrugamiento leve y tiene 3 (3-4) lóculos. La epidermis es semirugosa, el pedicelo es persistente con el fruto, menos (persistencia intermedia) con el tallo. La longitud de la placenta es >1/2 de la longitud del fruto y tiene más de 50 semillas.

Consumo. Como otras guindillas, en verde, en vinagre, o secas.

Origen y muestras obtenidas. Cádiar.

"Verde picoso", cultivo. Frutos.

9. "Picante de bolilla", "de pelotilla"

Descripción. El fruto es de forma casi esférica, algo achatada, de unos 2,5 a 3,5 cm de diámetro. De color rojo oscuro. La mata no es muy grande (30-40 cm de alto) y se carga de estas "bolillas" resultando visualmente atractiva, por lo que también tiene uso ornamental.

Consumo. Es bastante picante, según Navarro (2002) "es veneno, hay quien la come con la comida, otros la echan a la morcilla y a la longaniza". Las ristras de estas bolillas se usan como decoración en algunos bares de la Alpujarra.

Origen y muestras obtenidas. Anteriores de Bérchules, Juviles, Mairena, Trevélez.

"Picantes de bolilla".

Otras variedades

Se incluyen variedades tradicionales de otros territorios traídas a la Alpujarra hace no demasiado tiempo y variedades comerciales que se cultivan de forma significativa en el territorio.

"Piquillo". Pimiento originario de Navarra. Se cultiva puntualmente en la Alpujarra por su gran valor culinario, generalmente a partir de semillas traídas del norte peninsular. Se cultiva desde hace tiempo y se guardan las semillas de un año para otro de la misma forma que las variedades alpujarreñas.

"Padrón". Variedad de pimientos cortos (hasta 5-7 cm) que suele recolectarse en verde. Apreciados por su picor irregular tanto en el mismo fruto como en los diferentes frutos de la misma mata. Es una variedad local registrada de Padrón (La Coruña), comercializada por diversas casas productoras de semillas. Varios agricultores guardan la semilla y la reproducen por sí mismos. También se ha localizado en una huerta la variedad de pimientos de "Padrón que no pican" (posiblemente variedad "Entenza").

"Ñora". Variedad tradicional de Murcia y Levante que se emplea una vez seca. Se cultiva de forma puntual en la Alpujarra.

Tipo "italiano". Variedad comercial, de frutos relativamente alargados y estrechos, más o menos puntiagudos. Suele recolectarse en verde y usarse para freír. En realidad, corresponde a numerosas variedades comerciales dentro del grupo "italiano", muy popular, que los agricultores suelen comprar, bien el plantel, bien la semilla, y de la que muchos guardan posteriormente la semilla y reproducen en la almáciga. Entre otras variedades comerciales se han localizado dentro de este grupo: "Alicum" y "Medrano F1".

Tipo "de asar", "cuatro cantos", "cuatro cascos", "morrón". Dentro de este grupo se han localizado distintas variedades comerciales. "Gordo de asar" o "lamuyo. "Morongo", similar a las anteriores pero más corto. "Barberito F1", variedad comercial similar a "lamuyo". "Manolo", similar a "lamuyo". Estas variedades han sustituido en gran medida a las variedades locales "de asar".

Otras variedades picantes

Se cultivan numerosas variedades de estos pimientos: "alargado picante", "blanco de maceta", "chile", "chile habanero", "guindilla vasca", "guindilla" tipo Cayena, "de flor" (*C. baccatum*). Con uso ornamental.

En Trevélez se cultivan de forma profesional diferentes variedades pimientos picantes (chiles), sobre todo el "jalapeño". Se exportan para la fabricación de salsas picantes.

Capsicum baccatum L. var. *pendulum* (Willd.) Eshbaugh. **Aíces, cola de ratón, ratones**

Descripción. Arbustos erectos o hierbas perennes (en climas cálidos) de 0,60-2,5 m de altura, con el tallo principal de 1,5-2,5 cm de diámetro basal, muy ramificado, con ramas en un típico "zig-zag". Tallos jóvenes angulosos, frágiles, verdes a verde oscuro, glabros o escasamente pubescentes. Hojas membranosas, verde oscuras por arriba, más claras por abajo, glabras a glabrescentes. Limbo de las hojas principales de 5-12 (14,5) cm de largo, 3-5 (7) cm de ancho, ovados, con base asimétrica y atenuada o simétrica y redondeada, márgenes enteros, ápice agudo o acuminado, y pecíolo de 2,5-7,5 cm de largo, escasamente pubescente. Lámina de las hojas menores de 3-5,8 cm de largo, 1,3-2,5 cm de ancho, ovada o elíptica, de base redondeada. Inflorescencias axilares, con 2-3 flores por axila o flores solitarias; pedicelos florales 20-50 mm de largo, erectos, a veces curvados, geniculados en la antesis, glabros, glabrescentes a moderadamente pubescentes.

Cáliz de 2-3 mm de largo, y 3-4,2 mm de ancho, en forma de copa, grueso, con 10 nervios muy señalados, verdes, glabros o glabrescentes. Apéndices del cáliz en número de 5-6, raramente hasta 8, de 0,9-2,5 mm de largo y 0,2 mm de ancho, subiguales, gruesos, erectos. Corola de 8,5-15 mm de longitud, 12-16 (20) mm de diámetro, gruesa, blanca con manchas generalmente amarillo verdosas en la parte inferior, rotada a rotada-estrellada. Estambres 5-8, iguales. Gineceo con 2 a 5 carpelos y más de dos óvulos por lóculo; estilos dimórficos. Baya de 20-180 mm de longitud, (10) 20-40 (50) mm de diámetro, generalmente alargada o alargada-curvada, triangular o campanulada, raramente subglobosa, con base truncada u obtusa, el ápice redondeado, romo o puntiagudo, de color verde oscuro o verde cuando inmaduro, amarillo brillante, naranja, marrón o rojo en la madurez, persistente, picante; pericarpo grueso. Pedicelos fructíferos de (35) 50-95 mm de longitud, colgantes, a veces fuertemente o ligeramente curvados. Cáliz fructífero de 9-18 (20) mm de diámetro, persistente, ligeramente acrescente, campanulado, grueso, con apéndices de 0,5-2 mm de longitud, adheridos a la baya. Semillas 30-80 por fruto, de color amarillo pálido a amarillo, con cubierta lisa o ligeramente reticulada (Barboza *et al.*, 2022).

Variedades locales

1. "Aíces", "ratones", "cola de ratón", "ajises picosos", "blanco ají"

Descripción. Se estudia una muestra recogida con el nombre "aíces" en Cádiar en 2007. Planta con hábito de crecimiento erecto-intermedio y una ramificación dicotómica ordenada, densa, que se va ensanchando de manera que la planta es más ancha que alta. Los tallos son de color verde con venas de un verde más claro y escasa pubescencia. Mide 79 (55-105) cm de altura y 88 (70-115) de anchura. Se ramifica desde la base, desarrollando varios tallos, el principal mide 2 (1,8-2,6) cm de diámetro y tiene una densidad de hojas media. Las hojas son de color verde con forma oval-deltoide, margen entero ligeramente ondulado y escasamente pubescente. Miden 15 (11-20) x 6 (4,6-7,1) cm.

La flor es generalmente solitaria, a veces en ramilletes de 2 o 3, con corola de 6 pétalos soldados de color blanco que presentan manchas amarillas en la base y 6 estambres no soldados por las anteras. Cáliz de color verde, dentado, con 6 dientes que generalmente superan 1 mm de longitud.

El fruto en estado intermedio es de color verde anaranjado y rojo vivo en la madurez. Tiene un cuajado alto. El cáliz presenta el margen dentado, sin manchas (antocianinas). Es de forma elongada irregular, con una longitud de 12 (9,5-14,5) cm, una anchura de 3 (2,5-3,6) cm y un peso de 29 (25-36) g. El pedúnculo mide 7,5 (7,3-9) cm. El grosor de la pared es de 2,7 (2-3,3) mm. La unión con el pedicelo es de tipo obtuso-truncado. El ápice del fruto es puntiagudo y presenta vestigio de la floración. La sección transversal del fruto presenta arrugamiento medio-alto, tiene 3 lóculos. La epidermis es semi rugosa, el pedicelo es persistente con el fruto y con el tallo. La longitud de la placenta es >1/2 de la longitud del fruto.

Las semillas son de color amarillo pálido, con superficie poco áspera y un diámetro de 4,5 (3,9-4,7) mm. Cada fruto contiene entre 20 y 50 semillas (a veces más).

Consumo. Tiene un uso semejante al de otros pimientos picantes como las guindillas. Se puede freír cuando no está maduro y la piel es fina, también se suele conservar en vinagre. Su, *a priori*, picor suave, permite apreciar su sabor y ser consumido en mayor cantidad que otros picantes. En la práctica resulta relativamente frecuente encontrar frutos muy picantes. Otra forma de conservación y consumo es en seco; los frutos ya maduros se ensartan y se ponen a secar colgados en los balcones, ventanas, etc., para ir consumiéndose durante todo el año a modo de condimento picante.

Origen y muestras obtenidas. Recientes: "aíces" en Cádiar, Capileira; "cola de ratón" y "blanco ají" en Cádiar; "rabo de ratón" en Capileira y Pórtugos. Anteriores: "aíces" en Cádiar, Cástaras y Juviles. "Ratones" en Cástaras.

Observaciones. Aunque los nombres a veces se emplean de forma indistinta y como sinónimos, al cultivarlos se ha detectado que existen al menos dos tipos diferentes. Además del descrito, se ha observado otro tipo de frutos algo más pequeños y también algo más picantes, como otra de las muestras cultivadas procedente de Pórtugos con el nombre de "rabo de ratón", por lo que usaremos ese nombre en la siguiente descripción en la que sólo describiremos las diferencias con el primero al que hemos denominado "aíces".

"Aíces". Cultivo.

"Aíces", flor.

"Ratón".

"Aíces".

2. "Rabo de ratón", "blanco ají"

Descripción. Planta con hábito de crecimiento erecto-intermedio y una ramificación densa, que se va ensanchando hacia la copa de manera que la planta es más ancha que alta. Los tallos son de color verde con venas de un verde más claro y escasa pubescencia. Mide 87 (60-122) cm de alto y 92 (84-104) de ancho. Se ramifica desde la base, el tallo principal mide 2,6 (2,0-3,4) cm de diámetro, con una densidad de hojas media. Las hojas son de color verde, ovales, de margen entero ligeramente ondulado y escasamente pubescente. Miden 18 (8,6-24,3) x 8,5 (6,1-11) cm.

El fruto en estado intermedio es de color amarillo pálido que se torna anaranjado y rojo vivo en la madurez. Tiene un cuajado alto. El cáliz presenta el margen dentado, sin manchas (antocianinas). Es de forma elongada irregular, con una longitud de 9,5 (6,9-11,4) cm, una anchura de 2,5 (1,7-2,0) cm y un peso de 13 (9-20) g. El pedúnculo mide 6,4 (3,0-8,0) cm. El grosor de la pared es de 1,9 (1,5-2,2) mm. La unión con el pedicelo es de tipo truncado. El ápice del fruto es puntiagudo y no presenta vestigio de la floración. La sección transversal del fruto presenta arrugamiento leve-intermedio, tiene 3 lóculos. La epidermis es semirugosa, el pedicelo es persistente con el fruto y con el tallo. La longitud de la placenta es >1/2 de la longitud del fruto.

Las semillas son de color amarillo pálido, con superficie áspera y un diámetro de 4,3 (3,9-4,6) mm. Cada fruto contiene más de 50 semillas.

Consumo. Similar al anterior, teniendo en cuenta que suele ser más picante.

Origen y muestras obtenidas. Recientes: "cola de ratón", "blanco ají" en Cádiar; "rabo de ratón" en Capileira y Pórtugos. Anteriores: desconocemos si alguna de las muestras puede pertenecer a este tipo u a otros, pero existe una de "ratones" de Cástaras.

Observaciones. El denominado "blanco ají" se caracteriza por tener el color amarillo claro antes de virar a rojo, por este motivo lo consideramos sinónimo de "rabo de ratón" en el que también hemos observado este carácter.

Aunque se ha comprobado que se cultiva en la vecina comarca del Marquesado, seguramente llegada de la Alpujarra, los "ratones" o "aíces" son una variedad poco conocida en otros territorios de la que no existen accesiones en el CRF con nombres parecidos y tampoco para *C. baccatum*. También se cultiva y se usa en cocina en Mallorca como *pebre tendre*.

"Cola de ratón". Cultivo.

"Rabo de ratón", frutos.

"Cola de ratón", flor.

"Cola ratón".

Otras variedades

Pimientos "de flor", "de campanilla" o "de farolillo"

Descripción. Los frutos tienen forma campanulada-umbilicada, miden unos 4-5 cm de largo.

Consumo. Preferentemente ornamental. Las plantas cargadas de estas "campanillas" o "farolillos", resultan visualmente atractivas. También se pueden consumir los frutos (algo picantes).

Origen y muestras obtenidas. Cástaras.

Observaciones. Actualmente en desuso, no resulta fácil encontrarlas. Sin embargo en 2007, era frecuente verlas en arriates y macetas adornando las fachadas alpujarreñas. Se recuerdan y existe interés en su cultivo por parte de la población local. La forma del fruto es variable, en algunos es más ancho tipo "flor" y en otros es más alargada. En ambos casos parece tratarse de la variedad botánica *umbillicatum*.

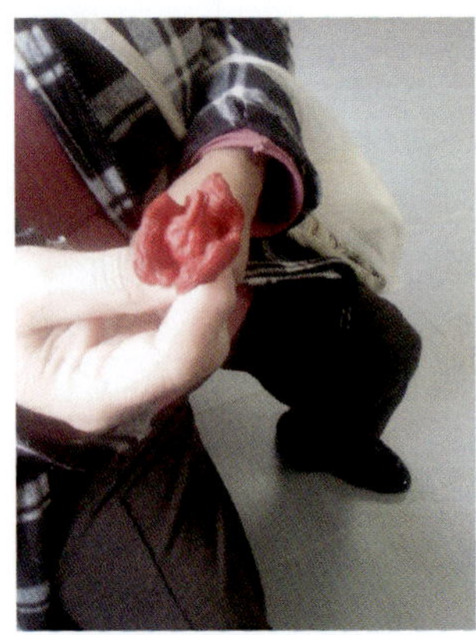

Pimiento "de flor" (Juviles).

Solanum lycopersicum L. *(=Lycopersicon esculentum* Mill.*) (Solanaceae)*

Género *Solanum*

Género muy rico en especies (estimadas en más de 1.200), ampliamente distribuido y muy variable, por lo que se suele subdividir en unos 7 subgéneros y 60 a 70 secciones. Son hierbas anuales o perennes, a veces sufruticosas, arbustos o pequeños árboles, espinosas o inermes, glabras o pubescentes, con pelos estrellados, simples, o con menos frecuencia ramificados, glandulosos o no. Tallos erectos, ascendentes o decumbentes, a veces volubles y trepadores. Hojas simples, rara vez compuestas, alternas, esparcidas, en general pecioladas. Inflorescencia en cimas helicoides o escorpioides,, aisladas, geminadas, o rara vez agrupadas, en disposición terminal, axilar, o extraaxilar, rara vez reducida a una sola flor. Flores actinomorfas (regulares), a veces algo zigomorfas (irregulares), hermafroditas, sin brácteas, pediceladas. Cáliz campanulado, con sépalos soldados en un tubo, con 5(9) lóbulos ± iguales, más cortos, igual o más largos que el tubo, herbáceo, persistente y frecuentemente acrescente, es decir, que sigue creciendo una vez fecundada la flor. Corola rotácea o estrellada, rara vez campanulada, con el tubo muy corto y el limbo pentagonal con 5(8) lóbulos, rectos o reflexos. Androceos con 5 (8) estambres, insertos ± a la misma altura en el tubo de la corola, iguales o desiguales; filamentos unidos en la parte inferior formando un anillo adherido a la corola; anteras libres o, a veces, soldadas. Estigma capitado. Fruto en baya, a veces aparentemente seco, con 2(7) lóculos. Semillas muy comprimidas, de diversas formas (discoideas, ovoides, reniformes), lisas, reticuladas o frecuentemente foveoladas. En nuestro territorio son frecuentes las llamadas hierbas moras o tomatillos (*S. nigrum* L., *S. villosum* Mill.), de zonas hipernitrificadas, y otras, muy parecidas, de procedencia americana. También algunas especies ornamentales y, esporádicamente, una especie lianoide de flores llamativas, tóxica, la dulcamara (*S. dulcamara* L.). Las especies más conocidas son las cultivadas. patata (*S. tuberosum* L.) de origen andino, berenjena (*S. melongena* L.) de origen africano y el tomate (*S. lycopersicon* L.) americano.

Solanum lycopersicum L. (= *Lycopersicon esculentum* Mill.). **Tomate, jitomate**

Planta herbácea perenne de cultivo anual, con un porte rastrero, erecto o semierecto. Tallo anguloso, de crecimiento limitado o indeterminado. Hojas alternas, compuestas e imparipinnadas, con 7 o 9 foliolos lobulados y dentados, raramente enteros y foliolos intersticiales. Especie aromática, con pelos glandulares, en tallos y hojas, que despiden el típico olor del tomate. Flores pentámeras de pétalos amarillos, soldados en corola rotácea o estrellada; cáliz soldado en la base, con los sépalos lanceolados, herbáceos y, en general, acrescentes en el fruto, autógamas. Fruto en baya, generalmente roja, de forma y tamaño variable, con la superficie lisa o acostillada y con presencia de hombros (parte superior del fruto, alrededor de la inserción peduncular) verdes, o no, antes de la madurez. Su interior está dividido en lóculos carpelares cuyo número es variable. Semillas grisáceas o amarillentas de forma discoidal u oval y aplastada, cubiertas de vellosidades y una sustancia mucilaginosa (Egea y Egea, 2013).

Origen. El centro de origen del género *Solanum* sección *Lycopersicum* (antes género *Lycopersicon*) es la región andina que incluye partes de Colombia, Ecuador, Perú, Bolivia y Chile. La mayoría de las pruebas apoyan la domesticación en Centroamérica, con México como la región más probable (Diez y Nuez, 2008). El tomate llegó a Europa en el s. XVI probablemente de mano de los españoles (Knapp y Peralta, 2016). El primer registro, de Matthioli, data de 1544, en Italia, y se refiere a una forma de fruto amarillo denominada "pomme d'oro", nombre que perdura hasta nuestros días. Las primeras fuentes europeas señalan que el fruto era comestible, pero su cultivo por Europa se produjo inicialmente como curiosidad de jardín, no como planta alimenticia, y corrían rumores de que era peligrosa. A finales del siglo XVIII, el tomate ya se cultivaba y comía en abundancia en Italia y la Península Ibérica, aunque en el resto de Europa su adopción fue más lenta (Diez y Nuez, 2008).

Manejo. Es un cultivo que cambia bastante según agricultores y fincas. Generalmente se pone la almáciga para febrero, esparciendo las semillas y cubriendo con tierra rica y suelta. La tradición recomienda hacerlo en torno al día de los enamorados (14 de febrero), y generalmente en luna menguante, aunque las fechas varían según factores ambientales como la altitud de la finca o la dureza del invierno. Las plantas se llevan a suelo en torno a mayo, de fines de abril a primeros de junio, en las zonas más elevadas, cuando tienen ya unos cuantos nudos de hojas. Se ubican a gusto del hortelano, generalmente en *líneos* o caballones separados entre 50 - 80 cm y a una distancia de unos 30-40 cm cada planta. El suelo debe estar convenientemente abonado o estercolado. Con menos frecuencia, también se hace siembra directa en el huerto, desde entrado abril en adelante.

Requiere desherbado, sobre todo cuando las plantas son aún pequeñas, a mancaje; también riego frecuente, en torno a una vez a la semana si es a manta, o cada 2-3 días si es con goteo, aunque puede variar en relación al tipo de suelo, exposición, temperaturas, estado fenológico de las plantas, etc.). Aunque hay variedades rastreras (crecimiento determinado), la mayoría requieren entutorado o encañado de las plantas, para lo que se hacen estructuras de caña atadas con cuerda o rafia, a veces con hierros o palos más resistentes, antaño con varas de almez. Las matas no son trepadoras, hay que atarlas y guiarlas con cuidado para que no queden estranguladas, pero bien sujetas para que aguanten el peso de los frutos. Para una mayor producción, se deben ir *destallando*, quitando los tallos de las ramificaciones axilares, sobre todo las basales a las que, además de *tallos*, se les llama *chupones* o *mamones*, dejando sólo dos o tres tallos principales o *guías* que sigan desarrollándose. Hay quien utiliza estos tallos axilares para reponer plantas mediante multiplicación vegetativa, ya que se pueden enraizar metiéndolos en agua y posteriormente plantarlos o plantarlos directamente (bien hondo) y regar bien. Existe otra modalidad de cultivo, sin entutorado, principalmente para variedades vigorosas, que emiten muchos tallos y son complicadas de guiar. En este caso se ponen las plantas mucho más separadas (en torno a 1 m) y no se les quitan tallos (o solo los primeros, para guiarlas un poco), aunque lo más complicado es evitar que los frutos toquen directamente el suelo, lo que provoca su pudrición. Para ello es útil plantar en caballón y colocar algo que sirva de apoyo para las plantas y no toquen directamente el suelo; un buen acolchado de paja, manojos de cañas, o incluso palés.

Se recolectan a partir de julio hasta que aparecen los primeros hielos, entre fines de octubre y noviembre. Es frecuente que los agricultores tengan distintas variedades de tomate en la huerta, cada uno para un consumo determinado, según las características de la variedad. Por ejemplo los de pera para hacer conservas o cocinar, los "gordos" para ensaladas.

Las semillas se extraen principalmente de tomates seleccionados por su aspecto, en base a criterios como el tamaño (normalmente grandes) o la forma de la cicatriz del pistilo (generalmente pequeña). A veces se seleccionan matas vigorosas de las que elegir los frutos para semilla. Se suelen seleccionar para semilla tomates de los primeros ramilletes. Para limpiar las semillas es frecuente dejarlas en agua durante unos días (3 a 5) para que fermenten, de ese modo se separa la semilla fácilmente de la pulpa y el mucílago que suelen llevar adheridas. Hay quienes las conservan en papel doblado (incluso se escribe y etiqueta sobre el papel), que luego parten en trozos para ponerlos directamente en la almáciga.

Sobre plagas y enfermedades. Es un cultivo al que atacan varias plagas; son frecuentes, sobre todo, insectos como trips (*Frankliniella occidentalis*), tuta (*Tuta absoluta*), o la "rosquilla" (*Sodoptera littoralis*), una oruga que corta las plantas por la base del tallo. Ácaros como la araña roja (*Tetranychus urticae*) y el vasates (*Aculops lycopersici*).

En cuanto a enfermedades fúngicas, el mildiu (*Phytophthora* spp.) y alternaria (*Alternaria solani*) son las más frecuentes.También pueden aparecer algunos virus que se transmiten mediante insectos como trips o pulgones. La *rabia* o *enrrabiao,* suele hacer referencia a la afectación combinada de araña roja y mildiu simultáneamente, muy difícil de controlar una vez avanzada y que acaba secando totalmente las matas en poco tiempo. También se emplea la palabra *rabia* para una enfermedad vírica.

Normalmente se tratan con azufre (acaricida, fungicida y repelente de insectos), aunque en esto hay mucha disparidad entre agricultores y una enorme gama de productos tanto para manejo ecológico como convencional. Se suelen usar plantas auxiliares como albahaca o churrasca (*Nicotiana rustica* L.) colocadas en las esquinas o en lugares estratégicos del huerto, para ayudar a controlar plagas, por ser repelentes o albergar insectos auxiliares, depredadores de estas plagas.

También es común la incidencia de fisiopatías como el agrietamiento de los frutos, debido a contrastes térmicos grandes o cambios de humedad bruscos con calor y riego o por lluvias; la podredumbre apical o "peseta", debida a una deficiencia en la disponibilidad de calcio, y la abscisión floral, caída de la flor sin cuajar el fruto por exceso de calor y falta de humedad, especialmente frecuente en episodios de "ola de calor".

Diversidad. El tomate es uno de los cultivos con mayor diversidad de frutos en cuanto a tipos o variedades. Aunque se trata de una especie fundamentalmente autógama, existe cierto grado de alogamia, debida a la polinización por parte de insectos (abejas fundamentalmente). Esto hace que aparezca frecuentemente mezclado y con fenotipos diversos.

En la Alpujarra la denominación de las variedades suele atender a las características morfológicas del fruto, con nombres como "gordo", "pera" o "caqui" (por el parecido a estas frutas), por sus colores, con nombres como "rosado" o "rojo", por su uso, como los "de colgar" o "de to el año" que se cuelgan y aguantan varios meses, o haciendo referencia a su origen o antigüedad, como por ejemplo en los "del terreno", "de la abuela", o "antiguo". Los llamados de "cuatro cascos", parecen recibir este nombre porque se abrían en cuatro gajos o cascos para secarlos al sol. También se cultivan los "huevo toro" o "corazón de toro", variedad tradicional de amplia distribución en cuanto a su cultivo.

Origen y muestras obtenidas. Accesiones recientes de Cádiar, Capileira, Cástaras, Lanjarón, Narila y Pórtugos con los nombres de:

Huevo de toro	*Rosa del terreno*
Cuatro cascos	*Rojo del terreno*
Rosado	*Del terreno o Rosa del terreno*
De colgar	*Gordo o Feo*
Del terreno	*Normales*
Rosa	*Gordo*
Tipo flor	*De to el año*

Mairena
De la abuela
Moruno
Rosa de Barbastro
Pera antiguo

Caqui
Tomate gordo rosa
Tomate (de La Plantoná)
Tomate rosado

Anteriores de Alcútar, Cádiar, Juviles, Laroles, Pampaneira y Yégen con las denominaciones de:

Tomate
Tomate caqui
Tomate gordo
Tomate pera

Tomate antiguo
Tomate del terreno
Tomate huevo de toro

Variedades locales

En los cultivos de variedades locales observados, se ha podido constatar una considerable heterogeneidad dentro de una misma muestra, con formas y colores diferentes y distintos grados de acostillado, lo que dificulta su clasificación. Esta dificultad en cuanto a la diferenciación varietal hace que sea más oportuno clasificarlos en "tipos" que engloben varias clases de frutos parecidos.

Consideramos cuatro tipos fundamentales: los "gordos" o "grandes" (diámetro medio mayor de 8 cm), de los que diferenciamos "rosados" y "rojos"; los "pera"; los tipo "caqui" y los "de colgar".

La clasificación por tipos de Nuez *et al.* (1996), utilizada en otros trabajos como el de Egea y Egea (2013) sobre variedades locales de Murcia, se basa en tamaño y forma de frutos, añadiendo en ocasiones otros criterios como el que algunos tipos se subdividen en varias clases en función de algún carácter como el acostillado. Los tipos principales son: Tipo *cherry, canario, pera, murciano, muchamiel, acorazonado*, tipo *aplastado*, que según acostillamiento se subdivide en: *beef, valenciano* y *marmande* y, por último, tipo *pimiento*. En la siguiente tabla recogemos la equivalencia entre los tipos considerados en este catálogo y los propuestos por Nuez *et al.* (1996). En el caso del tomate tipo *caqui*, hemos ampliado el rango superior de peso planteado por Nuez *et al.* (1996), hasta 200 g.

Tipo considerado	Tipo (Nuez *et al.* 1996)	Descripción
Gordo: Rosado y rojo	*Aplastado*	Fruto grande, aplastado o subgloboso, con distintos grados de acostillamiento. Hasta 1.200 g.
Pera	*Pera /pimiento*	Fruto piriforme, alargado, cilíndrico a veces puntiagudo.
Caqui	*Canario*	Fruto pequeño y mediano. Redondo o ligeramente aplastado, con acostillado ligero o ausente. Entre 50 y 200 g.
De colgar	*Cherry grande*	Fruto pequeño, redondeado o ligeramente aperado. Entre 16 y 50 g.

Diferentes tipos de tomate procedentes de la misma muestra de semillas
("huevo toro", "rojo", "rosado" y "caqui").

Se han cultivado en la finca "Los Morales", 10 muestras de semillas de los diferentes tipos de tomates, para su multiplicación y estudio. Para la descripción de las variedades hemos empleado los criterios propuestos por descriptores especializados (IPGRI, 1996), adaptados cuando ha sido necesario (Guzmán, 2012; Romero *et al.*, 2008; Benítez *et al.*, 2010; Muñoz y Soriano, 2010). Sin embargo, no ha sido posible el empleo de todos los descriptores elegidos en todas las variedades que se recogen, especialmente las que han sido observadas en otras fincas, por lo que hay descripciones con diferente detalle. Sobre los datos de cultivo, ha sido de especial interés los trabajos locales previos de Navarro (2002) y Romero *et al.* (2008).

Los descriptores utilizados son los siguientes:

Datos de la planta:

> Crecimiento de la planta. 1. Enano. 2. Determinado. 3 Semideterminado. 4. Indeterminado.
> Tipo de inflorescencia. 1. Generalmente uníparo. 2. Ambos (parcialmente uníparo y parcialmente multíparo). 3. Generalmente multíparo.
> Densidad del follaje. 1. Escasa. 2. Intermedia. 3. Densa.
> Tipo de hoja (según figuras): 1. Enana. 2. Tipo de hoja de papa. 3. Estándar. 4. Peruvianum. 5. Pimpinellifollium. 6. Hirsutum. 7. Otro (especificar).

Datos del fruto:

Forma (según figuras). 1. Achatado. 2 Ligeramente achatado. 3 Redondeado. 4 Redondo-alargado. 5 Cordiforme. 6 Cilíndrico (oblongo-alargado). 7 Piriforme. 8 Elipsoide (forma de ciruela). 9 Otro (especificar).

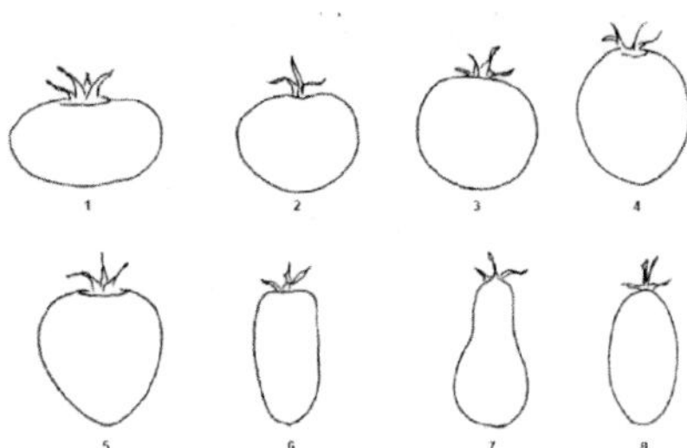

Color (fruto maduro). 1. Verde. 2. Amarillo. 3. Naranja. 4. Rosado. 5. Rojo. 6. Otro.
Color (inmaduro). 1. Blanco verdusco. 3. Verde claro. 5. Verde. 7. Verde oscuro. 9. Verde muy oscuro.
Intensidad del color de los hombros: 3. Leve. 5. Intermedia. 7. Fuerte
Acostillado del fruto. 0. Ausente. 3 Ligero. 5 Medio 7. Fuerte.
Cicatriz del pistilo (según figuras). 1. Punteado. 2 Estrellado.3. Lineal. 4 Irregular.
1. Pequeña. 2. Mediana. 3. Grande.

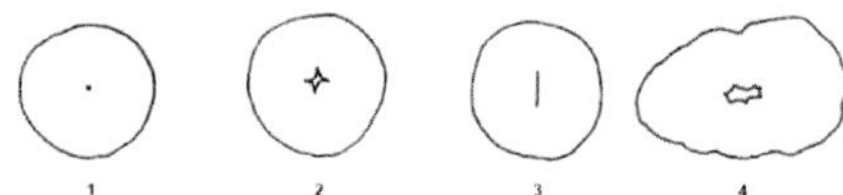

Inserción peduncular. 1. Plana. 2. Ligeramente hundida. 3. Muy hundida.
Sección transversal (según figuras). 1 Redonda. 2 Angular. 3 Irregular.

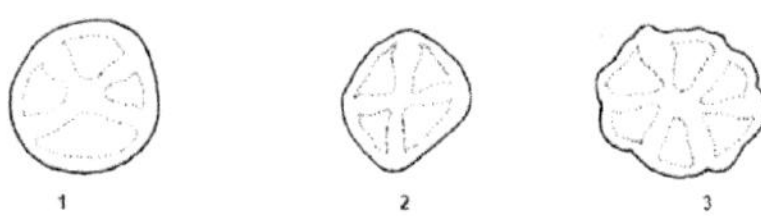

Número de lóculos.

Tamaño del fruto. Medidos 20 frutos. Media: 1. Muy pequeño (<3 cm). 2. Pequeño (3-5 cm). 3. Intermedio (5-8,1 cm). 4. Grande (8,1-10 cm). 5. Muy grande (>10 cm).

Altura del fruto. Valor medio de 20 frutos (cm).

Diámetro ecuatorial. Diámetro medio de 20 frutos (cm).

Peso del fruto. Peso medio de 20 frutos (g):

Grosor del pericarpio. Valor medio de 20 frutos (mm).

I. Tomates tipo "gordo"

Son tomates de tamaño grande o muy grande, normalmente de forma achatada y más o menos acostillados. Son los más frecuentes para consumo solo o en ensalada y otros usos en crudo (gazpacho, salmorejo). Se llaman también "del terreno", "antiguos". Entre los tomates "gordos", distinguimos por su color cuando están maduros entre rosados y rojos, aunque a veces, debido a la heterogeneidad de las variedades, pueden aparecer ambos colores o tonalidades intermedias.

I.a. Tomates rosados, "antiguos", "del terreno", "gordos"

1. Tomate "rosado", "rosa", "de la abuela", "rosa del terreno", "rosa antiguo"

Describimos el tomate "de la abuela" procedente de Cádiar.

Descripción. Planta de crecimiento indeterminado, con densidad de follaje alta, tipo de hoja "estándar", bipinnada. La inflorescencia es generalmente multípara, a veces unípara.

El fruto es de tipo achatado, grande o muy grande, verde claro cuando está inmaduro y rosado oscuro en la madurez. A veces presenta hombros verdosos y alguna vez estrías verticales o venas verdes. Tiene un acostillado medio-fuerte, la cicatriz del pistilo es de tipo irregular, grande. La inserción peduncular hundida y la sección transversal irregular. Mide unos 13 (9-16) cm de diámetro, 7 (5,2-9,5) cm de alto y pesa unos 550 (300-900) g el grosor del pericarpio es de 7 (6,1-8,2) mm. Multilocular (más de 7 lóculos).

Consumo. Principalmente crudo en ensalada, salsas, gazpacho y salmorejo.

Observaciones. Esta es una de las variedades que se consideran más antiguas en la comarca. También es uno de los tomates preferidos por los agricultores de la Alpujarra. Sin embargo, los tomates de la muestra que hemos multiplicado con el nombre "de la abuela", presentan generalmente una cicatriz pistilar grande e irregular, carácter normalmente no deseado. Si hemos observado y cultivado otros "rosados" con la cicatriz pistilar más pequeña, "cerrada", que se prefieren por este carácter. Se cultivan actualmente de forma frecuente. Algunos los cultivan sin encañar (en suelo o "rastreros") y en las lindes de la huerta. Son resistentes, aunque hay que tener la precaución de que los frutos no toquen el suelo para que no se pudran (ver apartado de "manejo").

Origen y muestras obtenidas. Los tomates rosados se cultivan por toda la Alpujarra, y en cada municipio prácticamente recibe un nombre diferente y puede presentar alguna diferencia. Accesiones de Cádiar, Narila, Pórtugos, Capileira. Hay accesiones con el nombre de "tomate gordo" o "tomate" (sin adjetivos), que son tomates rosados, como es el caso del cultivado experimentalmente, originario de Mairena.

Tomate "de la abuela". Cultivo.

Tomates "de la abuela" (Cádiar), en finca Los Morales.

Tomate "rosado" (Mairena).

2. Tomate "rosa de Capileira", o "rosa de Lanjarón"

Variedad similar a la anterior, que se distingue por su forma, menos achatada (mayor altura del fruto en proporción al diámetro) y color más intenso, rosa fuerte o casi rojo. Según indica quien los cultiva, tienen mejor textura y sabor que el anterior ("de la abuela").

Origen y muestras obtenidas. La muestra obtenida procede de Capileira, donde se cultiva desde hace más de 20 años, aunque es originaria de Lanjarón.

Tomate "rosa de Capileira".

I.b. Tomates "gordos" (rojos)

Similares a los anteriores, pero de color rojo al madurar. Existe gran variabilidad entre los cultivares.

3. Tomate "antiguo"

La siguiente descripción corresponde a una muestra originaria de Cádiar con el nombre de "tomate antiguo".

Descripción. Planta de crecimiento indeterminado, con densidad de follaje media-alta, tipo de hoja "estándar", bipinnada. La inflorescencia es generalmente multípara, a veces unípara.

El fruto es de tamaño grande, de forma ligeramente achatada, verde claro cuando está inmaduro, se torna anaranjado al ir madurando y rojo en la madurez. A veces presenta hombros y venas verticales verdosas que suelen ir desapareciendo al madurar. Tiene un acostillado medio (variable), la cicatriz del pistilo es de tipo irregular, mediana (a veces grande). La inserción peduncular hundida y la sección transversal irregular. Mide unos 10 (8,2-12,2) cm de diámetro, 6,5 (5,7-8,6) de alto y pesa unos 330 (200-525) g. El grosor del pericarpio es de 7 (6,4-7,6) mm. Multilocular, presenta más de 7 lóculos.

Consumo. Principalmente crudo, solo o en platos fríos.

Observaciones. El cultivo experimental de las semillas procedentes de Cádiar, produjo plantas de variedades diferentes lo que es indicativo de que bajo esta denominación se recogen variedades locales de frutos parecidos.

Origen y muestras obtenidas. Cádiar.

Tomate "antiguo" (Cádiar). Cultivo.

Tomate "antiguo" (Cádiar). Frutos y hoja.

4. Tomate "gordo"

Descripción. Se diferencia del anterior, principalmente por los frutos algo más grandes y de forma un poco más achatada.

El fruto es de tamaño grande o muy grande (<10 cm), de forma achatada o ligeramente achatada, Tiene un acostillado fuerte, a veces medio (variable), la cicatriz del pistilo es de tipo irregular, mediana. La inserción peduncular hundida o muy hundida y la sección transversal irregular. Mide unos 11 (9,0-13,8) cm de diámetro, 7 (6,0-7,2) de alto y pesa unos 415 (280-725) g. El grosor del pericarpio es de 7 (6,8-7,4) mm. Tiene más de 7 lóculos.

Consumo. Igual que los anteriores.

Origen y muestras obtenidas. Capileira, Alcútar, Cádiar, Juviles, Mairena y Nieles.

Observaciones. Hay otros cultivares que se denominan de la misma forma y suelen ser parecidos, con distintos grados de acostillado, con hombros y venas más o menos marcadas, etc.

Tomate "gordo" (Mairena). Cultivo.

Tomate "gordo" de Mairena (izq.) y "de Capileira" (dcha).

Tomate "acostillado" (Mairena). "Gordo" (Cádiar).

5. Tomate "cuatro cascos"

Descripción. Planta de crecimiento indeterminado. Con densidad de follaje muy alta y muy ramificada, es muy vigorosa, emite gran cantidad de tallos axilares que crecen rápido. Frutos de forma irregular, ligeramente achatados, tamaño grande, 10 (7-14) cm diámetro, 7 (6,0-8,1) cm de alto y unos 360 (150-530) g de peso medio. El pericarpio tiene un grosor de 4,8 (4,1-4,9) mm. Presenta acostillado medio, en general los frutos más grandes muestran acostillado fuerte mientras que los de tamaño medio suele ser más leve. La sección transversal es angular o irregular (generalmente en los de mayor tamaño). Son de color verde claro cuando está inmaduro, se va pintando de color anaranjado con costillas y hombros verdes, que van perdiendo intensidad y queda rojo intenso brillante, a veces rojo-rosado oscuro en la madurez. La inserción peduncular es hundida, cicatriz del pistilo pequeña, estrellada o lineal.

Consumo. Normalmente en crudo, solo o en platos fríos. Apreciado por su sabor.

Observaciones. Tomate muy apreciado al menos en la zona de Pórtugos, donde se considera una de las variedades más antiguas, también es reconocido en otras zonas, como Cástaras-Nieles y alrededores. Es similar en forma a otros "gordos" de costillas marcadas, aunque se puede diferenciar por su color de piel y otras características descritas. El nombre de "cuatro cascos" invita pensar en que tiene 4 lóculos, pero tiene más de 7. Hay quien sugiere que el nombre se debe a que se suele abrir en 4 gajos o "cascos" para secarlo al sol.

Origen y muestras obtenidas. Pórtugos.

Tomate "cuatro cascos", cultivo.

Tomate "cuatro cascos", frutos.

II. Tomates tipo "caqui"

6. Tomate "caqui"

Se ha cultivado una muestra procedente de Nieles.

Descripción. Planta de crecimiento indeterminado, con densidad de follaje intermedia, tipo de hoja "estándar", alguna tipo "peruvianum". La inflorescencia es generalmente multípara.

El fruto es de forma redondeada, cuando inmaduro, verde claro con hombros de un verde más oscuro y rojo-anaranjado uniforme en la madurez. Acostillado ausente o muy ligero, la cicatriz del pistilo es de tipo punteado, inserción peduncular ligeramente hundida y la sección transversal redondeada. Mide 5,5 (4,5-7,2) cm de diámetro ecuatorial, 4,5 (4,1-5,0) de alto y pesa 75 (61-110) g y el grosor del pericarpio es de 6,7 (5,5-9,5) mm. Presenta 4 (3-4) lóculos.

Consumo. Como otras variedades de tomate, en crudo, y también para cocinar o elaborar conservas o deshidratado ("orejones") forma similar a los de colgar, ya que es una variedad de larga duración, se puede conservar durante varios meses.

Observaciones. Se han detectado tomates *caqui* en muestras de otras variedades (mezcladas) que también han sido cultivadas de forma experimental, son muestras procedentes de Cádiar y Mairena. Se trata en estos casos de un tomate tipo *caqui* de tamaño algo mayor. De unos 7 (5,9-7,9) cm de diámetro, 6 (5-6,5) cm de altura y un peso de unos 130 (90-180) g. Esta clase de tomate, de frutos más grandes que los de la muestra descrita con más detalle (Nieles), es más parecido al tomate *caqui* de otras zonas como el que se cultivaba en la Vega de Granada. El tomate *caqui* se cultiva desde hace mucho tiempo en la Alpujarra, aunque hoy en día parece haber disminuido considerablemente.

Origen y muestras obtenidas. Accesiones de Nieles. También ha aparecido mezclado en muestras de "antiguo" Cádiar y "gordo" de Mairena.

Tomates "caqui". Cultivo.

"Caqui" (Nieles). Frutos y hojas.

III. Tomates "de colgar"

7. Tomate "de colgar", "del pan", "de to el año" o "de hierro"

Se ha cultivado una muestra de semillas de "tomate de colgar" originaria de Pórtugos.

Descripción. Planta de crecimiento indeterminado, con densidad de follaje intermedia-escasa, tipo de hoja estándar con foliolos peciolados estrechos. La inflorescencia es generalmente multípara, ramilletes de hasta 9 flores.

El fruto es de tipo alargado, verde claro con hombros de un verde más oscuro cuando está inmaduro y rojo uniforme en la madurez. Acostillado ausente o ligero, la cicatriz del pistilo es de tipo punteado, inserción peduncular plana y la sección transversal redondeada. Mide 4,1 (3,3-4,6) cm de diámetro ecuatorial, 4,2 (3,9-4,6) de alto y pesa 38 (29-46) g. El grosor del pericarpio es de 5,9 (4,2-7,2) mm. Presenta 2 (2-3) lóculos.

Consumo. Se consume como el resto de tomates, aunque es particularmente bueno para las salsas, por su sabor intenso y poco contenido en agua. Este bajo contenido en agua también permite su rápida deshidratación, sin necesidad de aportar sal. Se conserva varios meses colgando el racimo entero, o atados en un cordel, se van consumiendo durante el invierno. También se puede almacenar en cajas de cartón con paja en sitios frescos.

Origen y muestras obtenidas. Cádiar, Capileira, Pampaneira, y Pórtugos

Observaciones. Existen otra variedades de colgar en la Alpujarra. Los tipo caqui pequeños como el de Nieles, también sirven para colgar y al parecer había otros con forma de pera.

También existen variedades "de colgar" en otras zonas, sobre todo son reconocidas en Valencia, Cataluña y Baleares ("tomaquet de penjar"), donde es costumbre restregarlos en pan. Su piel gruesa parece importante como criterio de selección varietal por el uso específico de este tomate. Generalmente no se guarda semilla, sino que se guardan los tomates colgados y se abren algunos cuando es el tiempo de sembrar la almáciga. Incluso si se espera a mayo, puede haber alguno cuyas semillas hayan germinado dentro del tomate, y se usan para poner en almáciga tardía. Las denominaciones "de colgar", "de tol año" y "de hierro" refieren a esta gran durabilidad, el nombre "del pan" porque se consume untando el tomate en el pan.

Tomate "de to el año", cultivo. Ramillete.

Tomates "de colgar" (Pórtugos). Frutos y hoja.

IV. Tomates "de pera"

8. Tomate "pera antiguo" o "pera sin rastra"

Descripción. Planta de crecimiento semideterminado. Tomate tipo pera alargado (piriforme), de piel dura y lisa y tamaño de hasta 10-12 cm de largo. Sin acostillado y cicatriz pistilar puntiforme muy pequeña, con pedúnculo insertado en el fruto de forma plana. Suele tener un pico marcado en el ápice del fruto. Variedad muy productiva que permite su cultivo sin encañado, lo que facilita las labores a la hora del diseño del huerto.

Consumo. Es una de las variedades más usadas para elaborar conservas (salsa de tomate o tomate crudo en bote).

Observaciones. Variedad con muchos años de antigüedad en la Alpujarra. En algunos lugares lo ponen en los bordes de la huerta, para que aproveche el agua del último surco, y van guiando las matas hacia fuera, criándolo de manera bravía (sin quitar tallos ni apenas realizar otras tareas de manejo). Existen otros, de crecimiento determinado, mata baja (altura de 40-60 cm), que no emiten tallos axilares demasiado largos y que no requieren encañado, se les llama "sin rastra" por este motivo. En general, a los que se cultivan en suelo (sin entutorado) se les llama "rastreros".

Origen y muestras obtenidas. Cádiar y Lanjarón.

Tomate "pera". Cultivo.

9. Tomate "pera antiguo" (mata alta)

Se ha cultivado una muestra de Pampaneira.

Descripción. Planta de crecimiento indeterminado. Con densidad de follaje intermedio-escaso. Hoja tipo estándar, inflorescencia multípara. Tomate de color verde claro cuando no está maduro y rojo vivo en la madurez, de forma de oblongo- alargado (cilíndrico) a piriforme, de piel dura y lisa y tamaño de hasta unos 9 (8,2-10,3) cm de altura y 4,7 (4,2-5,7) cm de diámetro. Normalmente tiene 2 (3) lóculos. La sección transversal es redonda, sin acostillado y cicatriz pistilar puntiforme muy pequeña, con pedúnculo insertado en el fruto de forma plana. Suele tener un pico marcado en el ápice del fruto, aunque hay formas más aperadas, sin pico.

Consumo. Principalmente para cocinar y elaborar conservas.

Origen y muestras obtenidas. Anteriores de Pampaneira.

Observaciones. Existen variedades comerciales de pera que ofrecen frutos de mayor tamaño y parece que están sustituyendo a los "pera antiguos".

Pera "mata alta" (Pampaneira). Cultivo y frutos.

10. Tomate "huevo de toro" o "corazón de toro"

Descripción. Mata de crecimiento indeterminado y densidad de follaje media, inflorescencia generalmente multípara, a veces unípara.

Fruto cordiforme (acorazonado), algo alargado, generalmente de base estrechada en una punta marcada, aunque este carácter puede ser variable incluso en tomates de la misma mata. Cicatriz del pistilo pequeña e inserción del pedúnculo entre recta y ligeramente hendida. Sin acostillado o leve. De tamaño medio o grande, puede llegar a los 11-13 cm de largo y 9-11 de ancho. De buen sabor y buena producción, es bastante apreciado para consumo familiar.

Consumo. Igual que los anteriores.

Observaciones. Variedad que se cultiva en varias zonas de Andalucía (Vega de Granada, Cazorla, Valle del Guadalhorce, etc.). Se conocen al menos dos tipos en cuanto a su tamaño; unos de un tamaño medio (300-500 g) y otros de mayor tamaño que llegan y sobrepasan 1 kg.

Origen y muestras obtenidas. Recientes de Narila, Cádiar, Pórtugos. Anteriores de Mairena.

Tomates "huevo toro".

Otras variedades

Los agricultores alpujarreños también cultivan otras variedades, que presumiblemente son locales o tradicionales en otras zonas de Andalucía. Entre ellas podemos destacar.

11. Tomate "malagueño"

Redondo, muy rojo, con muchos tabiques en su interior y mucha carne. De buen sabor y bastante productivo. Semillas procedentes de Málaga. Se cultiva actualmente.

Tomate "malagueño".

12. Tomate "moruno"

Grupo tomate negro, algo acostillado, rajado frecuente en la parte superior. Carne con mucha pulpa y poca agua, irregular en placentado. Origen de las semillas de Cazorla. Este tipo de tomates "morunos" son habituales en otras zonas como Madrid (Lázaro *et al.*, 2014). En Cazorla, Segura, etc. reciben el nombre general de tomate "negro segureño" (Romero, 2019).

13. Tomate "Cazorla", "negro segureño".

Tomate redondo con rayas verdosas longitudinales, muy productivo y sabroso. Cultivado al menos por un agricultor, quien parece que lo cultiva a partir de semillas traídas de Cazorla. Según estudios de los tomates de esa zona (Romero, 2019), correspondería con alguna de las variedades del grupo "negro segureño", que se cultivan en el entorno de la sierras de Segura, sobre todo en la zona de Santiago-Pontones (Jaén), Nerpio (Albacete) y Moratalla e incluso Bullas, en Murcia. Hay diferentes tipos.

Tomates tipo "negro segureño".

14. Tomate "albaricoque", "de colgar albaricoque" o "terciopelo"

Tomates muy esféricos, de tamaño medio (hasta unos 6-7cm de diámetro), de piel con un característico tono naranja-amarillento de forma irregular que les hace asemejarse a la fruta de un albaricoque. Se conserva bien colgado para su consumo durante el invierno y primavera. Se cultiva de forma puntual. Posiblemente sea una variedad local traída del levante o de Cataluña donde existe gran tradición de tomates "de colgar". Hay una variedad denominada "mala cara" que se asemeja mucho, y tiene la hoja ancha tipo "hoja de papa", como la de la fotografía. Se cultiva en la Alpujarra, al menos en Nieles.

Tomate "terciopelo".

15. Tomate "rosa de Barbastro"

Cultivado de forma puntual. Se comercializa a gran escala y se cultiva de forma intensiva en los invernaderos de la costa almeriense-granadina.

Tomates "rosa de Barbastro".

16. Tomate "corazón de buey"

Cultivado de forma puntual por algún agricultor. Posiblemente sea también esta variedad una que se nos mencionó como "tomate de flor" (por la forma regular de los tabiques y lóculos del fruto, formando algo similar a una flor). Según forma de cultivo, suele quedarse algo hueco en su interior, dejando lóculos grandes y tabiques poco desarrollados, que lo hacen ideal para ser rellenado o asado. Sin embargo este carácter no suele ser bien valorado por los hortelanos a la hora de seleccionar frutos pues se prefieren tomates macizos.

Tomate "corazón de buey".

17. Tomates "cherry" (*Solanum lycopersicum* var. *cerasiforme*)

Tomates pequeños, esféricos, en racimos. Muy productiva. Son los más cultivados en la actualidad en la Alpujarra. Existen muchas explotaciones comerciales sobre todo en la zona de los Bérchules, en fincas a gran altitud de tamaño variable, generalmente de cultivo ecológico, a veces bajo malla en estructuras tipo invernadero. Al ser un cultivo de montaña en altura (con fincas por encima de los 1800 m) se consigue tener producción durante el verano, cuando las fincas de menores altitudes (y especialmente, los invernaderos del Campo de Dalías) no pueden producir, y la demanda sigue siendo elevada. La producción está destinada al mercado nacional e internacional. Existen numerosas variedades, por citar algunas; "cherry redondo", "cherry azul", "Afeef F1", "Alejandro F1", "Elaurora", "Josefina", etc.

Umbráculo para cultivos de verano. Tomate "cherry ", ramillete.

Tomate "cherry pera".

Tomate "cherry pera amarillo".

18. Tomates "pera" (comerciales)

Entre las variedades muy cultivadas a nivel comercial, también destacan los tomates de pera, de los que existen muchas variedades registradas, como la variedad "rio grande". Muy diferentes a las variedades locales "pera del terreno" o "pera sin rastra", que se ven a veces sustituidos por las comerciales, que suelen tener frutos más grandes aunque menos sabrosos.

Otros tomates

Se cultivan muchas otras variedades comerciales como "mar azul", "Simona, "Daniela", "Kumato" y a menor escala, "Green Zebra" o "negro de Crimea", entre otros.

Tomates "mar azul" y "negro de Crimea".

Solanum melongena L. **Berenjena**

Planta herbácea anual o perenne de vida corta, con tallos erectos, ramificados desde la base, con pelos estrellados y espinas cortas. Hojas enteras, ovadas, lobuladas o sinuadas, de disposición alterna, pubescentes, con peciolo ocasionalmente espinoso. Flores de color morado, hermafroditas, con pedúnculo y cáliz frecuentemente espinosos; solitarias o en inflorescencias cimosas paucifloras,. Fruto en baya, de color que puede variar entre blanco, verde y morado.

Origen. Considerada durante cierto tiempo de origen asiático, probablemente Indo-Chino (Vavilov, 1951), estudios recientes lo ubican en África, y con una dispersión posterior hacia Oriente Medio, la India y Asia (Weese y Bohs, 2010). No era conocida por Griegos y Romanos y posiblemente llegó a Europa por el sur de España en torno al siglo IX de la mano de los árabes (Weese y Bohs, 2010). Existen muchas variedades a nivel mundial, diferenciadas además de por su morfología, por la cantidad de materia seca, fibra, azúcares, etc. (Taher *et al.*, 2017).

Manejo. Se siembran en almáciga, entre febrero y marzo, frecuentemente para el día de los enamorados, junto a los tomates y pimientos. Se entierran las semillas aproximadamente 1 cm, y si, es necesario, se procede a un aclareo cuando hay muchas plántulas juntas. La almáciga debe regarse frecuentemente. Como los tomates y pimientos, se llevan al lugar definitivo de la huerta entre finales de abril y mayo. Suelen ponerse en líneas, con plantas separadas por unos 40-50 cm. Las labores que requiere el cultivo son el mancajado (desherbado y cava con mancaje) y, a veces, se recalzan las matas si se han movido con el riego. Aunque generalmente no requieren tutor, a veces el peso de los frutos llega a doblar las matas, por lo que, en estos casos, las plantas se suelen entutorar con cañas. Los frutos se recogen escalonadamente cuando van madurando, entre julio y agosto, y hasta la llegada de las primeras heladas, a mediados de noviembre aproximadamente.

Generalmente, igual que en otros cultivos, se deja para semilla la berenjena de la cruz o de la primera flor de la mata, cogiendo el fruto cuando está suficientemente maduro y la piel toma un tono amarillento y un tamaño notablemente mayor al que presentan en el momento óptimo para su consumo.

Sobre plagas y enfermedades. Se trata de un cultivo rústico que no suele tener muchas plagas. Afectada a veces por pulgones (*Aphis* spp., *Myzus* spp.) y por araña roja (*Tetranychus urticae*), o por el escarabajo de la patata (*Leptinotarsa decemlineata*, localmente, "volantón"), aunque esta plaga parece haber remitido en los últimos años. Suele tratarse con azufre, ya sea como tratamiento, una vez afectada la planta, o con carácter preventivo.

Diversidad. Muy cultivada desde antiguo en el territorio, no suele faltar en los huertos. En la Alpujarra se cultivan distintos tipos de berenjenas. Se suelen nombrar y distinguir por su color (negra, morá, verde, rayá, blanca, etc.) y por su forma (redonda, alargada, etc.).Algunas de estas variedades se consideran locales porque no se encuentran en los viveros comerciales. Son las personas interesadas quienes las cultivan, conservan la semilla y las reproducen año tras año. No obstante cada vez es más frecuente comprar el plantel en viveros comerciales, por lo que en las huertas se encuentran muchas variedades modernas.

Para las descripciones de las variedades locales se han usado descriptores IBPGR y otros descriptores que se han estimado convenientes así como la información recabada a informantes. Los descriptores IBPGR usados son:

Descriptores de la planta:

> Hábito de crecimiento: (3.erecto 5.intermedio 7. postrado).
> Longitud de la hoja: (3.corta (10 cm) 5. Intermedio (20 cm). 7. Larga (30)).
> Anchura de la hoja: (1. estrecha (5cm). 3 intermedia (10 cm.) 7. ancha (15cm).
> Lobulado de la hoja: (de 1 a 9;de entera a muy fuerte).
> Ángulo de la hoja: (de 1 a 9; de muy agudo a muy obtuso).
> Nerviación de la hoja: (de 1 a 9 de nada a muchísimos +20).
> Pilosidad de la hoja: (de 1 a 9 nada a muchísima, pelos mm2 en envés).

Descriptores de la inflorescencia y fruto:

> Número de flores por inflorescencia.
> Color de la corola (de 1 a 9, de blanco verdoso a violeta intenso).
> Longitud del fruto. Media de 10 frutos (de 1 a 9, de muy corto a muy largo).
> Anchura del fruto. Media de 10 frutos (de 1 a 9, de muy estrecho a muy ancho).
> Relación largo/ancho (de 1 a 9).
> Curvatura. Sin curvatura. (de 1, nada curvado a 9, muy curvado).
> Sección del fruto (de 1 a 9. circular, elíptico, con lóbulos).
> Situación de la zona más ancha. En la mitad del fruto. (de 1 a 9).

Variedades locales

1. Berenjena "redonda", "del terreno", "negra redonda" o "morada redonda"

Descripción. La planta presenta un hábito de crecimiento erecto, con hojas largas (en torno a 30 cm), relativamente anchas (unos 12 cm), pelosas, con pelos estrellados, lobulado medio y con el extremo apical a veces obtuso, aunque más frecuentemente intermedio (ver IBPRG). Las flores suelen aparecer de forma solitaria, aunque en ocasiones se agrupan por parejas o con menos frecuencia en número de tres. La corola es de un color violeta no muy intenso.

Los frutos son redondeados y ligeramente alargados, a veces incluso achatados, de sección circular y sin curvatura. Su color varía desde violeta- morado más o menos intenso hasta negro, brillantes. No son muy grandes, con un diámetro aproximado de 7-8 cm, siendo la parte central la más ancha del fruto.

Consumo. Forma parte de muchos platos típicos y recetas tradicionales. Desde las berenjenas fritas con miel hasta frituras, sofritos, pastas, pisto, etc. Es, quizás, una de las variedades más apreciadas, ya que no es amarga y de cocción rápida.

Observaciones. Se considera como una de las variedades más antiguas en la comarca. En plantas procedentes de las misma muestra, se forman frutos de color morado y negro, por lo que consideramos que se trata de una única variedad que presenta cierta heterogeneidad respecto a este carácter.

Origen y muestras obtenidas. Recientes de Narila, Capileira, Lanjarón y Cádiar. Anteriores de Cástaras.

Berenjena "redonda". Cultivo, semillas y frutos secándose para semilla.

Berenjena "redonda", variante de color morado.

2. Berenjena "blanca"

Descripción. La planta es muy similar a otras variedades. El fruto es de color blanco por fuera, y relativamente alargado, cilíndrico. No es igual a otras variedades de fruto blanco más esféricas y de menor tamaño, típicas del sudeste asiático, gracias a las cuales se popularizó el nombre inglés de la verdura, "eggplant".

Consumo. Para algunos muy apreciada por su sabor, para otros es mejor la negra redonda, que es más tradicional en la comarca.

Observaciones. Existen dudas sobre el carácter tradicional de esta variedad, ya que para algunos informantes la semilla procede de sus ancestros y nunca fue comprada en semilleros, mientras que para otros es una variedad de introducción reciente y la única que consideran realmente antigua es la variedad redonda. Es cierto que en los últimos años se ha extendido la comercialización y consumo de berenjenas blancas, resultando fácil encontrarlas en mercados convencionales. De la misma forma, los viveros de planta hortícola comercializan plantas de berenjena "blanca" usando este nombre. Por todo esto, parece posible que existan berenjenas blancas de variedades locales "antiguas" que hoy conviven con las variedades comerciales, introducidas más recientemente. Cultivada, no obstante, desde muy antiguo en Andalucía, como recoge Ibn al-Awam en el Tratado de Agricultura del siglo XII.

Origen y muestras obtenidas. Recientes de Cádiar. Anteriores de Mairena.

Berenjena "blanca". Fruto. Semillas. Cortada en 4 cascos y seca, para sacar y conservar semillas. Para semilla en la mata.

3. Berenjena "verde"

Descripción. La planta es de porte erecto más ancha que alta en su madurez. A diferencia de otras variedades, no adquiere tonos violetas o morados en peciolos y base del tallo.

Las hojas son de tamaño medio, de unos 20 cm de largo y, aproximadamente, 10 cm de ancho, con un lobulado medio a débil y el extremo apical obtuso. Son pelosas, con pelos estrellados, aunque menos que otras variedades como la "redonda", entre otras

Las flores suelen aparecer solitarias y la corola es de color violeta claro.

El fruto es alargado, unas dos veces más largo que ancho, cilíndrico, generalmente ensanchado hacia la base, de forma que la parte más ancha se sitúa en torno a la cuarta parte de la longitud del fruto observado desde la base hacia el extremo apical; no presenta curvatura y tiene sección circular. La piel es verde, veteada de color verde claro o blanquecino, sobre todo en la base y es de carne compacta. Las personas que no conocen esta variedad pueden pensar que los frutos no están lo suficientemente maduros y retrasar la recolección por lo que, en ocasiones, a veces, se cogen demasiado maduras, con las semillas ya bien formadas y algo duras. Esto hace que para algunos sean preferibles otras variedades, que se cogen siempre en su punto correcto de maduración y, por tanto, al cocinarlas no se notan las semillas.

Consumo. Es una variedad muy sabrosa que amarga poco. En el punto óptimo de maduración para su consumo, muchas personas comentan que es de las mejores berenjenas que han probado.

Observaciones. Se considera inequívocamente como variedad tradicional al menos en Cástaras, de donde se obtuvieron las primeras semillas en 2007, Lobras, Nieles y Juviles, donde se sigue cultivando actualmente en huertos familiares. Presentan un color similar al de otras variedades con frutos también verdes que son propias de otros territorios o son variedades comerciales.

Origen y muestras obtenidas. Anteriores de Cástaras.

Berenjena "verde". Cultivo (finca Los Morales).

Otras variedades

En la Alpujarra se cultivan, además de las variedades locales, otras de carácter comercial o bien de otros territorios que han sido introducidas recientemente. Enumeramos a continuación las más conocidas.

Berenjena "negra alargada".

Berenjena "rayá alargada".

Berenjena "rayá".

Berenjena "blanca redonda".

Berenjena tipo "de Almagro", también llamadas "de rabo largo" o "de encurtir", muy cultivadas y consideradas variedad tradicional en algunas comarcas de Jaén y en Murcia.

Berenjena "negra alargá".   Berenjena "rayá alargada".

Berenjena "blanca redonda"

Solanum melongena L. *(Solanaceae)*

Solanum tuberosum L. **Patata, papa**

Descripción. Hierba erecta o rastrera, de 30-100 cm de altura, con tallo robusto anguloso, ramificado y alado, glabro o escasamente pubescente con pelos simples y glandulares. Los estolones pueden desarrollar tubérculos subterráneos de color blanco, marrón, marrón amarillento, rosa, rojo, púrpura o azul violáceo; globosos, oblongos o elípticos; de 3-10 cm de diámetro; carnosos; con yemas axilares (ojos) y numerosas lenticelas. Hojas alternas, imparipinnadas, escasamente pilosas.

Inflorescencias en panículas terminales, opuestas a las hojas o axilares. Flores actinomorfas con pedicelos articulados cerca de la base. Cáliz campanulado con 5 lóbulos lanceolados escasamente pubescentes. Corola blanca, rosa o azul púrpura, en ocasiones todas en una misma planta, rotada a rotada-estrellada, de 2,5-3 cm de diámetro, con 5 lóbulos deltoides; Estambres con filamentos gruesos con cinco anteras libres, erectas, amarillas. Ovario glabro. Estilo de 8 mm con estigma capitado, baya verde o verde amarillenta. Semillas numerosas, planas, suborbiculares a ovadas, pequeñas, de color pardo amarillento, incrustadas en una pulpa mucilaginosa.

Origen. La patata tiene su origen en América del sur, en las regiones andinas de Perú y Bolivia; se introdujo en España en la segunda mitad del siglo XVI y desde allí se extendió a los países limítrofes, en 100 años se cultivaba en muchas regiones de Europa (Lim, 2016).

Manejo. Se siembran normalmente en marzo (San José es la fecha de referencia), o finales de febrero (cotas bajas) aunque si las condiciones climatológicas son favorables, se suele adelantar un poco. Además se puede hacer otra siembra "tardía" sobre finales de julio (San Pedro es la referencia), para recogerlas en otoño. En la sierra (cotas altas) se siembra en junio. Se multiplican de forma vegetativa, de manera que se siembran tubérculos o trozos de ellos. Si la patata que se va a utilizar es pequeña, se suele sembrar entera. Aunque lo normal es cortarla en varios trozos de manera que todos lleven al menos una yema. Estas *coyunturas* (trozos con yemas) se siembran en caballones de dos maneras; una es hacer los caballones primero e ir sembrando las coyunturas a golpe de mancaje y la otra es colocarlas en el suelo, en líneas y taparlas formando un pequeño caballón, que se va recreciendo cuando se cava posteriormente para quitar hierba. La distancia normal de siembra es de unos 30-40 cm entre matas y unos 60-80 entre caballones. Antes de sembrar, el terreno debe tener *jugo* para ello se aprovechan lluvias o se riega moderadamente varios días antes. Una vez que nacen, se riegan y se va cavando cuando haga falta para quitar hierbas y recrecer el caballón. En la floración no debe faltarles el agua. Cuando la mata se va agostando (tira la flor y amarillea), se deja de regar, se arrancan las plantas y se sacan las patatas. El ciclo dura unos 3-4 meses dependiendo de la variedad.

Para conservar y sembrar en el ciclo siguiente, se guardan patatas enteras, seleccionando las que tengan formas adecuadas, más o menos *parejas* (regulares), evitando las que presentan deformaciones (síntoma de virosis). Es común guardar las pequeñas para la próxima siembra y las grandes para consumirlas. Al tratarse de multiplicación vegetativa, las enfermedades que pueda portar, bacterias y virus fundamentalmente, no se eliminan si no que se van acumulando. Por este motivo se dice que *degeneran* (tubérculos deformados y pequeños, matas débiles) y se opta por comprar patata de siembra nueva cada año, lo que conlleva a la desaparición de variedades locales. Para la conservación de un año a otro, antaño se metían las patatas en *boliches* (hoyos), protegidas con broza, juncos, paja de centeno, etc., se tapaban con una capa de tierra y quedaban bajo la nieve durante el invierno.

Otro tipo de manejo para llevar a cabo la renovación continua de las patatas de siembra, era hacer un cultivo cíclico, aprovechando el clima y la cercanía de la costa. De esta manera, la patata recolectada en las vegas (cotas medias) en verano, se sembraba en otoño (noviembre) en la costa (Motril, Almuñécar) y la que se recogía de allí, (en torno a marzo) se usaba para sembrar en la sierra, en junio. Esto solía hacerse con la variedad "copo de nieve".

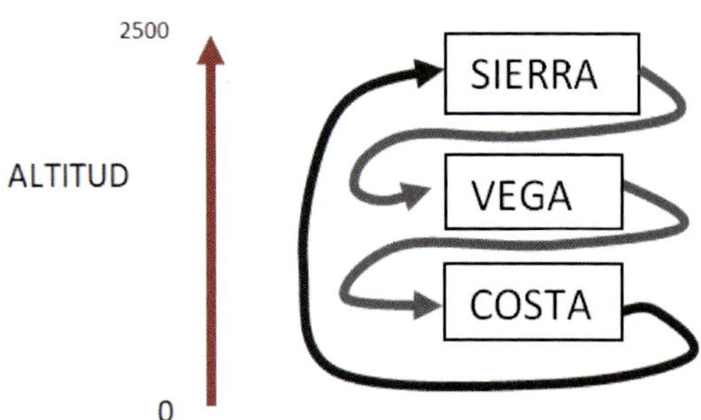

Flujo de la papa "copo de nieve" para siembra.

Sobre plagas y enfermedades. En cuanto a plagas, las más comunes son: el gusano del alambre (*Agriotes* spp.) taladra y pudre los tubérculos. El escarabajo de la patata (*Leptinotarsa decemlineata*) que devora hojas y tallos, fue una plaga muy seria hace años, que hoy en día parece tener menor incidencia, las palomillas (*Phthorimaea operculella* y *Tecia solanivora*) pudren las patatas recolectadas y los pulgones (Aphis spp.) cuyo mayor inconveniente es la trasmisión de virus. Respecto a enfermedades, se ve afectada por diferentes patógenos, las más frecuentes son: el mildiu, ocasionada por el hongo *Phytophthora infestans*, y la sarna común, causada por bacterias (*Streptomyces spp.*) que pueden ir en el estiércol si no está bien compostado. También puede ser afectada por virus como el PYV (*potato Y virus*), que transmiten los pulgones. Las patatas sembradas en zonas altas tienen menor incidencia fitopatológica por las condiciones climáticas, menos favorables para los patógenos y la menor presencia de insectos vectores. Por estos motivos, las patatas de "la sierra" se llevaban a las vegas y otras zonas como patata de siembra.

Diversidad. Existe una gran cantidad de variedades de patata. La dificultad que plantea su conservación hace que apenas unos pocos agricultores guarden patata de siembra, siendo más cómodo adquirirla año tras año. Por otra parte, en los mercados aparecen frecuentemente variedades nuevas, muy productivas y económicamente accesibles. En cuanto a variedades tradicionales de la Alpujarra, hoy en día parece que sólo se conserva la variedad "copo de nieve". Navarro (2002) describe la "Dilar" como una patata pequeña y "bravía" que dejó de sembrarse hace más de 50 años, también menciona la "mercá" de forma redondeada, y otras que parecen introducidas como la "holandesa", de color amarillo o la "alemana", muy resistente. Según el color, menciona "roji-blanca" y "colorá", que dan buen resultado. Hoy en día, se suelen cultivar dos tipos que se distinguen por su color "blancas" y "colorás", de diferentes variedades comerciales. Respecto a la "copo de nieve" se dice que "es muy delicá pa criarla; pero es la mejor para comer, porque es muy fina". Algunos informantes en 2007 (Romero *et al.*, 2008) mencionaron como "antiguas" variedades comerciales que se han ido introduciendo desde finales de los años 40 en adelante, hasta la actualidad, variedades como "Arran Banner", "Ranger", "Alavesa" o "Turia", que también las denominan por sus colores "colorá de carne blanca" (similar a "Red Pontiac") y la "colorá de carne amarilla" (similar a "Desiree").

Variedades locales

1. Patata "copo nieve"

Descripción. Planta con hábito de crecimiento semi-erecto, con una altura de 50-60 (75) cm. Tanto el tallo como las hojas son de color verde no muy oscuro. La inflorescencia presenta 2-4 ramificaciones que suelen tener 2-3 flores cada una. El cáliz es mayoritariamente verde, simétrico, pubescente, con 5 dientes. La corola tiene forma semi-estrellada, de color blanco con mancha amarillo-verdosa en forma de estrella situada en la base. El estigma es exerto. No se observan frutos.

El tubérculo es de forma comprimida a oblonga, a veces redondeado, anguloso. De color crema oscuro o marrón claro, con ojos hundidos en los que se observa el color rosado de la yema, que se aprecia también en la base del tallo cuando ésta empieza a brotar. La piel es fina, de textura suave. El color de la carne es de color crema claro, casi blanco cuando está recién recolectada y un color crema amarillento cuando ya lleva más tiempo recogida. Tiene un tamaño mediano-pequeño que no suele superar 10 cm de longitud, aunque este carácter es variable en función de las características del cultivo, pudiendo alcanzar tamaños mayores si la disponibilidad de nutrientes, agua, y demás factores ambientales son óptimos.

Consumo. Se consume de forma similar a otras patatas. Cocida, asada o frita. Se aprecia mejor su sabor y textura si no se mezcla con otros sabores.

Origen y muestras obtenidas. Se ha obtenido una muestra procedente de la Sierra de Nigüelas, que se ha cultivado en la finca Los Morales, para su multiplicación y estudio.

Observaciones. Es una variedad muy sensible a hongos (mildiu fundamentalmente), y otras enfermedades bacterianas y víricas. El escaso material genético disponible resulta ser portador de estos patógenos, por lo que desde el proyecto Lifewacht se ha abordado un trabajo de limpieza y multiplicación que consiste en la aplicación de antibióticos y antivirales a los cultivos de células apicales de las yemas que se multiplican in vitro. Se pretende obtener plantas libres de estos patógenos.

Respecto al reconocimiento oficial de la variedad, aparece en un documento del Ministerio de Agricultura de 1951. Sin embargo no aparece en otros posteriores (Pastor Cusculluela, 1954), también del mismo Ministerio.

Patata "copo de nieve". Cultivo.

"Copo de nieve". Inflorescencia y flor.

Patata "copo de nieve".

Tubérculos con brotes (obsérvese el color rosado de la base).

Yema.

Patatas "copo de nieve", colocadas a la sombra tras su recolección.

Tubérculos.

Otras variedades

La patata no es un cultivo de grandes dimensiones en la Alpujarra, se cultiva para autoconsumo y venta a pequeña escala, aunque si se usan muchas variedades comerciales que pueden adquirirse fácilmente en almacenes y casas de semillas.

"Ojo de perdiz"

Descripción. Es una patata de características parecidas a "copo de nieve", pero que se diferencia sobre todo en que los tubérculos son un poco menos angulosos, los ojos menos hundidos y rodeados de unas características manchas de color rosado, que no aparecen en la copo de nieve.

Consumo. Igual que la anterior, también es muy valorada.

"Ojo de perdiz". Tubérculos.

Observaciones. Con el nombre "ojo de perdiz", se identifican diferentes variedades comerciales, como "Camelot", "Cara" o "King Edward", entre otras, que presentan el carácter de las manchas rosadas en torno a los ojos de las yemas. El tono rosado, menos patente, de las yemas de "copo de nieve" ha inducido a confusión entre ambos tipos de patata. Su cultivo es muy extendido en Almería. Existe una variedad local canaria con el nombre "bonita ojo de perdiz", que no es la que suele cultivarse por la Alpujarra ni en Almería.

Existen muchas otras variedades comerciales que van apareciendo en los mercados y que se aceptan con mayor o menor éxito:

"Arran banner". "Blanca" (beige-crema) con carne clara (crema). En 1951 ya se cultivaba en grandes cantidades (Ministerio de Agricultura, 1951). Hoy en día no se cultiva, aunque sí fue mencionada por algunos informantes.

"Álava". Crema-marrón por fuera y carne amarillenta, flor morada. Se cultivaba ya en los años 50 (Pastor Cusculluela, 1954). Hoy en día parece que no se cultiva, al menos en la Alpujarra, aunque sí la mencionan informantes.

"Kennebec". "Blanca" (color crema) con carne blanca (crema, clara). Es una de las variedades que más se cultiva, bastante bien aceptada desde hace años.

"Red Pontiac". Roja de carne blanca. Variedad muy extendida y cultivada en otros territorios, es una de las variedades comerciales que más se cultiva y lleva más tiempo vigente.

"Desiree". Roja con carne amarilla. Muy cultivada en toda la comarca.

"Agria". De carne amarillenta, especial para freir.

Además de las mencionadas existen muchas otras como "Monalisa", "Kondor", "Spunta", "Jaerla", etc.

Solanum tuberosum L. *(Solanaceae)*

FAMILIA UMBELÍFERAS (APIÁCEAS)
Umbelliferae, Apiaceae

Hierbas frecuentemente aromáticas, anuales, bienales o perennes, rara vez arbustos y algunos árboles de madera blanda. Tallos a menudo fistulosos (huecos) y asurcados. Hojas, en general, alternas, envainantes y sin estípulas; las basales de enteras a varias veces pinnatisectas; las caulinares generalmente menos divididas, frecuentemente ausentes o reducidas a la vaina. Inflorescencia rara vez en capítulo, usualmente en umbelas simples o compuestas, terminales, con un involucro de brácteas en la base de los radios de las umbelas de primer orden y de bracteolas en la base de los radios secundarios. Flores pentámeras, generalmente actinomorfas, hermafroditas o unisexuales. Cáliz de cinco sépalos poco desarrollados o ausentes. Corola de cinco pétalos blancos, amarillos, verde amarillentos, rosa pálido o purpúreos, con el ápice generalmente incurvado, a veces los externos más largos que los internos. Cinco estambres. Ovario ínfero con dos carpelos que contactan con el eje central (carpóforo) y dos estilos ensanchados en la base que forman el estilopodio. Fruto tipo esquizocarpo, con una semilla por carpelo, que se divide en la maduración en dos mericarpos monospermos (diaquenio) y dejan ver el carpóforo. Mericarpos con 5 costillas primarias (3 dorsales y 2 marginales) y a veces con 4 costillas secundarias (2 dorsales y 2 laterales) alternando con las primarias, prolongadas en alas o espinas, y con canales secretores (vitas) en las valéculas (comprendidas entre cada par de costillas primarias) o bajo las costillas secundarias y en la cara comisural, raramente más numerosas y dispuestas irregularmente.

Es una familia fácilmente reconocible, aunque sus géneros y especies requieren una profunda revisión, ya que son complicados de determinar si no se dispone de la planta completa y, en especial, de los frutos. Se han descrito unos 450 géneros y más de 3.500 especies de distribución cosmopolita (incluso en la Antártida), mejor representada en las zonas templadas del hemisferio norte. Comprende un conjunto de plantas de indudable importancia económica, alimentaria y, también, toxicológica.

Entre sus especies, el apio (*Apium graveolens* L.), la zanahoria (*Daucus carota* L.), el hinojo (*Foeniculum vulgare* Mill.), el perejil (*Petroselinum crispum* (Mill.) Fuss), el anís (*Pimpinella anisum* L.), el comino (*Cuminum ciminum* L.), eneldo, cilantro, alcaravea, chirivía, etc., sin olvidar a las muy venenosas como la cicuta menor (*Cicuta virosa* L.), el nabo del diablo (*Oenanthe crocata* L.) o la cicuta mayor (*Conium maculatum* L.).

Comprende unas 30 especies de lugares húmedos de las zonas templadas de Europa, Asia, norte de África, sur de América y Australia. Son hierbas bienales o perennes, a veces con raíces enraizantes en los nudos. Tallos que pueden estar sumergidos, postrados, erectos o ascendentes, fistulosos o sólidos. Hojas hasta tres veces pinnatisectas. Umbelas en general opuestas a las hoja, simples o compuestas, normalmente sin brácteas, aunque suelen tener bracteolas. Flores hermafroditas de pétalos blancos o verdosos, homogéneos, con el ápice incurvado. Cáliz con 5 dientes minúsculos o sin ellos. Frutos ovoides o elipsoidales, glabros y comprimidos lateralmente; mericarpos con 5 costillas primarias muy visibles. Carpóforo entero o bífido.

Género con cerca de 30 especies, alguna de ellas nativas de Sierra Nevada. Entre ellas una es pariente silvestre de la planta cultivada y misma especie, *Apium graveolens* L., que aparece de forma puntual en los arroyos y acequias. Otra es denominada popularmente berra o berro y recolectada como planta silvestre alimenticia (*Apium nodiflorum* (L.) Lag. = *Helosciadium nodiflorum* (L.) W.D.J. Koch).

Apium graveolens L. **Apio**

Planta bienal que puede llegar a los 100 cm de alto. De hojas glabras, olorosas, grandes, pinnaticompuestas, ligeramente suculentas y de color verde oscuro. Las inferiores de peciolo largo y foliolos romboidales, las superiores subsésiles. Botánicamente se diferencia una var. *dulce* (Mill.) Poir., que es el apio de cultivo, y una var. *rapaceum* (Mill.) Poir., llamada apio nabo, o apirrábano, que se cultiva también por su cepa hinchada y comestible (no típica en Andalucía, pero sí en países centroeuropeos). Además estaría la variedad típica, var. *graveolens* que sería el apio silvestre, que alguna vez se recolecta del medio para su consumo.

Origen. Mediterráneo.

Manejo. Se siembra en la almáciga en torno a febrero o marzo en zonas cálidas y algo más tarde en las frías. Se siembran al voleo, esparciendo semillas, y removiendo después la tierra para que queden tapadas. Cuando han salido ya unas cuantas hojas, se aclaran o trasplantan al lugar definitivo. Suelen quitarse algunas hojas y algo de raíz para facilitar el trasplante. Se plantan a unos 10-15 cm entre plantas y con líneas separadas unos 30 o 50 cm. También se puede hacer siembra directa, enterrando 2-3 semillas por golpe o, a chorrillo y aclarando después si es necesario. Entre las labores a realizar, destaca el mancajado para desherbar cuando las plantas son pequeñas. Para que los peciolos queden blandos, hay quien los "blanquea", tapando la parte basal de las hojas y peciolo, con tierra (aporcando), o con un trapo. También es frecuente atar las hojas en un manojo para que crezcan juntas y se den sombra, evitando que se endurezca demasiado el peciolo. Se suele hacer un tiempo antes de la recolección. Si no se "blaquean" tendrán sabor más intenso y mejores propiedades nutricionales, aunque las hojas estarán algo más duras. Es exigente en cuanto a riegos y necesidades nutricionales.

Para sacar semilla, se deja que algunas plantas suban a flor y fructifiquen.

Sobre plagas y enfermedades. Es un cultivo que no presenta muchos problemas, aunque conviene vigilar el exceso de humedad en el suelo, que puede ocasionar afecciones fúngicas provocadas por hongos como *Phytium*, *Fusarium* o *Septoria*, entre otros.

Variedades locales

1. Apio "del terreno"

Descripción. Hojas de hasta 30-40 cm de largo, con peciolos muy acanalados y de color verde. Se caracterizan por ser de menor tamaño, tanto en longitud de hoja, como en anchura de los pecíolos, que las de otras variedades como el apio "blanco" u otras que se comercializan y se cultivan de forma más habitual.

Consumo. Tiene un sabor intenso pero suave. Es muy apreciado por quienes lo cultivan. Se utiliza en diferentes pucheros, para aportar sabor. También tiene uso medicinal y condimentario.

Origen y muestras obtenidas. Accesiones recientes de Yégen, anteriores de Laroles y Lobras. También se cultiva actualmente en Juviles.

Observaciones. Variedad poco cultivada, apreciada por quienes lo conocen. Hoy en día se suelen comprar plantas de apio de variedades comerciales, con hojas de mayor tamaño. Este tipo de apio no se suele "blanquear" a diferencia del "blanco" o "verde", que se comentan posteriormente.

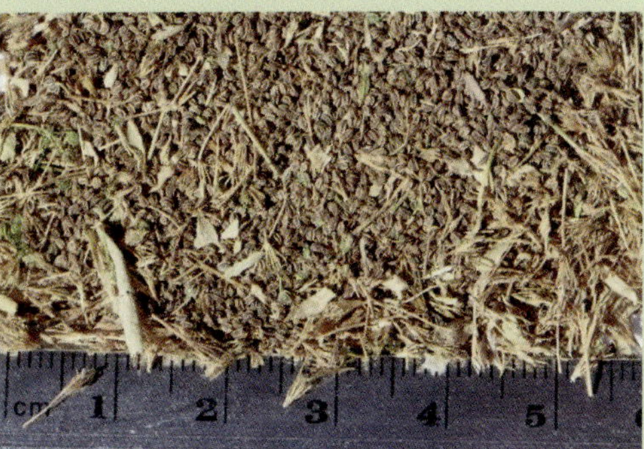

Apio "del terreno" en Yégen, y sus semillas.

Otras variedades

Apio "blanco". Se diferencia del apio "del terreno ", fundamentalmente por presentar hojas mucho más grandes, pasando de 50 cm de longitud, con los peciolos (nervios o pencas) mucho más anchos y de olor y sabor menos intenso. Se trata de apios pertenecientes a variedades comerciales como "Pascal" o "Tall Utah", de las que también hay con el nombre de "apio verde". El color varía con el "blanqueado", según se ha descrito con el manejo.

BIBLIOGRAFÍA

Aceituno Mata, L. 2010. *Estudio etnobotánico y agroecológico de la Sierra Norte de Madrid*. Tesis doctoral. Universidad Autónoma de Madrid.

Aceituno Mata, L. Tardío, J., Molina, M. y Montero, E. 2010. *Variedades tradicionales de frutales de la Sierra Norte de Madrid*. Comunidad de Madrid.

Al Awam, Ibn, 1999. *Libro de Agricultura*. Traducción: J.A. Banqueri. Introducción, edición, notas y comentario: J.I. Crespo Salmerón. Junta de Andalucía. Consejería de Agricultura y Pesca. Empresa Pública para el Desarrollo Agrario y Pesquero, S.A., Málaga.

Ambrose, M. 2008. Garden Pea. In: Prohens, J., Nuez, F. (eds.), *Vegetables II. Fabaceae, Liliaceae, Solanaceae, and Umbelliferae* :3-26. Springer, New York.

Associació de Varietats Locals. 2023. Catàleg de varietats locals.

Amor Morales, A., Delgado Sánchez, L., Muñoz Centeno, L.M. 2018. *Lactuca sativa* L. en Tardío, J., Pardo de Santayana, M., Morales, R., Molina, M., Aceituno, L. (eds.), *Inventario español de los conocimientos tradicionales relativos a la biodiversidad agrícola. Volumen 1*: 63-70. Ministerio de Agricultura, Pesca y Alimentación, Madrid. ISBN: 978-84-491-1524-0.

Barboza, G.E., García, C.C., de Bem Bianchetti, L., Romero, M.V., Scaldaferro, M. 2022. Monograph of wild and cultivated chili peppers (*Capsicum* L., Solanaceae). *PhytoKeys*, 200, 1-423.

Bartolomé, T., Coleto, J.M., Velázquez, R. 2016. Historia de las plantas II. La historia del pimiento. *La agricultura y la ganadería extremeñas*: 241-254.

Benítez, G., Molero Mesa, J., González-Tejero, M.R. 2010. *Aproximación al conocimiento de la biodiversidad agrícola y las técnicas de agricultura tradicional en la comarca del Poniente Granadino*. Departamento de Botánica. Universidad de Granada. Inédito.

Benítez, G., Molero-Mesa, J., González-Tejero, M.R. 2023. Wild Edible Plants of Andalusia: Traditional Uses and Potential of Eating Wild in a Highly Diverse Region. *Plants* 2023, 12, 1218.

Benítez, G. Molero Mesa, J, González-Tejero, M.R. 2010. Floristic and ecological diversity of ethnobotanical resources used in western Granada (Spain) and their conservation. *Acta Botanica Gallica*. Volume 157(4):769-786.

Cai, C., Bucher, J., Bakker, F. T., Bonnema, G. 2022. Evidence for two domestication lineages supporting a middle-eastern origin for *Brassica oleracea* crops from diversified kale populations. *Horticulture Research*, 2022, 9.

Cano, J. 1977. *Habas de Huerta. Hoja divulgativa 3/77*. Ministerio de agricultura.

Carravedo Fantova, M. y Mayor Giménez, C. 2008. Variedades autóctonas de legumbres españolas: conservadas en el Banco de Germoplasma de Especies Hortícolas de Zaragoza. Centro de Investigación de Tecnología Agroalimentaria de Aragón (CITA).

Casares Porcel, M., Benítez, G., 2022a. *Vigna unguiculata* (L.) Walp. subsp. *unguiculata* en Tardío, J., Pardo de Santayana, M., Lázaro, A., Aceituno, L. Molina, M., (eds.) *Inventario español de los conocimientos tradicionales relativos a la biodiversidad agrícola*. Volumen 2: 248-253. Ministerio de Agricultura, Pesca y Alimentación. ISBN: 978-84-491-1614-8.

Casares Porcel, M., Benítez, G., 2022b. *Vigna unguiculata* (L.) Walp. subsp. *sesquipedalis* (L.) Verdc. en Tardío, J., Pardo de Santayana, M., Lázaro, A., Aceituno, L. Molina, M., (eds.) *Inventario español de los conocimientos tradicionales relativos a la biodiversidad agrícola.* Volumen 2: 254-256. Ministerio de Agricultura, Pesca y Alimentación. ISBN: 978-84-491-1614-8.

Castroviejo, S. (coord. gen.). 1986-2021. *Flora iberica.* Real Jardín Botánico, CSIC, Madrid.

Condés, F., Hoyos, P. 2008. Esquema de clasificación Lechuga. Plataforma de conocimiento para el mundo rural y pesquero. Ministerio de Medio Ambiente, Medio Rural y Marino. https://www.mapa.gob.es/app/materialvegetal/Docs/esquemalechuga.JPG

Crosby, K.M. 2008. Pepper en Prohens, J., Nuez, F. (eds.), *Vegetables II. Fabaceae, Liliaceae, Solanaceae, and Umbelliferae:* 221-248. Springer, New York.

D'Ambrosio, U., Garnatje, T., Gras, A., Parada, M., Vallès, J. 2018. *Pisum sativum* L. en Tardío, J., Pardo de Santayana, M., Morales, R., Molina, M., Aceituno, L. (eds.), *Inventario español de los conocimientos tradicionales relativos a la biodiversidad agrícola.* Volumen 1:164-169. Ministerio de Agricultura, Pesca y Alimentación, Madrid. ISBN: 978-84-491-1524-0.

Del Moral, J., Mejías, A., López, M. 1994. *El cultivo del garbanzo. Diseño para una agricultura sostenible.* Hoja divulgadora 12/94. 24 pp. Ministerio de Agricultura, Pesca y Alimentación, Madrid.

Devesa, J.A., López Martínez, J., 2014. *Cynara* L. en Castroviejo (ed.), *Flora Iberica XVI (I):* 107-120. Real Jardín Botánico, CSIC, Madrid.

Diez, M.J., Nuez, F., 2008. Tomato en Prohens, J., Nuez, F. (eds.), *Vegetables II. Fabaceae, Liliaceae, Solanaceae, and Umbelliferae:* 249-323. Springer, New York.

Díaz del Cañizo, M.A. 2000. *Recuperación de variedades tradicionales locales de cultivos hortícolas y del conocimiento a ellas asociado, para su conservación, uso y manejo en las comarcas de Antequera (Málaga) y Estepa (Sevilla).* Tesis de máster. Universidad de Córdoba. Universidad Internacional de Andalucía. Córdoba.

Doebley, J. 2003. The Taxonomy of Zea. http://teosinte.wisc.edu/taxonomy.html

Doebley, J. F.y H. H. Iltis. 1980. Taxonomy of Zea (Gramineae). I. A subgeneric classification with key to taxa. *Amer. J. Bot.* 67(6): 982-993.

ECPGR 2008. *Minimum descriptors for Cucurbita spp., cucumber, melon and watermelon.* ECPGR Secretariat.

Egea Fernández, J.M. Egea Sánchez, J.M. 2013. *Libro rojo de las variedades locales de la Región de Murcia.* RAERM.(Red de Agroecología y Ecodesarrollo de la Región de Murcia)

Elia, A., Miccolis, V. 1996. *Relationships among 104 artichoke (Cynara scolymus L.) accessions using cluster analysis.* Advances in Horticultural Science, 10, 158-162.

ETC-Group. 2008. ¿De quién es la naturaleza? *El poder corporativo y la frontera final en la mercantilización de la vida.* Communiqué nº 100.

Esquinas-Alcazar, J.T.; Gulick, P.J., 1983. *Genetic resources of Cucurbitaceae: a global report.* IBPGR Secretariat, Rome, Italy.

European Comission, 2021. *Common catalogue of varieties of vegetable species.*

Fajardo Rodríguez, J. 2008. *Estudio etnobiológico de los alimentos locales de la Serranía de Cuenca.* Tesis doctoral. Universidad de Castilla-La Mancha. ETS de Ingenieros Agrónomos. Albacete.

FAO. 1996. *Informe sobre el estado de los Recursos Fitogenéticos en el mundo.* Roma.

FAO. 2010. *Segundo informe sobre el estado de los recursos fitogenéticos para la alimentación y la agricultura en el mundo.* Roma.

FAO. 2020. *Directrices voluntarias para la conservación y la utilización sostenible de variedades de los agricultores/ variedades locales.* Roma.

Fritsch, R. M., Friesen, N. 2002. *Evolution, domestication and taxonomy en Rabinowitch,* H. D., Currah, L. (eds.), Allium crop science: recent advances: 5-30. CABI publishing, Wallingford UK.

Generalitat Valenciana, 2024. *Catálogo valenciano de variedades tradicionales de interés agrario.* Valencia.

Gil González, J. 2005. *Los cultivos tradicionales en la Isla de Lanzarote.* Cabildo de Lanzarote. Arrecife.

Gil González, J., Rodríguez López, C y Hernández Pérez, E. 2000. *Los cultivos tradicionales y su biodiversidad. Caracterización morfológica básica de las papas antiguas de la isla de Tenerife.* Seminario permanente de Agricultura Ecológica, Universidad de La Laguna y Asociación Granate. La Laguna.

Gómez Campo, C. 1993. *Brassica* L. en Castroviejo *et al.* (eds.), *Flora Iberica IV:*362-383. Real Jardín Botánico, CSIC, Madrid.

González Lera, R. y Guzmán Casado, G.I. 2006. Las variedades tradicionales y el conocimiento asociado a su uso y manejo en las huertas de la Vega de Granada. VII Congreso SEAE. Zaragoza.

González-Tejero García, M. R. 1985. Investigaciones etnobotánicas en Güejar Sierra. Tesis de licenciatura. Universidad de Granada.

González-Tejero García, M. R. 1989. Investigaciones etnobotánicas en la provincia de Granada. Tesis doctoral. Universidad de Granada.

Gray, A.R. 1982. Taxonomy and Evolution of Broccoli (*Brassica oleracea* var. *italica*). *Economic Bota*ny, 36 (4), 397-410.

Gutiérrez Bustillo, A.M. 1990. *Beta* L. en Castroviejo *et al.* (eds). *Flora iberica II:* 479-482. Real Jardín Botánico, CSIC, Madrid.

Guzmán Casado, G.I. 2012. *Guía de variedades locales de Andalucía: Variedades de tomate de la Vega de Granada.* IFAPA.

Hernández Bermejo, J.E. 1993. *Raphanus* L. en Castroviejo *et al.* (eds.), *Flora Iberica IV:*435-439. Real Jardín Botánico, CSIC, Madrid.

Ibancos Núñez, C. y Rodríguez Franco, R. 2010. *Biodiversidad y conocimiento local. Las variedades cultivadas autóctonas en el entorno de Doñana.* Consejería de Agricultura y Pesca, Junta de Andalucía. Sevilla.

IBPGR. 1982. *Phaseolus vulgaris* descriptors. International Board for Plant Genetic Resources IBPGR secretariat, Rome.

IBPGR. 1990. *Descriptors for eggplant.* International Board for Plant Genetic Resources 23 p.

IPGRI, 1996. *Descriptores para el tomate* (*Lycopersicon* spp.). International Plant Genetic Resources Institute.

IPGRI, AVRDC and CATIE. 1995. *Descriptors for Capsicum (Capsicum spp.).* International Plant Genetic Resources Institute, Rome, Italy; the Asian Vegetable Research and Development Center, Taipei, Taiwan, and the Centro Agronómico Tropical de Investigación y Enseñanza, Turrialba, Costa Rica.

Japón Quintero, J. 1977. *La lechuga.* Hojas Divulgadoras. Núm. 10/77 HD. Ministerio de Agricultura, Madrid.

Japón Quintero, J. 1981. *Cultivo de melón y sandía.* Hojas Divulgadoras, Núm. 23-24/81. Ministerio de Agricultura, Madrid.

Jeffrey, C., 1980. A review of the Cucurbitaceae. *Botanical Journal of the Linnean society*, 81(3), 233-247.

Jiménez Olivencia, Y. 2010. *Consecuencias del abandono del regadío en la montaña mediterránea.* En, El agua domesticada. Los paisajes de los regadíos de montaña en Andalucía. Junta de Andalucía. Agencia Andaluza del Agua.

Junta de Andalucía. 2012. *Libro blanco de los recursos fitogenéticos con riesgo de erosión genética de interés para la agricultura y la alimentación en Andalucía* / Sevilla: Consejería de Agricultura y Pesca, Servicio de Publicaciones y Divulgación: Dirección General de la Producción Agrícola y Ganadera.

Kerje, T., Grum, M. 2000. The origin of melon, Cucumis melo: a review of the literature. *Acta Hortic.*, 510, 34-37.

Knapp, S., Peralta, I. 2016. The Tomato (*Solanum lycopersicum* L., Solanaceae) and its Botanical Relatives. In: Causse *et al.* (eds), *The Tomato Genome.* Springer, Berlin.

Koutsika-Sotiriou, M. y Traka-Mavronaln, E. 2008. Snap Bean in Prohens y Nuez, *Vegetables II.* Springer.

Laguna, E., Roselló, J., Ferrer-Gallego, P., Alcaraz, F., García, E., 2022. *Lablab purpureus* (L.) Sweet. en Tardío, J., Pardo de Santayana, M., Lázaro, A., Aceituno, L. Molina, M., (eds.) Inventario español de los conocimientos tradicionales relativos a la biodiversidad agrícola. Volumen 2:155-158. Ministerio de Agricultura, Pesca y Alimentación. ISBN: 978-84-491-1614-8.

Lázaro Lázaro, A., Fernández Navarro, M.C., Cabello Sáenz de Santamaría, F., Lorenzo Carretero, C. 2014. *Catálogo de tomates tradicionales de la Comunidad de Madrid.* IMIDRA, Madrid.

Lázaro Lázaro, A., Aceituno Mata, L., Fernández Navarro, I.C., Pirredda, M., Tardío Pato, F.J. 2016. *Catálogo de variedades tradicionales de judías de la Comunidad de Madrid.* IMIDRA, Madrid.

Lim, T.K. 2016. *Edible Medicinal and Non-Medicinal Plants, Volume 12, Modified Stems, Roots, Bulbs.* Springer, Dordrecht.

López Agudo, B., Pujadas Salvà. AJ. y Guzmán Casado, G. 2006. *Localización de variedades locales de higuera (Ficus carica L.) y recuperación del conocimiento asociado a su manejo tradicional en la Sierra de la Contraviesa (Granada)* VII Congreso SEAE, Zaragoza.

Martínez-Ispizua, E.; Martínez-Cuenca, M.-R.; Marsal, J.I.; Díez, M.J.; Soler, S.; Valcárcel, J.V.; Calatayud, Á. 2021. *Bioactive Compounds and Antioxidant Capacity of Valencian Pepper Landraces.* Molecules 2021, 26, 1031.

Martínez Laborde, J.B. 1993. *Diplotaxis* DC. en Castroviejo *et al.* (eds.), *Flora Iberica IV*: 346-362. Real Jardín Botánico, CSIC, Madrid.

Mera, O. L. M., Bye, B. R. A., Villanueva, V. C., y Luna, M. A., 2011. *Documento de diagnóstico de las especies cultivadas de Cucurbita L.* SAGARPA, SINAREFI, SNICS. México.

Ministerio de Agricultura, 1951. *Datos de producción y cultivo de patata, 1951.* Instituto de producción de Semillas Selectas Servicio de la patata de siembra. Ministerio de Agricultura, Madrid.

Montero González, E. 2009. *Recuperación de variedades locales de frutales y conocimiento campesino en la Sierra Norte de Madrid.* Aportaciones al desarrollo rural endógeno desde la agroecología. Universidad de Córdoba.

Morales, R., Tardío, J., Aceituno, L., Molina, M. y Pardo de Santayana, M. 2011. *Biodiversidad y etnobotánica en España.* Memorias R. Soc. Esp. Hist. Nat., 2ª ép., 9.

Moreno M.T., Cubero J.I. 1978. Variation in *Cicer arietinum* L. *Euphytica, 27,* 465-485.

Mullet Pascual, L. 1990. *Aportaciones al conocimiento etnobotánico de la provincia de Castellón.* Tesis doctoral. Universidad de Valencia.

Muntané Bartra, J. 1991. Aportació al coneixement de l'etnobotànica de Cerdanya. Tesis doctoral. Universidad de Barcelona.

Muñoz Pineda, C., Soriano Niebla, J.J. 2010. *Caracterización de variedades locales hortícolas andaluzas.* TFM, Máster Agricultura ecológica, Universidad de Barcelona. https://www.redandaluzadesemillas.org/sites/default/files/recursos/2020/proyecto%20UB.pdf

Navalón Fernández, M. A. 2015. *Caracterización de variedades de judías y estudio del conocimiento campesino asociado a su manejo en el municipio con interés agroecológico de Yeste (Albacete)* (Master's thesis, Universidad Internacional de Andalucía).

Navarro Alcalá Zamora, P. 2002. Tratadillo de agricultura popular. Junta de Andalucía. ISBN: 84-8474-035-8.

Nuez F, Díez MJ., Pico B., Fernández de Córdova P. 1996a. Catálogo de semillas de tomate. Colección Monografías INIA 25.

Nee, M., 1990. The domestication of cucurbita (Cucurbitaceae). *Economic Botany,* 44(3), 56-68.

Onofre Nodari, R., y Felicia Tomás, D. 2016. *Agrobiodiversidad y desarrollo sostenible: La conservación in situ puede asegurar la seguridad alimentaria.* Biocenosis, 24(1-2).

Paliwal, R.L. 2001. Tipos de maíz en Paliwal, R., Granados, G., Lafitte, H. Marathée, J.: *EL Maíz en los Trópicos: Mejoramiento y producción.* FAO, Roma.

Pardo de Santayana, M., Morales, R. Aceituno-Mata, L., Molina, María (eds.). 2014. *Inventario español de los conocimientos tradicionales relativos a la biodiversidad.* Ministerio de Agricultura, Alimentación y Medio Ambiente. Madrid. 411 pp.

Pareek, S., Sagar, N.A., Sharma, S., Kumar, V. 2017. Onion (*Allium cepa* L.) en Elhadi M.Y. (ed.), *Fruit and Vegetable Phytochemicals: Chemistry and Human Health*. 2nd ed. Wiley Blackwell, John Wiley y Sons Ltd.

Paris, H. S. 2015. Origin and emergence of the sweet dessert watermelon, *Citrullus lanatus. Annals of botany*, 116(2):133-148.

Paris, H. S., Daunay, M. C., Janick, J. 2012. Occidental diffusion of cucumber (*Cucumis sativus*) 500–1300 CE: two routes to Europe. *Annals of Botany*, 109(1), 117-126.

Pastor Cusculluela, F. 1954. *Variedades de patata seleccionada para siembra*. Ministerio de Agricultura, Madrid.

RAS. 2023. *Memoria de actividades 2022 de la Red Andaluza de Semillas "Cultivando biodiversidad"*. https://www.redandaluzadesemillas.org/recursos/memoria-anual-de-actividades-de-la-red-andaluza-de-semillas-2022

Reche Mármol, J. 2000. *Cultivo intensivo de la sandía*. Hojas Divulgadoras 2106. Ministerio de agricultura, pesca y alimentación, Madrid.

Red Andaluza de Semillas. 2017. Catálogo de variedades tradicionales andaluzas.

Red Andaluza de Semillas, 2019. *Evaluación participativa de variedades locales de trigo y tomate en Andalucía*. Red Andaluza de Semillas "Cultivando Biodiversidad".

Remmers, G.G. 1998. *Con cojones y maestría: un estudio sociológico-agronómico acerca del desarrollo rural endógeno y procesos de localización en la Sierra de la Contraviesa (España)*. Wageningen University and Research.

Ricarte Sabater, AR. 2005. *Biodiversidad agrícola: Variedades de almendro y olivo de secano del sureste ibérico*. Cuadernos de Biodiversidad. 19: 3-8.

Rivera, D., Obón, C., Ríos, S., Selma, C., Méndez, F., Verde, A. y Cano, F. 1996. *Las variedades tradicionales de frutales de la cuenca del río Segura: Catálogo etnobotánico (1): frutos secos, oleaginosos, frutales de hueso, almendros y frutales de pepita*. Universidad de Murcia, Murcia.

Rivera, D., Obón, C., Ríos, S., Selma, C., Méndez, F., Verde, A. y Cano, F. 1998. *Las variedades tradicionales de frutales de la cuenca del río Segura. Catálogo etnobotánico. I: cítricos, frutos carnosos y vides*. II: frutos secos, oleaginosas, frutales de hueso, almendros y frutales de pepita. DM Librero editor. Murcia.

Romero Molina, JM., Molero Mesa, J., González-Tejero, M.R. 2008. *Biodiversidad agrícola en la Alpujarra granadina*. Informe final proyecto "Estudio sobre la situación de la biodiversidad agrícola en la alpujarra granadina" Consejería de Agricultura, Pesca, Agua y Desarrollo Rural, Junta de Andalucía. Inédito.

Romero Molina, JM., González-Tejero, MR., Molero Mesa, J. 2012. *Investigación sobre la biodiversidad agrícola en la Alpujarra granadina*. Mètode.

Romero Molina, J.M., 2019. *Valoración de cultivares tradicionales de tomate negro como herramienta de sustentabilidad en el entorno de las sierras de Segura*. Trabajo de Fin de Máster. Universidad de Córdoba.

Romero Molina J M, Benítez-Cruz G, Jiménez-Olivencia Y, González-Tejero García M R, Molero-Mesa J, Ibáñez-Jiménez Á J, Porcel-Rodríguez L. 2023. *Colección de semillas de variedades locales de la Alpujarra granadina.* Sierra Nevada Global Change Observatory. Andalusian Environmental Center, University of Granada, Regional Government of Andalusia. Occurrence dataset. https://doi.org/10.15470/zsrwz2

Romero Zarco, C. 1999. *Pisum* L. en Talavera Lozano *et al.* (eds.), *Flora Iberica VII (I):* 482-486. Real Jardín Botánico, CSIC, Madrid.

Romero Zarzo, C. 1999. *Vicia* L. en Talavera Lozano *et al.* (eds.), *Flora Ibérica VII (I):* 386-389. Real Jardín Botánico, CSIC Madrid.

Russell, P., 1924. Identification of the commonly cultivated species of Cucurbita by means of seed characters. *Journal of the Washington Academy of Sciences*, 14(12), 265-269.

Sánchez Monge, E. 1962. *Razas de maíz en España.* Premios Nacionales de investigación agraria. Ministerio de Agricultura, Madrid.

Sanz Rodríguez, M. 1978. *Judías de enrame para cultivo en invernadero.* Hojas divulgadoras 2-78. Ministerio de agricultura.

Sanz Rodríguez, M. 1978. *Judías enanas para cultivo en invernadero.* Hojas divulgadoras 14-78. Ministerio de agricultura.

Sayadi Gmada S. y Calatrava Requena, J. 2001. La Alpujarra alta oriental granadina y sus sistemas agrarios. Ministerio de Agricultura, Pesca y Alimentación.

Serrano Cermeño, Z. 1977. *Variedades de pepino, melón y calabacín para invernadero.* Hojas Divulgadoras, Núm. 15/77. Ministerio de Agricultura, Madrid.

Singh, R., Sharma, P., Varshney, R.K. *et al.* 2008. Chickpea improvement: role of wild species and genetic markers. *Biotechnology and Genetic Engineering Reviews* 25, 267-314.

Sonnante, G., Pignone, D., Hammer, K. 2007. The domestication of artichoke and cardoon: from Roman times to the genomic age. *Annals of Botany*, 100(5), 1095-1100.

Soriano Niebla, J. J. (Ed.). 2004. *Hortelanos de la Sierra de Cádiz: Las variedades locales y el conocimiento campesino sobre el manejo de los recursos fitogenéticos.* Mancomunidad de Municipios Sierra de Cádiz, Red Andaluza de Semillas "Cultivando Biodiversidad" y Junta de Andalucía. Sevilla.

Taher, D., Solberg, S. Ø., Prohens, J., Chou, Y. Y., Rakha, M., y Wu, T. H. 2017. World vegetable center eggplant collection: origin, composition, seed dissemination and utilization in breeding. *Frontiers in plant science*, 8, 1484.

Tanno, K. I., Willcox, G. 2006. The origins of cultivation of *Cicer arietinum* L. and *Vicia faba* L.: early finds from Tell el-Kerkh, north-west Syria, late 10th millennium BP. *Vegetation History and Archaeobotany*, 15(3), 197-204.

Tardío, J., Lázaro, A., de la Rosa, L., 2022. Cicer arietinum L. en Tardío, J., Pardo de Santayana, M., Lázaro, A., Aceituno, L. Molina, M., (eds.), *Inventario español de los conocimientos tradicionales relativos a la biodiversidad agrícola. Volumen 2:*140-154. Ministerio de Agricultura, Pesca y Alimentación, Madrid.

Tardío, J., Pardo de Santayana, M., Morales, R., Molina, M. & Aceituno, L. (editores). 2018. *Inventario español de los conocimientos tradicionales relativos a la biodiversidad agrícola*. Volumen 1. Ministerio de Agricultura, Pesca y Alimentación. Madrid. 420 pp.

Toledo Chávarri, A. y Soriano Niebla, J.J. 2000. *Estilos de producción de semillas ecológicas en Europa y su relación con la conservación de la biodiversidad agrícola*. IV Congreso de la Sociedad Española de Agricultura Ecológica. Fundación Cátedra Iberoamericana, Mallorca.

Tolón Becerra, A. y Lastra Bravo, X. 2009. *Los alimentos de calidad diferenciada: una herramienta para el desarrollo rural sostenible*. Revista Electrónica de Medioambiente (n. 6), Universidad Complutense de Madrid.

Trillo Sanjosé, C. 1999. *El paisaje vegetal en la Granada Islámica y sus transformaciones tras la conquista castellana*. Sociedad Española de Historia Agraria (SEHA).

Urribarri *et al.* 2020. *Guía de variedades locales hortícolas de Navarra*. Navarra agraria.

Vallellano Domínguez, M.J. 2016. *Red de resiembra e intercambio de variedades locales: herramienta de uso y recuperación de recursos fitogenéticos*. Trabajo fin de carrera, Universidad de Córdoba (inédito).

Van der Maesen, L.G.J. 1972. *Cicer* L., a monograph of the genus, with special reference to the chickpea (*Cicer arietinum* L.), its ecology and cultivation. Tesis doctoral. Universidad de Wageningen, Wageningen.

Van der Maesen, L.G.J. 1987. Origin, history and taxonomy of chickpea en Saxena M.C., Singh K.B. (eds), *The Chickpea*. Pp 11-34. C.A.B. International, Wallingford.

Villar, L., Palacín, J. M., Calvo, C., Gómez, D. y Monserrat, G. 1987. *Plantas medicinales del Pirineo Aragonés y demás tierras oscenses*. Diputación de Huesca y CSIC. Huesca.

Vavilov, N.I. 1951. The Origin, Variation, Immunity and Breeding of Cultivated Plants. *Chronica Botanica*, 13, 1-366.

Weese, T. L., y Bohs, L. 2010. Eggplant origins: out of Africa, into the Orient. *Taxon*, 59(1), 49-56.

Whitaker, T. W., y Bohn, G. W., 1950. The taxonomy, genetics, production and uses of the cultivated species of Cucurbita. *Economic botany*, 4(1), 52-81.

Zhang, W., Alseekh, S., Zhu, X., Zhang, Q., Fernie, A. R., Kuang, H., Wen, W. 2020. Dissection of the domestication-shaped genetic architecture of lettuce primary metabolism. *The Plant Journal*, 104(3), 613-630.

Zohary, D., Basnizky, J. 1975. The cultivated artichoke: *Cynara scolymus* its probable wild ancestors. *Economic Botany*, 29, 233-235.

Zohary, D., Hopf, M. 1973. Domestication of Pulses in the Old World: Legumes were companions of wheat and barley when agriculture began in the Near East. *Science*, 182(4115), 887-894.

Zohary, D., Hopf, M. 1993. *Domestication of plants in the Old World. The origin and spread of cultivated plants in West Asia, Europe, and the Nile Valley*. Clarendon Press, Oxford.

Zohary, D., Hopf, M., y Weiss, E. 2012. *Domestication of Plants in the Old World: The Origin and Spread of Domesticated Plants in Southwest Asia, Europe, and the Mediterranean Basin* (4th ed.). Oxford: Oxford University Press.

GLOSARIO

Acaule (planta) = Con tallo tan corto que las hojas nacen a ras de suelo.

Actinomorfa (flor) = Con simetría radial, regular.

Alado (tallo) = Con alas o expansiones laterales planas.

Almáciga = Lugar donde se siembran las semillas para luego trasplantar a su sitio definitivo en el huerto. Su preparación y cuidados requieren ciertos conocimientos y técnicas. Sobre todo se siembran tomates, pimientos y berenjenas. En otros lugares se llama hoya, hoyo o joya.

Androceo = Conjunto de órganos masculinos de la flor o estambres.

Anemófila (flor) = Que se fecunda por el polen transportado por el viento.

Antrorso (pelo, tricoma) = Dispuesto curvado y dirigido hacia adelante o hacia arriba.

Aquenio (fruto) = Seco e indehiscente que procede de un ovario unicarpelar con una semilla no soldada al delgado pericarpo.

Araneoso (tallo, fruto) = Con largos pelos, delicados, entrecruzados, como los de las telarañas.

Axonomorfa (raíz) = Raíz primaria que crece verticalmente hacia abajo. También llamada raíz pivotante.

Balate = Muro de contención que sujeta el bancal o parata usado en zonas de fuertes pendientes. Normalmente está hecho con piedras sin mortero. También se llama así al talud del borde exterior del bancal cuando no existe muro.

Baya = Fruto carnoso, con epicarpo (piel) delgado.

Boliche = Hoyo con paja en el que se guardaban las patatas para sembrar al año siguiente. También se llama así a los montones de leña que preparaban los carboneros para quemarla de forma lenta y controlada e ir formando el carbón.

Bráctea = Hoja modificada cercana a la flor. También llamada hipsófilo.

Bulbo = Tallo corto, generalmente subterráneo, cuyas hojas están cargadas con sustancias de reserva.

Cabrahigo = En la Alpujarra recibe este nombre la inflorescencia (higo) de higueras silvestres, en las que solo son funcionales las flores masculinas. Algunas ramas floridas que se cuelgan en las higueras femeninas para favorecer la polinización y mejorar la cosecha.

Capítulo (inflorescencia) = Extremo de un eje floral que forma un receptáculo sobre el que se disponen flores sésiles, es decir, no pedunculadas.

Cápsula = Fruto seco y dehiscente (se abre para liberar las semillas), compuesto por dos o más carpelos.

Cápsula loculicida = La apertura se produce a lo largo de los nervios medios de los carpelos.

Cápsula septicida = La apertura se hace por la línea de soldadura de los carpelos.

Cariópsis (fruto) = Seco e indehiscente que procede de un ovario unicarpelar con una semilla soldada al delgado pericarpo, como en el maíz y el trigo.

Carpelo = Cada una de las hojas modificadas que conforman el gineceo o parte femenina de la flor.

Cartácea = Con textura similar al papel o cartón.

Catáfilo = Hoja modificada, en general con forma de escama, consistencia membranácea y sin clorofila que protege a los meristemos o yemas (caulinares, foliares, florales).

Cimosa (inflorescencia) = Aquella en que el tallo floral termina en flor.

Chorrillo = Técnica de siembra (a chorrillo) que consiste en hacer un surco de poca profundidad, depositando las semillas de forma lineal, sin precisar la distancia entre ellas.

Cleistógama (flor) = Se poliniza antes de la antesis o apertura de la flor.

Cohete = Golosina que consiste en un higo seco con una almendra en su interior

Cordiforme (hoja) = Acorazonada; en forma de corazón.

Corimbo (inflorescencia) = Racimo (flores pediceladas a lo largo de un eje) con pedicelos que llegan hasta el ápice.

Cormo = Cuerpo de las plantas vasculares o cormófitos, organizado en raíz y vástago, éste generalmente con tallo, ramas, hojas y flores.

CRF = Centro de Recursos Fitogenéticos y Agricultura Sostenible. Unidad del Instituto Nacional de Investigación y Tecnología Agraria y Alimentaria (INIA), integrado en la Agencia Estatal Consejo Superior de Investigaciones Científicas (CSIC).

Decusadas (hojas) = Son hojas opuestas que forman un ángulo recto con las de los nudos contiguos, por lo que se disponen en cuatro líneas a lo largo del tallo.

Diadelfos (estambres) = Conjunto de estambres de una flor que están soldados en dos haces o paquetes (usualmente 9 + 1).

Dicasio (inflorescencia) = Cima bípara, simple, en que aparte de la flor terminal hay otras dos ramas que acaban en flor.

Didínamos (estambres) = Cuatro estambres, siendo dos más largos.

Dioica = Especie en que las flores unisexuales masculinas están en un pie y las unisexuales femeninas en otro.

Dísticas (hoja, flor) = Dispuestas de forma opuesta, en un mismo plano.

Drupa (fruto) = Carnoso, monospermo (una semilla) con epicarpo delgado, mesocarpo carnoso y jugoso y endocarpo duro, leñoso (melocotón).

Epicarpo = Es la capa más externa del pericarpo (pared del ovario modificada en el fruto). Forma la epidermis, con grosor muy variable.

Escapo = Tallo desprovisto de hojas y con flores en la parte superior.

Espata = Bráctea amplia, a veces coloreada, que envuelve a una inflorescencia.

Espiga (inflorescencia) = Conjunto de flores sésiles a lo largo de un eje no terminado en flor.

Esquizocarpo (fruto) = Fruto seco pluricarpelar indehiscente fragmentable en mericarpos.

Estaminodio = Estambre estéril, rudimentario o abortado que no produce polen.

Estípula = Estructura muy variable que se sitúa en la base de las hojas.

Estrofiolo (semilla) = Proliferación glandular o esponjosa que se forma cerca del hilo o cicatriz que queda en la semilla al desprenderse del fruto.

Farfollla = Hojas que envuelven las panochas de maíz.

Farfollar o desfarfollar = Quitar las envolturas a las panochas de maíz.

Foveolado = Con hoyuelos en la superficie.

Gavilla = Conjunto agrupado de ramas, sarmientos, cereales, etc. Manojos o haces pequeños.

Geminadas (flores) = Que se disponen de dos en dos.

Gineceo = Órgano femenino de la flor, formado por carpelos.

Ginodioico (planta, árbol) = Poligamia en que hay plantas con flores hermafroditas y plantas con flores unisexuales femeninas.

Golpe = Técnica de siembra (a golpes) en la que se abre un hoyo con un golpe de mancaje, se depositan la semillas y se cubre con el mismo mancaje.

Golpe trueno (*a golpe trueno*) = Modalidad de siembra a golpes en que se llena el hoyo de agua y, cuando es absorbida por la tierra, se depositan las semillas que se cubren con tierra seca.

Guano = Abono. En sentido estricto se trata de abono procedente de excrementos de aves marinas. Sin embargo, este término se usa coloquialmente en la Alpujarra para cualquier abono diferente del estiércol.

Hastado-sagitada (hoja) = Forma de flecha, alargada, puntiaguda, con dos lóbulos divergentes en la base.

Hembra = En el cultivo con caballones, parte inferior del surco, también llamado valle.

Hipanto = Receptáculo acopado y hueco de una flor de ovario ínfero.

Involucro = Conjunto de brácteas que rodean a las flores en una inflorescencia.

Lanoso (tallo, fruto) = Cubierto de pelos semejantes a las hebras de la lana.

Látex = Líquido espeso y viscoso que presentan , en el interior, algunas plantas.

Líneo = En un cultivo, cada una de las filas o líneas de plantas.

Lirado-pinnatisecta (hoja) = Con uno o varios pares de segmentos pequeños en la parte inferior y uno grande y redondeado en el ápice, semejando un laúd.

Lóculos = En los frutos, las cavidades donde se encuentran las semillas. En los ovarios, cavidades en los carpelos en donde se encuentran loa rudimentos seminales u óvulos.

Lomento (fruto) = Seco, polispermo, con estrechamientos en las zonas donde no hay semillas y que se fragmentan transversalmente.

Macho = Caballón. Parte elevada en el sistema de cultivo acaballonado.

Madre = En el sistema de riego tradicional, es la principal acequia de infiltración que lleva el agua pendiente abajo.

Mancajar, amancajar = Cavar o escardar los cultivos con el mancaje.

Mancaje = Azada pequeña acabada en punta para usar con una mano, se llama también "mancajillo" para diferenciarlo de otros de mayor tamaño, menos usados. Es similar a almocafre o al escavillo, aunque este último no suele ser puntiagudo. Además de para cavar o escardar, también se usa para plantar o sembrar.

Manta (a *manta*) = Sistema de riego en el que el terreno se inunda por completo. El agua se conduce mediante canales y elevaciones de tierra.

Melga, *merga* = En el sistema de riego tradicional, la melga es una franja de tierra que se riega con un canal hecho para ese fin y que recibe el mismo nombre.

Mericarpo (fruto) = Cada una de las porciones en que se divide un esquizocarpo.

Monadelfos (estambres) = Están todos soldados por los estambres, formando un grupo.

Moniliforme (fruto) = Estrechado a intervalos formando segmentos más o menos esféricos (como un collar).

Monocasio (inflorescencia) = El eje principal termina en una flor y desarrolla una sola ramificación florífera lateral; lo mismo en las ramas sucesivas. También llamada cima unípara.

Monoica = Especie en las cual ambos sexos se presentan en una misma planta.

Muda = En el sistema de riego tradicional, tramo entre melgas. Las mudas suelen ser más o menos perpendiculares a las melgas.

Napiforme (raíz) = Engrosada y con un eje principal, parecida a un nabo.

Obrada, *obrá* = Medida de superficie equivalente a lo que ara una yunta en un jornal. Corresponde a ¼ de hectárea, 2500 m².

Panícula (inflorescencia) = Es un racimo de racimos. En general muy ramificada.

Panocha = Mazorca del maíz. También se aplica a la inflorescencia ya fecundada del girasol, con las pipas

Pañetas = Tipo de gavillas consistente en dos manojos cruzados de planta que se hacen en el campo cuando se cosechan, arrancándolas, para que se sequen un tiempo antes de su recolección definitiva. Se hacía con plantas como el garbanzo.

Parva = Mies tendida en la era para trillarla. Evento en que el que se extiende y trilla el cereal en la era.

Penca = Nervio principal y peciolo de algunas hojas como las de cardos o acelgas.

Pepónide (fruto) = Fruto sincárpico (carpelos unidos en un solo pistilo; una sola cavidad) de ovario ínfero, con pared (pericarpo) gruesa y muchas semillas que se adhieren a una placenta.

Perianto = Estructuras florales estériles que protegen al androceo y al gineceo (pétalos y sépalos).

Perigonio = Perianto formado por sépalos y pétalos indistinguibles entre sí.

Pinnada (hoja) = Compuesta de foliolos a un lado y otro a lo largo de un raquis o eje, como las barbas de una pluma.

Pinnatífida (hoja) = Hoja con el limbo dividido en lóbulos que como mucho llegan a la mitad del espacio entre el margen de la hoja el nervio medio.

Pinnatipartida (hoja) = Hoja con el limbo dividido en lóbulos que superan la mitad del espacio entre el margen de la hoja y el nervio medio, aunque sin alcanzar a éste.

Pinnatisecta (hoja) = Hoja con el limbo dividido en lóbulos que alcanzan el nervio medio.

Pireno = "hueso" en los frutos de tipo drupa. Endocarpo pétreo del fruto.

Pixidio (fruto) = Seco y polispermo con dehiscencia transversal.

Polígama = Planta que presenta flores bisexuales y flores unisexuales, en el mismo ejemplar o en pies distintos.

Pruinoso = Que presenta pruina en su superficie; revestimiento céreo muy tenue que suele tener un tono glauco (como sucede en las ciruelas).

Racimo (inflorescencia) = Todas las flores, pediceladas, se insertan directamente en un eje de crecimiento indefinido.

Rastra = Apero pesado que lleva dientes o púas para desherbar, acondicionar o igualar el terreno. Se arrastraba con mulas. Actualmente son más grandes y se arrastran con tractor.

Rastrear = Labor de desherbado y acondicionamiento del suelo que se hace con la rastra.

Resfriar = Regar el terreno unos días antes de sembrar o plantar.

Resina = Secreción orgánica de textura pastosa que produce una planta y que suele solidificarse al contacto con el aire.

Ricial = Tierra con pasto para el ganado cultivada con alguna planta forrajera, o tras retoñar un cultivo ya cosechado, como el centeno.

Riyendillo = Regar con poco caudal y que cale bien.

Rizoma = Tallo subterráneo, en general alargados y más o menos engrosados, que da lugar a tallos aéreos y raíces. Carece de hojas, aunque puede tener catáfilos.

Rotada (corola) = o rotácea; con los pétalos cortamente soldados en su base y extendidos en un plano, actinomorfa, con forma que recuerda una rueda.

Subulado = Estrechado hacia el ápice y acabado en punta fina.

Sulcado; asurcado = Órgano o estructura provista de surcos.

Sulfatar = Aplicar plaguicidas.

Sulfato = Plaguicida. Estrictamente, sal de azufre. Coloquialmente se usa para cualquier plaguicida. El nombre procede de los primeros plaguicidas comercializados, como el sulfato de cobre (fungicida). Por extensión, el nombre se usa para otros productos de comercialización más reciente. De forma genérica e informal, también se les llama "líquido".

Tablear = Igualar la tierra con la atabladera, después de arada o cavada. Técnica para enterrar la semilla que consiste en pasar una tabla pesada, por la superficie sembrada.

Tornapeon (*A tornapeón*) = Sistema de organización para realizar las tareas agrícolas en que los campesinos intercambian trabajo en las fincas, no dinero.

Toruloso = Fruto o cualquier otro órgano que es alargado y, a intervalos, con estrangulamientos (ej. cacahuete).

Trima (fruto) = Drupa dehiscente con pericarpo carnoso que deriva del involucro (nogal).

Umbela (inflorescencia) = Pedicelos de las flores del mismo tamaño, que salen del mismo punto y quedando las flores a la misma altura (forma de parasol).

Uncinado (pelo, fruto) = Con punta curvada bruscamente hacia atrás, en forma de gancho.

Unguiculado = Terminado en una estructura parecida a una uña

Urceolada (corola) = Forma de olla o recipiente con una abertura constreñida en la parte apical.

Vasos laticíferos = Vasos (estructura tubular en el cuerpo de la planta) que transporta látex.

Verticilastro = Conjunto de flores muy próximas, como sucede en las labiadas, que parecen agruparse en verticilos.

Zarcillo = Órgano especializado de la planta, usualmente largo, delgado y voluble que le sirve para trepar. Puede derivar de un tallo, una hoja, del peciolo de esta e, incluso, de una raíz.

Zigomorfa (flor) = Con un solo plano de simetría, irregular.